JN016496

理工系のための
線形代数

西尾克義 著

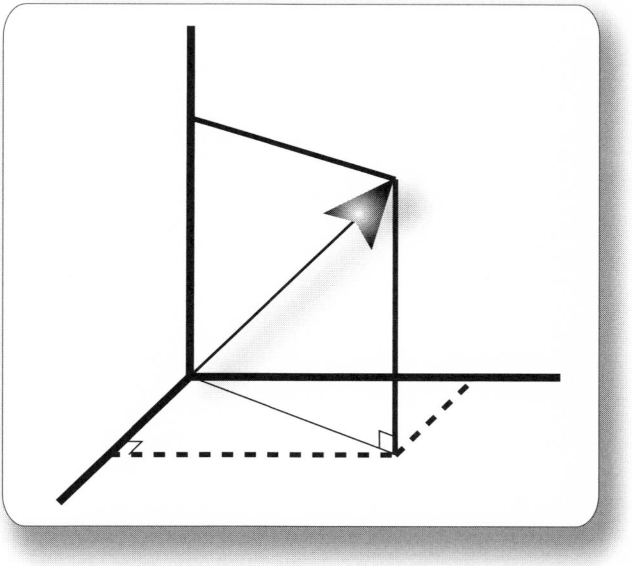

学術図書出版社

まえがき

線形代数は，理工学を含む広い分野において様々な形で応用されている．近年の情報化の進歩につれてますますその重要性が増し，いまや微分積分とともに数学の専門基礎を担っている．本書は，大学初年度学生を対象にした線形代数の標準的な教科書として，理工系の専門基礎として必要な内容を一通りかつ短期間に習得することを意図している．その内容と構成を流れ図で示すと次のようになっている．

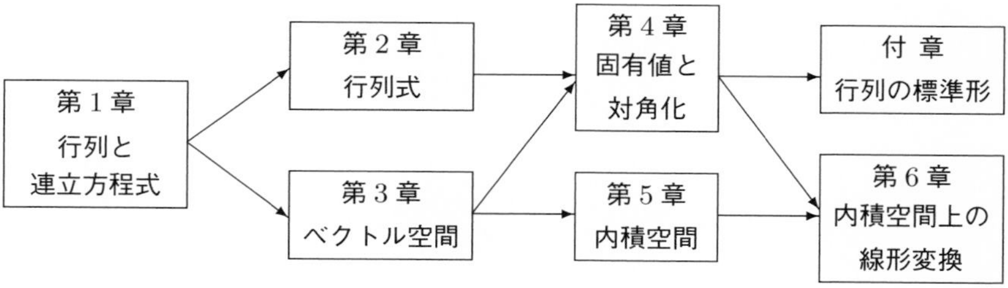

第 1～第 4 章が一般に必須とされている項目である．また最終の付章は，行列の標準形についてジョルダン標準形を中心に述べた章であるが，応用する立場からみて不要と思われる証明を省くことにし，例題を中心に展開する形を採った．

1 年間の講義の分量としては幾分多くなってしまったようにも思うが，専門基礎としてはすべての章を学習することが望ましく，授業で残った分は独習して頂きたい．例や例題また図や表を多く採り入れて理解を助けるように，また必要に応じて問および演習問題を設けて理解を確かめるようにしたので，独習にも，また参考図書としても活用できるはずである．

線形代数を途中で挫折する学生の多くは，ベクトル空間に入って 1 次独立,

1 次従属などの抽象的な概念が出てくるあたりからで，同時に，線形代数がどの分野でどのように使われるかがよくわからない (アンケート調査) などの疑念も積み重なってくるようである．冒頭でも述べたように線形代数はほとんどの専門分野で必須の基礎知識であり道具でもある．数学を道具として使うのは自分自身であり，使える道具立てが少なければそれだけ不自由するのも自分自身である．また，数学の知識はうろ覚えでは役に立たないということも強調したい．正確に理解していなければ誤った適用の仕方をみることになりかねない．これらのことを肝に銘じて，努力を続けて頂きたい．

学習の方法としては，理解し難い箇所がでてきてもそのまま先に進んでから見直してみるとわかることもあるし，前に戻って読み返すのもよい．それでも疑問が残れば，友人と議論したり教師に質問することも合理的でかつ有益であろう．わかってくると面白く楽しいものである．使えるようになるとさらにそれが倍増するのも線形代数の特徴である．本書で培った知識を専門分野において自由に使いこなして頂きたい．

本書の出版に当たり，終始お世話になった学術図書出版社 発田孝夫氏，また仮本の形で 1 年間教科書として使用され幾多のミスを指摘して頂いた春日一浩氏に厚くお礼申し上げます．終わりに，線形代数の分野においてもわが国を代表するオーソリティである恩師安藤毅先生に本書を捧げたいと思います．

著者

目　　次

第 1 章　行列と連立 1 次方程式　1

1.　行列とその演算 1

（1）　行列 1

（2）　行列の演算 3

（3）　行列の分割, ベクトル表示 6

2.　連立 1 次方程式 10

（1）　連立方程式の行列表示, 基本変形 10

（2）　連立方程式の行列解法 : 掃き出し法と階段形 12

（3）　正則行列と逆行列 16

第 2 章　行　列　式　20

1.　置換 20

2.　行列式の定義および基本的な性質 26

（1）　行列式の定義 : 基本性質と成分による表示 26

（2）　積および転置行列の行列式 32

3.　余因子展開と行列式の計算 34

（1）　行列式の計算 34

（2）　余因子展開 37

（3）　特別な形の行列式 39

4.　余因子行列, 逆行列とクラメルの公式 42

（1）　余因子行列, 逆行列 42

（2）　クラメルの公式 44

第 3 章 ベクトル空間 49

1. ベクトル空間, 部分空間 49
(1) ベクトル空間 : 定義および例 49
(2) 部分空間, 生成系 52
2. 1 次独立, 基底, 次元 56
(1) 1 次独立 , 1 次従属 56
(2) 基底と次元 61
3. 核空間と像空間および階数と正則性再考 66
(1) 行列の階数と像空間, 核空間 66
(2) 正則性 70

第 4 章 行列の固有値と対角化 74

1. 線形変換の表現行列 74
(1) 一般の線形変換 74
(2) 表現行列 77
(3) 基底変換と相似 80
2. 固有値と対角化 83
(1) 対角化可能な行列と固有値, 固有ベクトル 83
(2) 固有値, 固有ベクトルの計算 84
(3) 固有値, 固有ベクトルの性質 86
(4) 応用 : フィボナッチ数列 88

第 5 章 内 積 空 間 92

1. 内積 92
(1) 座標空間におけるベクトルの長さ, 角度 92
(2) 内積 : 定義と例 94
2. 正規直交基底 97
(1) 直交系, 正規直交基底 97
(2) 正射影とグラム・シュミットの直交化 100

3.　座標空間への応用 104

第6章　内積空間 $\mathbb{C}^n$ 上の行列による線形変換　**111**

1.　内積空間 $\mathbb{C}^n$ 上の線形変換 111

(1)　共役 111

(2)　ユニタリ行列, エルミート行列, 正規行列および射影行列 . . . 114

2.　ユニタリ行列による対角化とスペクトル分解 119

(1)　ユニタリ行列による三角化および対角化 119

(2)　正規および対称行列のスペクトル分解 122

付章A　行列の標準形　**127**

1.　λ 行列の基本変形と Smith 標準形 127

2.　Jordan 標準形, コンパニオン標準形 133

3.　最小多項式と Cayley-Hamilton の定理 136

解答とヒント　**139**

参考図書　**153**

記号索引　**154**

索　引　**155**

第 1 章

行列と連立 1 次方程式

行列とその和, 積などの演算規則を定義する. 行列の応用として, 連立方程式について考察する. 連立方程式の研究は, 行列や次章で学ぶ行列式の概念を生む源となる.

1. 行列とその演算

(1) 行列

行列とは $m \times n$ 個の数 (実数または複素数) a_{ij} $(1 \leqq i \leqq m, 1 \leqq j \leqq n)$ を長方形に配列し, 括弧 [ ] あるいは ( ) をつけてくくったもの:

$$\begin{bmatrix} a_{11} & a_{12} & \dots & a_{1n} \\ a_{21} & a_{22} & \dots & a_{2n} \\ \multicolumn{4}{c}{\dotfill} \\ a_{m1} & a_{m2} & \dots & a_{mn} \end{bmatrix} \quad \text{あるいは} \quad \begin{pmatrix} a_{11} & a_{12} & \dots & a_{1n} \\ a_{21} & a_{22} & \dots & a_{2n} \\ \multicolumn{4}{c}{\dotfill} \\ a_{m1} & a_{m2} & \dots & a_{mn} \end{pmatrix} \tag{1.1}$$

を m **行** n **列の行列**という. $m \times n$ 行列, (m, n) 型の行列ともいう.

行列においては横の並びを**行**と呼び, 上から第 1 行, 第 2 行, $\cdots$, 第 m 行という. 縦の並びを**列**と呼び, 左から第 1 列, 第 2 列, $\cdots$, 第 n 列という. i 行 j 列の位置にある数 a_{ij} をこの行列の (i, j) **成分**という.

一般に, 行列を表すのに A, B, $\cdots$ のような大文字を用いる. (1.1) の行列を A とするとき, (i, j) 成分で代表させて $A = [\,a_{ij}\,]$ のような簡略記法もよく用いられる. その場合, 型 $m \times n$ をも明示したいときは $A = [\,a_{ij}\,]_{m \times n}$ のようにも表す.

零行列　すべての成分が0であるような行列を**零行列**といい, O で表す. 特に, その型 $m \times n$ を明示したいときは $O_{m \times n}$ と表す.

正方行列　$n \times n$ 型の行列を n 次**正方行列**という.

n 次の正方行列 $A = [\,a_{ij}\,]$ において, $a_{11}, a_{22}, \cdots, a_{nn}$ を A の**対角成分**という. 対角成分の載っているラインを**対角線**と呼ぶ.

対角行列　対角成分以外がすべて0である (正方) 行列を**対角行列**という. $d_1, d_2, \cdots, d_n$ を対角成分にもつ対角行列を $\mathrm{diag}\{d_1, d_2, \cdots, d_n\}$ と表す:

$$\mathrm{diag}\{d_1, d_2, \cdots, d_n\} = \begin{bmatrix} d_1 & & & \\ & d_2 & & O \\ & & \ddots & \\ O & & & d_n \end{bmatrix}$$

このように対角成分以外の0をまとめて1つの大きい0で表すこともよく用いられる.

単位行列　対角成分がすべて1である対角行列を特に**単位行列**といい, I で表す. 次数 n を明示したいときは I_n とも表す.

三角行列　$a_{ij} = 0\ (i > j)$, つまり対角線より下が0である正方行列を**上三角行列**という. 一方, 対角線より上が0ならば**下三角行列**という. 上, 下の三角行列を総称して**三角行列**という. 特に, 対角成分も0である三角行列を**狭義の三角行列**という.

転置行列　行列 $A = [\,a_{ij}\,]_{m \times n}$ に対し, a_{ij} を (j, i) 成分とする $n \times m$ 型行列を A の**転置行列**と呼び, ${}^tA$ で表す. つまり, ${}^tA$ は A の縦横を逆にして得られる行列である.

例 1.1　(1) (4次単位行列)　$I_4 = \begin{bmatrix} 1 & 0 & 0 & 0 \\ 0 & 1 & 0 & 0 \\ 0 & 0 & 1 & 0 \\ 0 & 0 & 0 & 1 \end{bmatrix}$

(2) (転置行列)　${}^t\begin{bmatrix} 1 & 2 & 3 \\ 4 & 5 & 6 \end{bmatrix} = \begin{bmatrix} 1 & 4 \\ 2 & 5 \\ 3 & 6 \end{bmatrix}$ ∎

(2)　行列の演算

行列に関する演算は, スカラー倍, 和 (差), 積の 3 種類である.

スカラー倍　行列に対し, 数をスカラーと呼ぶ. 行列 $A = [\,a_{ij}\,]$ とスカラー c の積 cA は A の各成分 a_{ij} に c を掛けてできる行列と定義する :

$$cA = [\,c\,a_{ij}\,] \qquad (1 \leqq i \leqq m,\, 1 \leqq j \leqq n)$$

和と差　同じ型の行列 $A = [\,a_{ij}\,]_{m\times n}$ と $B = [\,b_{ij}\,]_{m\times n}$ の**和** $A+B$ は, 各成分ごとに和をとった行列と定義する :

$$A + B = [\,a_{ij} + b_{ij}\,]_{m\times n} \qquad (1 \leqq i \leqq m, 1 \leqq j \leqq n)$$

A,B の差については, $A - B = A + (-1)B$ と定める. 和 $A+B$ と差 $A-B$ が計算可能となるのは A, B が同じ型のときに限る.

積　行列 A の列の数と行列 B の行の数が等しいときに限り, この順序の**積** AB を次のように定義する :

行列の積 AB

$A = [\,a_{ij}\,]_{m\times n}$, $B = [\,b_{ij}\,]_{n\times r}$ に対し, 積 $AB = [\,c_{ij}\,]_{m\times r}$ の (i, j) 成分は

$$c_{ij} = a_{i1}b_{1j} + a_{i2}b_{2j} + \cdots + a_{in}b_{nj} \quad (1 \leqq i \leqq m,\, 1 \leqq j \leqq r) \qquad (1.2)$$

すなわち, 積 AB の (i, j) 成分は A の第 i 行と B の第 j 列を成分ごとに掛けて和をとったものである. A が $m \times n$ 型, B が $n \times r$ 型のとき, 積 AB は $m \times r$ 型の行列となる.

例 1.2　(1)　スカラー倍:　$3\begin{bmatrix} 2 & -3 & 1 \\ -1 & 5 & -2 \end{bmatrix} = \begin{bmatrix} 6 & -9 & 3 \\ -3 & 15 & -6 \end{bmatrix}$

(2)　和:　$\begin{bmatrix} 2 & -3 & 1 \\ -1 & 5 & -2 \end{bmatrix} + \begin{bmatrix} -1 & 0 & 4 \\ 3 & -2 & -3 \end{bmatrix} = \begin{bmatrix} 1 & -3 & 5 \\ 2 & 3 & -5 \end{bmatrix}$

(3)　積:　$\begin{bmatrix} 1 & 2 & 3 \\ 0 & 1 & 1 \end{bmatrix} \begin{bmatrix} 2 & 0 \\ 1 & 3 \\ -1 & -2 \end{bmatrix}$

$$= \begin{bmatrix} 1\cdot 2 + 2\cdot 1 + 3\cdot(-1) & 1\cdot 0 + 2\cdot 3 + 3\cdot(-2) \\ 0\cdot 2 + 1\cdot 1 + 1\cdot(-1) & 0\cdot 0 + 1\cdot 3 + 1\cdot(-2) \end{bmatrix}$$

$$= \begin{bmatrix} 1 & 0 \\ 0 & 1 \end{bmatrix}$$

∎

行列の演算公式　行列の演算においても数の演算同様, 演算が可能な限り次の諸性質が成り立つ：

(I)　**演算公式**

(1) (**和の交換法則**)　$A+B=B+A$

(2) (**和の結合法則**)　$(A+B)+C=A+(B+C)$

(3) (**零行列** O)　$A+O=A, \quad AO=OA=O$

(4) (**積の結合法則**)　$(AB)C=A(BC)$

(5) (**分配法則**)　$(A+B)C=AC+BC,$
$A(B+C)=AB+AC$

(6) (**単位行列** I)　$AI=A,\ IB=B$

(7) スカラー a, b に対し　$(aA)(bB)=ab(AB),$
$(a+b)A=(aA)+(bA),$
$a(A+B)=(aA)+(aB)$

(II)　(**指数法則**) A が正方行列のとき, 正の整数 n に対して A の n 個の積を A^n とかく. $n=0$ に対しては特に $A^0=I$ と定める.

このとき, 次の指数法則が成り立つ：

$$A^m A^n = A^{m+n}, \quad (A^m)^n = A^{mn} \qquad (m, n = 0, 1, 2, \cdots)$$

(III)　転置行列については次式が成り立つ：

(1)　${}^t(A+B) = {}^tA + {}^tB, \quad {}^t(cA) = c\,({}^tA)$

(2)　${}^t(AB) = {}^tB\,{}^tA$

数と行列の演算の主な相違点　行列の計算においてはおおむね数の計算と同様の計算規則が成り立つが, 大きな違いもある. 主な違いを挙げると,

(1)　和 (差), 積はいつでも定義できるとは限らない.

(2)　積に関しては,

(i) AB と BA は, ともに定義されたとしても等しいとは限らない.

(ii) $AB=O$ だからといって, $A=O$ あるいは $B=O$ とは限らない.

(3)　割り算は一般にはできない (考えない).

例 1.3 $A = \begin{bmatrix} 0 & 1 \\ 0 & 1 \end{bmatrix}$, $B = \begin{bmatrix} 1 & 1 \\ 0 & 0 \end{bmatrix}$ とするとき, 積 AB と BA は

$$AB = \begin{bmatrix} 0 & 1 \\ 0 & 1 \end{bmatrix} \begin{bmatrix} 1 & 1 \\ 0 & 0 \end{bmatrix} = \begin{bmatrix} 0 & 0 \\ 0 & 0 \end{bmatrix}, \quad BA = \begin{bmatrix} 1 & 1 \\ 0 & 0 \end{bmatrix} \begin{bmatrix} 0 & 1 \\ 0 & 1 \end{bmatrix} = \begin{bmatrix} 0 & 2 \\ 0 & 0 \end{bmatrix}$$

このとき, $A \neq O$, $B \neq O$ であるが $AB = O$. また, $AB \neq BA$ でもある.

問 1.1 和 $A_i + B_j$, 積 A_iB_j, B_iA_j を作れるものについて計算せよ.

$$A_1 = \begin{bmatrix} 3 & 2 & 1 \\ 2 & 1 & 0 \end{bmatrix}, \ A_2 = \begin{bmatrix} 1 & 2 \\ 1 & -2 \\ -2 & 3 \end{bmatrix}, \ A_3 = \begin{bmatrix} 1 & 2 \\ -1 & 1 \end{bmatrix}, \ A_4 = \begin{bmatrix} 1 \\ 2 \\ 3 \end{bmatrix}$$

$$B_1 = \begin{bmatrix} 1 & -2 & 1 \\ 3 & 0 & 5 \end{bmatrix}, \ B_2 = \begin{bmatrix} 3 & 0 & -1 \\ 0 & -2 & 1 \\ 3 & 0 & -3 \end{bmatrix}, \ B_3 = \begin{bmatrix} 2 & 0 & 1 \end{bmatrix}$$

問 1.2 $A = \begin{bmatrix} 3 & 2 & 1 \\ 2 & 1 & 0 \end{bmatrix}$ に対し, ${}^tAA$ と $A\,{}^tA$ を求めよ.

問 1.3 $A = \begin{bmatrix} 0 & 1 & -1 \\ -3 & 4 & -3 \\ -1 & 1 & 0 \end{bmatrix}$, $B = \begin{bmatrix} 1 & 0 & -1 \\ 0 & 2 & -4 \\ 0 & 1 & -2 \end{bmatrix}$, $C = \begin{bmatrix} -1 & 2 & -3 \\ -4 & 6 & -8 \\ -1 & 2 & -3 \end{bmatrix}$

に対し, 次の行列を求めよ.

(1) AB , BA , AC , CA　　(2) $A^2 - 2AB + B^2$

(3) $(A - B)^2$　　(4) $A^2 - 2AC + C^2$

(5) $(A - C)^2$

問 1.4 n 次正方行列 A, B に対し, 次の同値性を証明せよ[1].

$$(A - B)^2 = A^2 - 2AB + B^2 \iff AB = BA$$

問 1.5 上の演算公式のうちの次の性質を証明せよ.

(1) $(AB)C = A(BC)$　　(積の結合則)

(2) ${}^t(AB) = {}^tB\,{}^tA$

---

[1] 記号 $P \iff Q$ は, 2 つの命題 (あるいは性質, 式) P と Q が同値である, つまり $P \overset{ならば}{\Longrightarrow} Q$ かつ $P \overset{ばらな}{\Longleftarrow} Q$ であることを表す. 等価, 必要十分なども同じ意味である.

(3)　行列の分割, ベクトル表示

行列に何本かの横線と縦線を入れることによって行と列を分割するとき, それに伴って行列もいくつかの区画 (ブロック) に分割される. たとえば,

$$A = \left[\begin{array}{cc|c|ccc} 1 & 2 & 3 & 4 & 5 & 6 \\ 7 & 8 & 9 & 0 & 1 & 2 \\ \hline 3 & 4 & 5 & 6 & 7 & 8 \end{array}\right] = \begin{bmatrix} A_{11} & A_{12} & A_{13} \\ A_{21} & A_{22} & A_{23} \end{bmatrix}, \tag{1.3}$$

$$\text{ただし, } A_{11} = \begin{bmatrix} 1 & 2 \\ 7 & 8 \end{bmatrix}, \qquad A_{12} = \begin{bmatrix} 3 \\ 9 \end{bmatrix}, \qquad A_{13} = \begin{bmatrix} 4 & 5 & 6 \\ 0 & 1 & 2 \end{bmatrix},$$

$$A_{21} = \begin{bmatrix} 3 & 4 \end{bmatrix}, \qquad A_{22} = \begin{bmatrix} 5 \end{bmatrix}, \qquad A_{23} = \begin{bmatrix} 6 & 7 & 8 \end{bmatrix}$$

としよう. このような分割を A の**ブロック分割**といい, 各 A_{ij} をこの分割の**ブロック**という.

行列をうまくブロックに分割することによりその各ブロックを成分とする行列であるかのように考えることで計算や証明がわかり易くなることが多く, 本書においても以降しばしば用いられる.

ブロック行列の積

定理 1.1　A は $l \times m$ 行列, B は $m \times n$ 行列とする. A の列の分け方と B の行の分け方が同じであるように分割する:

$$A = \begin{bmatrix} \overbrace{A_{11}}^{m_1} & \overbrace{A_{12}}^{m_2} & \overbrace{\cdots}^{\cdots} & \overbrace{A_{1r}}^{m_r} \\ A_{21} & A_{22} & \cdots & A_{2r} \\ \vdots & \vdots & & \vdots \\ A_{s1} & A_{s2} & \cdots & A_{sr} \end{bmatrix}, \quad B = \begin{matrix} m_1\{ \\ m_2\{ \\ \vdots \\ m_r\{ \end{matrix} \begin{bmatrix} B_{11} & B_{12} & \cdots & B_{1t} \\ B_{21} & B_{22} & \cdots & B_{2t} \\ \vdots & \vdots & & \vdots \\ B_{r1} & B_{r2} & \cdots & B_{rt} \end{bmatrix}$$

このとき, 積 $C = AB$ はブロック分割形 $C = [\,C_{pq}\,]$ で次のように与えられる:

$$C_{pq} = A_{p1}B_{1q} + A_{p2}B_{2q} + \cdots + A_{pr}B_{rq} \tag{1.4}$$
$$(1 \leqq p \leqq s,\ 1 \leqq q \leqq t)$$

この定理の証明の代わりに, 次の例で検証してみよう.

例 1.4　次のようにブロック分割された行列 A, B に対し, 定理 1.1 の (1.4) に従って計算した行列が, 実際に積 AB と等しいことを確かめよ.

$$A = \left[\begin{array}{cc|c|cc} 1 & 2 & 3 & 4 & 5 \\ 6 & 7 & 8 & 9 & 0 \\ \hline 0 & 0 & 0 & 2 & 4 \end{array}\right], \quad B = \left[\begin{array}{cc} 1 & 2 \\ 3 & 4 \\ \hline 0 & 0 \\ \hline 6 & 7 \\ 8 & 9 \end{array}\right]$$

[解]　ブロック表示を $A = \begin{bmatrix} A_{11} & A_{12} & A_{13} \\ A_{21} & A_{22} & A_{23} \end{bmatrix}$, $B = \begin{bmatrix} B_{11} \\ B_{21} \\ B_{31} \end{bmatrix}$ とするとき,

$$\begin{bmatrix} C_{11} \\ C_{21} \end{bmatrix} = \begin{bmatrix} A_{11}B_{11} + A_{12}B_{21} + A_{13}B_{31} \\ A_{21}B_{11} + A_{22}B_{21} + A_{23}B_{31} \end{bmatrix}$$

$$= \begin{bmatrix} \begin{bmatrix} 1 & 2 \\ 6 & 7 \end{bmatrix}\begin{bmatrix} 1 & 2 \\ 3 & 4 \end{bmatrix} + \begin{bmatrix} 3 \\ 8 \end{bmatrix}[0\ \ 0] + \begin{bmatrix} 4 & 5 \\ 9 & 0 \end{bmatrix}\begin{bmatrix} 6 & 7 \\ 8 & 9 \end{bmatrix} \\ [0\ \ 0]\begin{bmatrix} 1 & 2 \\ 3 & 4 \end{bmatrix} + [0][0\ \ 0] + [2\ \ 4]\begin{bmatrix} 6 & 7 \\ 8 & 9 \end{bmatrix} \end{bmatrix}$$

$$= \begin{bmatrix} \begin{bmatrix} 1\cdot 1 + 2\cdot 3 & 1\cdot 2 + 2\cdot 4 \\ 6\cdot 1 + 7\cdot 3 & 6\cdot 2 + 7\cdot 4 \end{bmatrix} + \begin{bmatrix} 3\cdot 0 & 3\cdot 0 \\ 8\cdot 0 & 8\cdot 0 \end{bmatrix} + \begin{bmatrix} 4\cdot 6 + 5\cdot 8 & 4\cdot 7 + 5\cdot 9 \\ 9\cdot 6 + 0\cdot 8 & 9\cdot 7 + 0\cdot 9 \end{bmatrix} \\ [0\cdot 1 + 0\cdot 3 \quad 0\cdot 2 + 0\cdot 4] + [0\cdot 0 \quad 0\cdot 0] + [2\cdot 6 + 4\cdot 8 \quad 2\cdot 7 + 4\cdot 9] \end{bmatrix}$$

$$= \begin{bmatrix} \begin{bmatrix} 1\cdot 1 + 2\cdot 3 + 3\cdot 0 + 4\cdot 6 + 5\cdot 8 & 1\cdot 2 + 2\cdot 4 + 3\cdot 0 + 4\cdot 7 + 5\cdot 9 \\ 6\cdot 1 + 7\cdot 3 + 8\cdot 0 + 9\cdot 6 + 0\cdot 8 & 6\cdot 2 + 7\cdot 4 + 8\cdot 0 + 9\cdot 7 + 0\cdot 9 \end{bmatrix} \\ [0\cdot 1 + 0\cdot 3 + 0\cdot 0 + 2\cdot 6 + 4\cdot 8 \quad 0\cdot 2 + 0\cdot 4 + 0\cdot 0 + 2\cdot 7 + 4\cdot 9] \end{bmatrix}$$

となり, この各成分を見ると積の定義 (1.2) と同じであることがわかる.　∎

行ベクトル, 列ベクトル, 行列のベクトル表示　行列の内で特に $1 \times n$ 型の行列を n 次の**行ベクトル**, $m \times 1$ 型の行列を m 次の**列ベクトル**ともいう.

行列 $A = [a_{ij}]_{m\times n}$ の列を n 個の列ベクトルに分割する:

$$A = [\boldsymbol{a}_1\ \boldsymbol{a}_2\ \cdots\ \boldsymbol{a}_n], \quad \boldsymbol{a}_j = \begin{bmatrix} a_{1j} \\ \vdots \\ a_{mj} \end{bmatrix} \qquad (j = 1, 2, \cdots, n) \tag{1.5}$$

これを A の**列ベクトル表示**といい, $\boldsymbol{a}_j$ を A の j **列ベクトル**という. A の**行ベクトルによる表示**についても同様に定める.

例 1.5　n 次単位行列 I_n の列ベクトル表示を $I_n = [\,\boldsymbol{e}_1\ \boldsymbol{e}_2\ \cdots\ \boldsymbol{e}_n\,]$ とすると,

$$\boldsymbol{e}_1 = \begin{bmatrix} 1 \\ 0 \\ \vdots \\ 0 \end{bmatrix},\ \boldsymbol{e}_2 = \begin{bmatrix} 0 \\ 1 \\ \vdots \\ 0 \end{bmatrix},\ \cdots,\ \boldsymbol{e}_n = \begin{bmatrix} 0 \\ \vdots \\ 0 \\ 1 \end{bmatrix} \tag{1.6}$$

である. (1.6) の各ベクトルは, **基本ベクトル**, あるいはより詳しく n **次基本列ベクトル**と呼ばれる. ∎

定理 1.1 の特別な場合として次がわかる.

系 1.2　$m \times n$ 行列 A と $n \times l$ 行列 B の列および行ベクトル表示が

$$A = [\,\boldsymbol{a}_1\ \boldsymbol{a}_2\ \cdots\ \boldsymbol{a}_n\,],\quad B = [\,\boldsymbol{b}_1\ \boldsymbol{b}_2\ \cdots\ \boldsymbol{b}_l\,] = \begin{bmatrix} \boldsymbol{c}_1 \\ \vdots \\ \boldsymbol{c}_n \end{bmatrix},$$

また, $\boldsymbol{a} = [\,a_1\ a_2\ \cdots\ a_n\,]$, $\boldsymbol{b} = \begin{bmatrix} b_1 \\ \vdots \\ b_n \end{bmatrix}$ を n 次行および列ベクトルとする.

このとき, 次式が成り立つ:

(1)　$AB = [\,A\boldsymbol{b}_1\ A\boldsymbol{b}_2\ \cdots\ A\boldsymbol{b}_l\,]$

(2)　$A\boldsymbol{b} = b_1\boldsymbol{a}_1 + b_2\boldsymbol{a}_2 + \cdots + b_n\boldsymbol{a}_n$

(3)　$\boldsymbol{a}B = a_1\boldsymbol{c}_1 + a_2\boldsymbol{c}_2 + \cdots + a_n\boldsymbol{c}_n$

問 1.6　次の行列の積を与えられた分割に従って計算せよ.

(1)　$\left[\begin{array}{cc|c} 1 & 2 & 1 \\ 0 & 1 & -1 \\ \hline 0 & 0 & 1 \end{array}\right] \left[\begin{array}{cc|c|cc} 1 & 3 & 4 & 0 & 0 \\ 0 & 2 & 5 & 0 & 0 \\ \hline 0 & 0 & 7 & 8 & 9 \end{array}\right]$

(2)　$\begin{bmatrix} 1 & 2 & 1 \\ 0 & 1 & -1 \\ 0 & 0 & 1 \end{bmatrix} \left[\begin{array}{c|c|c} 1 & 3 & 4 \\ 0 & 2 & 5 \\ 0 & 0 & 7 \end{array}\right]$

(3)　$\left[\begin{array}{c|c|c} 1 & 2 & 1 \\ 0 & 1 & -1 \\ 0 & 0 & 1 \end{array}\right] \left[\begin{array}{c} 1 \\ \hline 0 \\ \hline 0 \end{array}\right]$

(4)　$[\,1 \mid 2 \mid 1\,] \left[\begin{array}{ccc} 1 & 3 & 4 \\ \hline 0 & 2 & 5 \\ \hline 0 & 0 & 7 \end{array}\right]$

(5)　$\left[\begin{array}{c|c} 1 & 2 \\ 0 & 1 \\ 0 & 0 \end{array}\right] \left[\begin{array}{c|c} 1 & 3 \\ \hline 0 & 2 \end{array}\right]$

演習問題 1.1

1. 下の行列について, 積: $PA, AP, QA, AQ, AR, RB, SA, BS$ を求めよ.

$$A=\begin{bmatrix} a_{11} & a_{12} \\ a_{21} & a_{22} \\ a_{31} & a_{32} \end{bmatrix},\ B=\begin{bmatrix} b_{11} & b_{12} & b_{13} \\ b_{21} & b_{22} & b_{23} \end{bmatrix},$$

$$P=\begin{bmatrix} 1 & 0 & 0 \\ 0 & c & 0 \end{bmatrix},\ Q=\begin{bmatrix} 1 & c & 0 \\ 0 & 1 & 0 \end{bmatrix},\ R=\begin{bmatrix} 0 & 1 \\ 1 & 0 \end{bmatrix},\ S=\begin{bmatrix} 0 & 1 & 0 \\ 1 & 0 & 0 \\ 0 & 0 & 1 \end{bmatrix}$$

2. 次の等式を証明せよ.

(1) $\begin{bmatrix} \cos\theta & -\sin\theta \\ \sin\theta & \cos\theta \end{bmatrix}^n = \begin{bmatrix} \cos n\theta & -\sin n\theta \\ \sin n\theta & \cos n\theta \end{bmatrix} \qquad (n=0,1,2,\cdots)$

(2) $\begin{bmatrix} 1 & -i \\ i & 1 \end{bmatrix}^n = 2^{n-1}\begin{bmatrix} 1 & -i \\ i & 1 \end{bmatrix} \qquad (n=1,2,\cdots)$

3. 行列 $A=\begin{bmatrix} 1 & 0 & p & q \\ 0 & -1 & r & s \\ 0 & 0 & 0 & 1 \\ 0 & 0 & -1 & 0 \end{bmatrix}$ に対し, $A^n \ \ (n=1,2,\cdots)$ を求めよ.

4. 次の行列について, 下記の問に答えよ.

$$A=\begin{bmatrix} \frac{1}{\sqrt{2}} & \frac{1}{\sqrt{2}} & 0 \\ 0 & 0 & 1 \end{bmatrix},\ F=\begin{bmatrix} O & {}^tA \\ A & O \end{bmatrix},\ G=\begin{bmatrix} I & O \\ A & I \end{bmatrix},\ H=\begin{bmatrix} I & -{}^tA \\ A & I \end{bmatrix}$$

(1) $A\,{}^tA,\ {}^tAA$ を求めよ.

(2) $F^n \ (n=1,2,\cdots)$ を求めよ.

(3) $G^n \ (n=1,2,\cdots)$ を求めよ.

(4) $H^2,\ H^3,\ H^4$ を求めよ.

5. 正方行列 A が ${}^tA=A$ をみたすとき**対称行列**といい, ${}^tA=-A$ をみたすとき**反対称行列**という. A を任意の正方行列とするとき, 次を示せ.

(1) $A+{}^tA$ は対称行列, $A-{}^tA$ は反対称行列である.

(2) A は対称行列 S と反対称行列 T との和: $A=S+T$ として一意的に表される.

2.　連立1次方程式

行列の重要な応用の1つに連立1次方程式 (以下では単に, 連立方程式という) の解法がある. 本節では, 掃き出し法による解法とその基本的な考え方を述べる.

(1)　連立方程式の行列表示, 基本変形

連立方程式の行列表示　n 個の未知数 $x_1, \cdots, x_n$ に関する m 個の連立方程式:

$$\begin{cases} a_{11}x_1 + \ a_{12}x_2 + \cdots + \ a_{1n}x_n = b_1, \\ a_{21}x_1 + \ a_{22}x_2 + \cdots + \ a_{2n}x_n = b_2, \\ \cdots\cdots\cdots\cdots\cdots\cdots\cdots \\ a_{m1}x_1 + a_{m2}x_2 + \cdots + a_{mn}x_n = b_m \end{cases} \tag{1.7}$$

において,

$$A = \begin{bmatrix} a_{11} & a_{12} & \ldots & a_{1n} \\ a_{21} & a_{22} & \ldots & a_{2n} \\ \multicolumn{4}{c}{\cdots\cdots\cdots\cdots} \\ a_{m1} & a_{m2} & \ldots & a_{mn} \end{bmatrix}, \quad \boldsymbol{x} = \begin{bmatrix} x_1 \\ x_2 \\ \vdots \\ x_n \end{bmatrix}, \quad \boldsymbol{b} = \begin{bmatrix} b_1 \\ b_2 \\ \vdots \\ b_m \end{bmatrix} \tag{1.8}$$

とおけば, (1.7) は

$$A\boldsymbol{x} = \boldsymbol{b} \tag{1.9}$$

と行列表示される. このとき, A を**係数行列**といい, これに $\boldsymbol{b}$ を付け加えた $m \times (n+1)$ 型の行列 $[\,A\ \ \boldsymbol{b}\,]$ を**拡大係数行列**という.

連立方程式の解法と基本変形　連立方程式を解くための基本的な方法は, 与えられた方程式をうまく変形することによって解がはっきりわかるような単純な式へ導くことである. これを簡単な例で説明しよう.

例 1.6　連立方程式 : $\begin{cases} \ \ x + 3y = 4 \\ 2x + 5y = 5 \end{cases}$

を式の変形によって解いてみよう. 右側には対応する拡大係数行列を示す.

$$\begin{cases} x+3y=4 \\ 2x+5y=5 \end{cases} \qquad \langle\text{第 2 行}\rangle+\langle\text{第 1 行}\rangle\times(-2) \qquad \begin{bmatrix} 1 & 3 & 4 \\ 2 & 5 & 5 \end{bmatrix}$$

$$\begin{cases} x+3y=4 \\ -y=-3 \end{cases} \qquad \langle\text{第 2 行}\rangle\times(-1) \qquad \begin{bmatrix} 1 & 3 & 4 \\ 0 & -1 & -3 \end{bmatrix}$$

$$\begin{cases} x+3y=4 \\ y=3 \end{cases} \qquad \langle\text{第 1 行}\rangle+\langle\text{第 2 行}\rangle\times(-3) \qquad \begin{bmatrix} 1 & 3 & 4 \\ 0 & 1 & 3 \end{bmatrix}$$

$$\begin{cases} x =-5 \\ y=3 \end{cases} \qquad \begin{bmatrix} 1 & 0 & -5 \\ 0 & 1 & 3 \end{bmatrix}$$

最終式は, 解が $x=-5$, $y=3$ であることを示している. ∎

連立方程式の解法において用いられる式変形の手段は, 基本的には次の 2 つで, これを**基本変形**という :

I. ある式を $c\ (\neq 0)$ 倍する.

II. ある式に他の式の何倍かを加える.

これらの変形はどれも同じ型の変形で元に戻せるから, どの段階における連立方程式の解も同じである. 連立方程式とその拡大係数行列とは, 連立方程式の各式が拡大係数行列の各行に, 各未知数の係数が列に対応している. さらに連立方程式の基本変形は, 拡大係数行列においては行の変形が相当する. 行列に関する I,II に相当する操作を**行基本変形**といい, 連立方程式の式変形を拡大係数行列の行基本変形で代用してもまったく同じことである.

行列の行基本変形

I. ある行を $c\ (\neq 0)$ 倍する.

II. ある行に他の行の何倍かを加える.

III. 2 つの行を入れ換える.[2]

問 1.7 行基本変形 III は, 基本変形 I と II を数回行うことで成し遂げられることを示せ.

[2] この行基本変形 III は I と II から得られる (問 1.7 参照) のでなくてもよいが, よく使うので便宜上含めておく.

(2)　連立方程式の行列解法：掃き出し法と階段形

連立方程式の行列解法において行基本変形を行う際に，どのような形の行列を目指して基本変形をしていくか，その最終的な形を明確にしておく必要がある．最終形としては解がそこから直ちに得られるような形のもので，さらに

◇ 解の存在と一意性：　解なし，複数の解をもつ，ただ1つの解をもつ

についてをも判定できることが望ましい．合理的な最終形であると考えられているものが階段形であり，階段形へと導く際の行基本変形の効率的な手段として掃き出し法を適用することになる．

掃き出し法　　上記の課題を念頭におきながら，行列解法の実践例をみよう．

例題 1.1 (一意解をもつ場合)　次の連立方程式を解け．

$$\begin{cases} \quad\quad 3y + 4z = 7 \\ 3x + 5y - 7z = 10 \\ -x - \ \ y + 2z = -3 \end{cases}$$

[解]　拡大係数行列 $[\,A\ \ \boldsymbol{b}\,]$ を以下の手順で基本変形する (**掃き出し法**)．

(I)　第1列に0でない成分があれば，基本変形によって $(1,1)$ 成分を1にする：

$$\begin{bmatrix} 0 & 3 & 4 & 7 \\ 3 & 5 & -7 & 10 \\ -1 & -1 & 2 & -3 \end{bmatrix} \xrightarrow{\langle 1\rangle \leftrightarrow \langle 3\rangle} \begin{bmatrix} -1 & -1 & 2 & -3 \\ 3 & 5 & -7 & 10 \\ 0 & 3 & 4 & 7 \end{bmatrix} \xrightarrow{\langle 1\rangle \times (-1)} \begin{bmatrix} \boxed{1} & 1 & -2 & 3 \\ 3 & 5 & -7 & 10 \\ 0 & 3 & 4 & 7 \end{bmatrix}$$

ここで，$\langle 1\rangle \leftrightarrow \langle 3\rangle$ は第1行と第3行の入れ換えを表す．そのほかの操作についても適宜解釈されたい．

(II)　行基本変形 II を適用し，第1列の $(1,1)$ 以外の成分を0にする：

$$\xrightarrow{\langle 2\rangle + \langle 1\rangle \times (-3)} \begin{bmatrix} \boxed{1} & 1 & -2 & 3 \\ 0 & 2 & -1 & 1 \\ 0 & 3 & 4 & 7 \end{bmatrix}$$

この操作を，$(1,1)$ 成分を**ピボット (軸)** として第1列を**掃き出す**という．

(III)　(II) で得られた行列の第2行以下の部分行列に対して，(I) と同様の操作で左上に $\boxed{1}$ を作る：

$$\xrightarrow{\langle 3\rangle - \langle 2\rangle} \begin{bmatrix} 1 & 1 & -2 & 3 \\ 0 & 2 & -1 & 1 \\ 0 & 1 & 5 & 6 \end{bmatrix} \xrightarrow{\langle 2\rangle \leftrightarrow \langle 3\rangle} \begin{bmatrix} 1 & 1 & -2 & 3 \\ 0 & \boxed{1} & 5 & 6 \\ 0 & 2 & -1 & 1 \end{bmatrix}$$

(IV)　(III) で作った $\boxed{1}$ をピボットにして第2列の $\boxed{1}$ 以外の成分を掃き出す：

$$\xrightarrow[\langle 1\rangle+\langle 2\rangle\times(-1)]{\langle 3\rangle+\langle 2\rangle\times(-2)} \begin{bmatrix} 1 & 0 & -7 & -3 \\ 0 & \boxed{1} & 5 & 6 \\ 0 & 0 & -11 & -11 \end{bmatrix}$$

(V)　(I) から (IV) までと同様の操作を繰り返し, $\boxed{1}$ と 0 を作っていく：

$$\xrightarrow{\langle 3\rangle\times(-1/11)} \begin{bmatrix} 1 & 0 & -7 & -3 \\ 0 & 1 & 5 & 6 \\ 0 & 0 & \boxed{1} & 1 \end{bmatrix} \xrightarrow[\langle 2\rangle+\langle 3\rangle\times(-5)]{\langle 1\rangle+\langle 3\rangle\times 7} \begin{bmatrix} 1 & 0 & 0 & 4 \\ 0 & 1 & 0 & 1 \\ 0 & 0 & \boxed{1} & 1 \end{bmatrix}$$

拡大係数行列の最終形が表す連立方程式は $\begin{bmatrix} 1 & 0 & 0 \\ 0 & 1 & 0 \\ 0 & 0 & 1 \end{bmatrix} \begin{bmatrix} x \\ y \\ z \end{bmatrix} = \begin{bmatrix} 4 \\ 1 \\ 1 \end{bmatrix}$. したがって,

解は $x=4$, $y=1$, $z=1$. あるいは $\boldsymbol{x} = \begin{bmatrix} x \\ y \\ z \end{bmatrix} = \begin{bmatrix} 4 \\ 1 \\ 1 \end{bmatrix}$.　∎

注意 1.1　行列の基本変形 $[*] \to [*]$ を $[*] = [*]$ と等号で結んではいけない. $=$ は左右の式が等しいことを表す記号であり, 日本語の "$\cdots$ は$\cdots$" と同じ感覚でやみ雲に用いることのないように気を付けることが肝要である. 念のため！

例題 1.2　次の連立方程式は p がいかなる値のとき解をもつか. また, 解をもつときその解を求めよ.

$$\begin{cases} x + y + z = 1 \\ x + 2y + 3z = 0 \\ 2x + 3y + 4z = p \end{cases} \tag{1.10}$$

[解]　例題 1.1 と同様の方針で進むが, 拡大係数行列の推移を次のように表にするのも見やすい方法である.

1	1	1	1	
1	2	3	0	$-\langle 1\rangle$
2	3	4	p	$+\langle 1\rangle\times(-2)$
1	1	1	1	$+\langle 2\rangle\times(-1)$
0	1	2	-1	
0	1	2	$p-2$	$+\langle 2\rangle\times(-1)$
1	0	-1	2	
0	1	2	-1	
0	0	0	$p-1$	

最終形を連立方程式に戻せば, $\begin{cases} x - z = 2 \\ y + 2z = -1 \\ 0 = p-1 \end{cases}$.

この第3式の左辺は未知数 x, y, z にどんな値をもってしても0であるから，

$p \neq 1$ のときには，解は存在しない．

$p = 1$ のときは，この第3式は恒等式であるから，第1，第2式をみたす解を求めればよい．このとき，この方程式は

$$\begin{cases} x = \quad 2 + \ z \\ y = -1 - 2z \end{cases} \tag{1.11}$$

となるから，z に任意の値を与えれば x と y も定まる．$z = c$ とおくと，(1.10) は次の形で表される (無数の) 解をもつ：

$$\boldsymbol{x} = \begin{bmatrix} x \\ y \\ z \end{bmatrix} = \begin{bmatrix} 2+c \\ -1-2c \\ c \end{bmatrix} = \begin{bmatrix} 2 \\ -1 \\ 0 \end{bmatrix} + c \begin{bmatrix} 1 \\ -2 \\ 1 \end{bmatrix} \qquad (c \text{ は任意の数})$$ ∎

階段形の行列　　連立方程式の行列解法における基本方針は，拡大係数行列に対して行基本変形を繰り返し適用し，解が一目瞭然にわかるような行列，つまり**階段形**と呼ばれる以下の (i)-(iv) をみたす形の行列に導くことである．

階段形

(i)　0からなる行があれば，その行は行列の最下方の位置にある．

(ii)　0でない成分をもつ行において，左から見て最初の0でない成分は1である．この1をこの行の**主成分**という．

(iii)　主成分を含む列の他の成分はすべて0である．

(iv)　主成分の位置は下の行の主成分ほど右にある．

$$\begin{bmatrix}
0 & \cdots & 1 & * & * & 0 & * & 0 & * & * & 0 & * & \beta_1 \\
0 & \cdots & 0 & \cdots & 0 & 1 & * & 0 & * & * & 0 & * & \beta_2 \\
0 & \cdots & 0 & \cdots & 0 & 0 & 0 & 1 & * & * & 0 & * & \beta_3 \\
\cdots & & \cdots & & \cdots & \cdots & \cdots & \cdots & \cdots & \cdots & \cdots & & \cdots \\
0 & \cdots & 0 & \cdots & 0 & \cdots & \cdots & 0 & \cdots & 0 & 1 & * & \beta_r \\
0 & \cdots & 0 & \cdots & 0 & \cdots & \cdots & 0 & \cdots & \cdots & 0 & 0 & 0
\end{bmatrix}$$

図 1.1　階段形の行列

行列を階段形へ導くこと，また導かれた階段形の行列のことを**階段化**という[3]．例題1.1および1.2において適用した階段化の手法は，**掃き出し法**とか**ガウスの消去法**と呼ばれている．

階段形の行列においては，(ii) より

$$r = \langle 0 \text{ ではない行の数} \rangle = \langle \text{主成分の個数} \rangle \tag{1.12}$$

であり，この数 r をこの行列の**階数**という[4]．一般の行列 A についてはその階段化 A' の階数 r を A の階数とする．これを $\operatorname{rank} A = r$ と表す．

連立方程式の解の存在および一意性

定理 1.3　$m \times n$ 行列 A を係数行列とする連立方程式: $A\boldsymbol{x} = \boldsymbol{b}$ において，

(a)　連立方程式に解がない　$\Longleftrightarrow$　$\operatorname{rank} A < \operatorname{rank}[\,A\ \ \boldsymbol{b}\,]$

(b)　連立方程式が複数解をもつ　$\Longleftrightarrow$　$\operatorname{rank} A = \operatorname{rank}[\,A\ \ \boldsymbol{b}\,] < n$

(c)　連立方程式が一意解をもつ　$\Longleftrightarrow$　$\operatorname{rank} A = \operatorname{rank}[\,A\ \ \boldsymbol{b}\,] = n$

系 1.4　$m \times n$ 行列 A を係数行列とする連立方程式について，

(1)　$m < n$ のとき，同次連立方程式: $A\boldsymbol{x} = \boldsymbol{0}$ は自明でない (つまり，$\boldsymbol{x} \neq \boldsymbol{0}$ の) 解 $\boldsymbol{x}$ をもつ．

(2)　$\operatorname{rank} A = m$ のとき，非同次連立方程式: $A\boldsymbol{x} = \boldsymbol{b}$ は任意の $\boldsymbol{b}$ に対して解をもつ．

問 1.8　掃き出し法によって次の連立方程式を解け．

(1) $\begin{cases} x + y = 1 \\ 2x - y = 3 \end{cases}$　(2) $\begin{cases} x + 2y + 3z = 0 \\ 3x + 6y + 10z = 0 \end{cases}$　(3) $\begin{cases} x - y - 2z = -3 \\ 2x + 2y + z = -1 \\ 4x - y + 4z = 0 \end{cases}$

(4) $\begin{cases} x + y + 2z = 1 \\ x + 2y - z = -2 \\ x - y + 8z = 7 \end{cases}$　(5) $\begin{cases} x + 2y + 3z = 3 \\ x + 2y - z = -1 \\ 3x + 6y - z = 2 \end{cases}$

---

[3] 任意の行列に対して，その階段化は (途中の過程が異なっても) 一意的に定まることが示される．

[4] 階数については，後章 (第3章3 (1)) で詳しく扱う．

(3)　正則行列と逆行列

逆行列　n 次正方行列 A に対して,

$$AX = XA = I_n, \qquad I_n \text{ は } n \text{ 次単位行列} \tag{1.13}$$

をみたす X があれば, それはただ1つである. 実際, X と Y の両者が (1.13) をみたすとすれば

$$Y = YI = Y(AX) = (YA)X = IX = X$$

となることからわかる. このとき X を A の**逆行列**といい, A^{-1} で表す. 逆行列をもつような行列を**正則**な行列という.

証明は次章 (系 2.13) に委ねるが, A が正則となるには実は (1.13) の一方が成り立てばよい. すなわち,

定理 1.5　n 次正方行列 A, X について, $AX = I_n \implies XA = I_n$

行列が正則となるための必要十分条件は後章でも現れるが, ここまでの範囲では次のように挙げることができる.

正則条件 (1)

定理 1.6　n 次正方行列 A について, 次は同値である.

(1)　A は正則.

(2)　連立方程式: $A\boldsymbol{x} = \boldsymbol{b}$ は, 任意の n 次列ベクトル $\boldsymbol{b}$ に対して一意解をもつ.

(3)　$\operatorname{rank} A = n$.

(4)　A の階段化は単位行列 I_n .

証明　(2) ⇔ (3)　n 次正方行列 A に対して定理 1.3 (c) を適用すればよい.

(3) ⇔ (4)　(1.12) より, $\operatorname{rank} A = n$ は A の階段化が n 個の主成分をもつことであり, このような n 次正方行列は単位行列に限る.

(1) ⇒ (2)　$A\boldsymbol{x} = \boldsymbol{b}$ に A^{-1} を左から掛けると, $A^{-1}A\boldsymbol{x} = A^{-1}\boldsymbol{b}$. したがって, 解は $\boldsymbol{x} = A^{-1}\boldsymbol{b}$ と一意的に定まる.

(1) ⇐ (2)　単位行列 I_n の列ベクトル表示を $I_n = [\,\boldsymbol{e}_1\ \boldsymbol{e}_2\ \cdots\ \boldsymbol{e}_n\,]$ とする. 連立方程式: $A\boldsymbol{x} = \boldsymbol{e}_j$ の解を $\boldsymbol{x}_j$　$(1 \leqq j \leqq n)$ とし, $X = [\,\boldsymbol{x}_1\ \boldsymbol{x}_2\ \cdots\ \boldsymbol{x}_n\,]$ とすると

$$AX = A[\,\boldsymbol{x}_1\ \boldsymbol{x}_2\ \cdots\ \boldsymbol{x}_n\,] = [\,A\boldsymbol{x}_1\ A\boldsymbol{x}_2\ \cdots\ A\boldsymbol{x}_n\,] = [\,\boldsymbol{e}_1\ \boldsymbol{e}_2\ \cdots\ \boldsymbol{e}_n\,] = I_n$$

したがって, 定理 1.5 により X は A の逆行列であり, A は正則であることがわかる. ∎

逆行列の求め方　掃き出し法を適用することにより, 逆行列を求めることができる. A は正則な n 次正方行列とする. 定理 1.6 (1) $\Leftarrow$ (2) の証明で見たように, A^{-1} の第 j 列ベクトル $\boldsymbol{x}_j$ は 連立方程式: $A\boldsymbol{x} = \boldsymbol{e}_j$ の解である. これらの連立方程式の解 $\boldsymbol{x}_j$ $(1 \leqq j \leqq n)$ は同時に求めることができる. 実際, $[\,A \;\; I_n\,] = [\,A \;\; \boldsymbol{e}_1\, \boldsymbol{e}_2 \cdots \boldsymbol{e}_n\,]$ に対して掃き出し法を適用し, その結果が $[\,I_n \;\; X] = [I_n \;\; \boldsymbol{x}_1\, \boldsymbol{x}_2 \cdots \boldsymbol{x}_n\,]$ となったとすれば, 右半分の行列 X の各列ベクトル $\boldsymbol{x}_j$ が $A\boldsymbol{x} = \boldsymbol{e}_j$ $(1 \leqq j \leqq n)$ の解であり, X が A の逆行列であることがわかる. したがって, 次を得る.

掃き出し法による逆行列の求め方

定理 1.7　$[\,A \;\; I_n\,]$ を掃き出し法で $[\,I_n \;\; X\,]$ へ導いたとき,　$A^{-1} = X$

例題 1.3　$A = \begin{bmatrix} 1 & 1 & 1 \\ 1 & 2 & 3 \\ 2 & 4 & 5 \end{bmatrix}$ の逆行列を求めよ.

[解]　$[A \; I_3\,]$ を下の表のように表して掃き出し法を行う.

1	1	1	1	0	0	
1	2	3	0	1	0	$-\langle 1 \rangle$
2	4	5	0	0	1	$+\langle 1 \rangle \times (-2)$
1	1	1	1	0	0	$-\langle 2 \rangle$
0	1	2	-1	1	0	
0	2	3	-2	0	1	$+\langle 2 \rangle \times (-2)$
1	0	-1	2	-1	0	
0	1	2	-1	1	0	
0	0	-1	0	-2	1	$\times(-1)$
1	0	-1	2	-1	0	$+\langle 3 \rangle$
0	1	2	-1	1	0	$+\langle 3 \rangle \times (-2)$
0	0	1	0	2	-1	
1	0	0	2	1	-1	
0	1	0	-1	-3	2	
0	0	1	0	2	-1	

これより,　$A^{-1} = \begin{bmatrix} 2 & 1 & -1 \\ -1 & -3 & 2 \\ 0 & 2 & -1 \end{bmatrix}$ を得る.　∎

問 1.9　次の行列が逆行列をもてば, その逆行列を求めよ.

(1) $\begin{bmatrix} 1 & 2 & 1 \\ 2 & 4 & 4 \\ 1 & 3 & 2 \end{bmatrix}$　　(2) $\begin{bmatrix} 1 & 1 & 1 \\ 2 & 0 & 3 \\ 3 & 1 & 4 \end{bmatrix}$　　(3) $\begin{bmatrix} 1 & 2 & -1 & 2 \\ 2 & 2 & -1 & 1 \\ -1 & -1 & 1 & -1 \\ 2 & 1 & -1 & 2 \end{bmatrix}$

演 習 問 題 1.2

1.　次の連立方程式を解け.

(1) $\begin{cases} x - 2y = 3 \\ y - 2z = -1 \\ x + y - 6z = 0 \end{cases}$　　(2) $\begin{cases} 2x + 2y + z = 1 \\ x - y + 2z = 0 \\ x - 5y + 5z = -1 \end{cases}$

2.　次の連立方程式が解をもつのはいつか (a がどのような値のときか) を判定し, 解をもつ場合には解を求めよ.

(1) $\begin{cases} x_1 + 2x_2 + 3x_3 = 1 \\ 2x_1 + 3x_2 + 4x_3 = 0 \\ 3x_1 + 4x_2 + 5x_3 = a \end{cases}$　　(2) $\begin{cases} x_1 + 2x_2 + x_4 = 1 \\ x_1 + 2x_2 + x_3 + 2x_4 = 2 \\ x_1 + 2x_2 + 3x_3 + 4x_4 = a \end{cases}$

(3) $\begin{cases} x_1 - 2x_2 + x_3 = 1 \\ 3x_1 - 6x_2 + 2x_3 = 0 \\ -2x_1 + 4x_2 + x_3 - x_4 = a \\ 3x_3 + x_4 = a \end{cases}$　　(4) $\begin{cases} x_1 + x_2 + x_3 = 1 \\ x_1 + 2x_2 + 3x_3 = 0 \\ 2x_1 + 3x_2 + ax_3 = a - 3 \end{cases}$

(5) $\begin{cases} x_1 + x_3 = 2 \\ x_2 + (a+1)x_3 = a - 1 \\ 2x_1 + x_2 + (a^2 + 3)x_3 = 3 \end{cases}$

3.　次の行列の逆行列 を求めよ.

(1) $\begin{bmatrix} 3 & 2 & 1 & 0 \\ 3 & 2 & 1 & 1 \\ 3 & 2 & 2 & 2 \\ 3 & 3 & 3 & 3 \end{bmatrix}$　　(2) $\begin{bmatrix} 1 & 2 & 0 & 0 \\ 2 & 3 & 0 & 0 \\ 3 & 2 & 1 & 0 \\ 0 & 1 & 2 & 3 \end{bmatrix}$　　(3) $\begin{bmatrix} 1 & 0 & 0 & 2 \\ 2 & 1 & 0 & 0 \\ 0 & 2 & 1 & 0 \\ 0 & 0 & 2 & 1 \end{bmatrix}$

(4) $\begin{bmatrix} 1 & 0 & 0 & 0 & 0 \\ 0 & 0 & 0 & 1 & 0 \\ 0 & 0 & 1 & 0 & 0 \\ -1 & -1 & -1 & 0 & -1 \\ 0 & 0 & 0 & 0 & 1 \end{bmatrix}$　　(5) $\begin{bmatrix} 1 & 0 & 0 & \cdots & 0 \\ a & 1 & 0 & \cdots & 0 \\ a^2 & a & 1 & \ddots & \vdots \\ \vdots & & \ddots & \ddots & \\ a^{n-1} & a^{n-2} & \cdots & a & 1 \end{bmatrix}$

4. 次の行列が正則となるのはいつか (a がどのような値のときか). 正則となるときその逆行列を求めよ.

(1) $\begin{bmatrix} 1 & 1 & 0 & 0 \\ 1 & 1 & 1 & 0 \\ 0 & 1 & 1 & 1 \\ 0 & 0 & 1 & a \end{bmatrix}$　　(2) $\begin{bmatrix} a & 0 & 0 & -1 \\ -1 & a & 0 & 0 \\ 0 & -1 & a & 0 \\ 0 & 0 & -1 & a \end{bmatrix}$

5. 同じ次数をもつ正則行列 A, B について, 次を示せ.

(1)　積 AB も正則で, $(AB)^{-1} = B^{-1}A^{-1}$.

(2)　転置 ${}^tA$ も正則で, $({}^tA)^{-1} = {}^t(A^{-1})$.

6. 正則行列 A について, 次を示せ.

(1)　A が対称行列ならば, A^{-1} も対称行列である.

(2)　A が反対称行列ならば, A^{-1} も反対称行列である.

第2章

行　列　式

行列式を3つの基本性質を設定することにより導入する．行列式の具体的な成分表示はその基本性質から導かれる．その過程で置換の概念が有効となる．行列式の計算においては行列式の諸性質を使いこなせるように習熟されたい．終わりに行列式の応用として，理論的にも重要な連立方程式の解の公式 (クラメルの公式) および逆行列の余因子行列による表示を与える．

1.　置換

置換，置換の積　　集合から集合への対応を一般に**写像**という．関数は数から数への写像である．n 個の文字の集合から自分自身への1対1写像を**置換**という．ふつうは n 個の文字の集合としては数字 $\{1, 2, \cdots, n\}$ を用いる．たとえば，5文字の置換 σ が

$$\sigma\ :\ 1 \mapsto 4,\quad 2 \mapsto 2,\quad 3 \mapsto 5,\quad 4 \mapsto 3,\quad 5 \mapsto 1,$$

あるいは，これを関数表示で表すと

$$\sigma(1) = 4,\ \sigma(2) = 2,\ \sigma(3) = 5,\ \sigma(4) = 3,\ \sigma(5) = 1$$

であるとき，この置換を

$$\sigma = \begin{pmatrix} 1 & 2 & 3 & 4 & 5 \\ 4 & 2 & 5 & 3 & 1 \end{pmatrix} \tag{2.1}$$

と表す．上から下への上下関係がこの置換の写像を表すのであるから，上下関係さえ保たれていれば同じ置換を表す．たとえば，次の (2.1a) で表される2つの置換も (2.1) と同じ σ を表す．後の表し方のように σ によって動かされない

文字を省くこともある：

$$\sigma = \begin{pmatrix} 5 & 2 & 4 & 1 & 3 \\ 1 & 2 & 3 & 4 & 5 \end{pmatrix} = \begin{pmatrix} 1 & 3 & 4 & 5 \\ 4 & 5 & 3 & 1 \end{pmatrix} \tag{2.1a}$$

特に, どの文字も換えない置換を**恒等置換**といい, ι で表す. また 置換 σ に対してその逆写像を**逆置換**といい, σ^{-1} で表す.

n 文字の置換 σ, τ に対しその合成写像：

$$\sigma\tau(i) = \sigma(\tau(i)) \qquad (i = 1, 2, \cdots, n)$$

によって, この順序の**置換の積** $\sigma\tau$ を定義する.

例題 2.1　$\sigma = \begin{pmatrix} 1 & 2 & 3 & 4 & 5 \\ 5 & 3 & 2 & 1 & 4 \end{pmatrix}$, $\tau = \begin{pmatrix} 1 & 2 & 4 \\ 4 & 1 & 2 \end{pmatrix}$ に対し, 次を求めよ.

(1)　逆置換 σ^{-1}　　(2)　積 $\sigma\tau$ および $\tau\sigma$

[解]　(1)　$\sigma^{-1} = \begin{pmatrix} 5 & 3 & 2 & 1 & 4 \\ 1 & 2 & 3 & 4 & 5 \end{pmatrix} = \begin{pmatrix} 1 & 2 & 3 & 4 & 5 \\ 4 & 3 & 2 & 5 & 1 \end{pmatrix}$

(2)　積 $\sigma\tau$：$\sigma\tau(1) = \sigma(\tau(1)) = \sigma(4) = 1$. 同様に, $\sigma\tau(2) = 5$, $\sigma\tau(3) = 2$, $\sigma\tau(4) = 3$, $\sigma\tau(5) = 4$. したがって,

$$\sigma\tau = \begin{pmatrix} 1 & 2 & 3 & 4 & 5 \\ 1 & 5 & 2 & 3 & 4 \end{pmatrix} = \begin{pmatrix} 2 & 3 & 4 & 5 \\ 5 & 2 & 3 & 4 \end{pmatrix}$$

積 $\tau\sigma$：　同じ考え方により, $\tau\sigma = \begin{pmatrix} 1 & 2 & 3 & 4 & 5 \\ 5 & 3 & 1 & 4 & 2 \end{pmatrix}$. ∎

置換の積については, 明らかに次の演算公式が成り立つ：
任意の置換 σ, τ, ρ および恒等置換 ι に対し,

(1)　**(結合法則)**　$\tau(\sigma\rho) = (\tau\sigma)\rho$

(2)　**(恒等置換および逆置換)**　$\iota\sigma = \sigma\iota = \sigma$,　$\sigma^{-1}\sigma = \sigma\sigma^{-1} = \iota$

n 個の文字の置換の全体は n 次の**対称群**と呼ばれる. これを S_n で表す.

巡回置換, 互換　r 個の数字 $k_1, k_2, \cdots, k_r$ だけを巡回的に

$$k_1 \mapsto k_2\,,\ k_2 \mapsto k_3\,,\ \cdots\,,\ k_{r-1} \mapsto k_r\,,\ k_r \mapsto k_1$$

と移す置換を**巡回置換**といい, 簡単に $(k_1\ k_2 \cdots k_r)$ とも表す. また, 2 文字の巡回置換を特に**互換**という.

互換の積

定理 2.1　(1)　任意の置換は, 巡回置換の積として表される.
(2)　任意の巡回置換は, 互換の積として表される.
したがって, 任意の置換は, 互換の積として表される.

証明　(1)　下記の例題 2.2 (1) の解法を見ればわかるであろう.
(2)　どんな巡回置換も, たとえば

$$(\,k_1\ k_2\ k_3\ \cdots\ k_r\,) = (\,k_1\ k_r) \cdots (\,k_1\ k_3\,)(\,k_1\ k_2\,) \tag{2.2}$$

のように互換の積で表される. これを確かめるのは容易であろう. ∎

例題 2.2　置換 $\sigma = \begin{pmatrix} 1 & 2 & 3 & 4 & 5 & 6 & 7 & 8 & 9 \\ 5 & 1 & 8 & 3 & 6 & 9 & 7 & 4 & 2 \end{pmatrix}$ について,
(1)　σ を巡回置換の積で表せ.
(2)　σ を互換の積で表せ.

[解]　(1)　まずどれかの文字, たとえば 1 から始め, 移り先を順に追っていくと

$$1 \mapsto 5 \mapsto 6 \mapsto 9 \mapsto 2 \mapsto 1$$

より, $\sigma_1 = (1\ 5\ 6\ 9\ 2)$ は σ における巡回置換である. 次に, σ_1 に含まれない文字, たとえば 3 をとり, 同様の操作をすると

$$3 \mapsto 8 \mapsto 4 \mapsto 3$$

が得られるから, $\sigma_2 = (\,3\ 8\ 4\,)$ も σ における巡回置換である. まだ残っている文字は 7 であるがこれは σ によって動かない. したがって,

$$\sigma = \sigma_1\sigma_2 = (\,1\ 5\ 6\ 9\ 2\,)(\,3\ 8\ 4\,)$$

(2)　(2.2) を適用すると

$$(\,1\ 5\ 6\ 9\ 2\,) = (\,1\ 2\,)(\,1\ 9\,)(\,1\ 6\,)(\,1\ 5\,), \quad (\,3\ 8\ 4\,) = (\,3\ 4\,)(\,3\ 8\,)$$

よって,　$\sigma = (\,1\ 2\,)(\,1\ 9\,)(\,1\ 6\,)(\,1\ 5\,)(\,3\ 4\,)(\,3\ 8\,)$. ∎

置換の符号　置換を互換の積として表すとき, その表し方は一意的ではないが, 互換の個数について次の事実が成り立つ.

置換の偶・奇

定理 2.2　1 つの置換を互換の積として表すとき, どのような表し方においても互換の個数が偶数か奇数かは, 置換によって一定である.

この定理の証明は後に回す (定理 2.3 の系として得る).

偶数個の互換の積で表される置換を**偶置換**, 奇数個の互換の積で表される置換を**奇置換**と呼ぶ. 置換 σ に対して, その**符号** $\mathrm{sgn}(\sigma)$ を次式で定義する:

$$\mathrm{sgn}(\sigma) = \begin{cases} 1 & (\sigma \text{ は偶置換}) \\ -1 & (\sigma \text{ は奇置換}) \end{cases} \tag{2.3}$$

たとえば 例題 2.2 の置換 σ については, 6 個の互換の積で表されるので, 偶置換である. したがって, $\mathrm{sgn}(\sigma) = 1$.

順列　n 個の文字を順序をつけて並べたものを**順列**という. 順列を表すには, $[\,j_1, j_2, \cdots, j_n\,]$ のように [　] を付けて表すことにする. 順列と置換とは対応:

$$[\,j_1, j_2, \cdots, j_n\,] \longleftrightarrow \begin{pmatrix} 1 & 2 & \cdots & n \\ j_1 & j_2 & \cdots & j_n \end{pmatrix} \tag{2.4}$$

により, この対応関係にある順列と置換とを同一視して順列全体も S_n で表す.

置換の順列への働き　置換 σ には順列に対して作用し, 順列 $[\,j_1, j_2, \cdots, j_n\,]$ を順列 $[\,\sigma(j_1), \sigma(j_2), \cdots, \sigma(j_n)\,]$ に移すような働きもある. つまり,

$$\sigma\Big([\,j_1, j_2, \cdots, j_n\,]\Big) = [\,\sigma(j_1), \sigma(j_2), \cdots, \sigma(j_n)\,]$$

と定める. この働きは次のように適用される.

例題 2.3 (1) 2 文字の入れ換え操作を何回か行って, 順列 $[\,2,5,4,3,1\,]$ を順列 $[\,1,2,3,4,5\,]$ に移せ.

(2) 行列 A の行ベクトル表示を $A = \begin{bmatrix} \boldsymbol{a}_1 \\ \boldsymbol{a}_2 \\ \boldsymbol{a}_3 \\ \boldsymbol{a}_4 \end{bmatrix}$ とし, $B = \begin{bmatrix} \boldsymbol{a}_3 \\ \boldsymbol{a}_4 \\ \boldsymbol{a}_2 \\ \boldsymbol{a}_1 \end{bmatrix}$ は A の行ベクトルを並べ換えた行列とする. A から 2 つの行ベクトルの入れ換えを何回か行って B に移せ.

[解] (1) 順列 $[\,2,5,4,3,1\,]$ を 順列 $[\,1,2,3,4,5\,]$ に移す置換を σ とすると

$$\sigma = \begin{pmatrix} 2 & 5 & 4 & 3 & 1 \\ 1 & 2 & 3 & 4 & 5 \end{pmatrix} = \begin{pmatrix} 1 & 2 & 3 & 4 & 5 \\ 5 & 1 & 4 & 3 & 2 \end{pmatrix}$$

さらに, 置換 σ を互換の積で表すと

$$\sigma = \begin{pmatrix} 1 & 2 & 3 & 4 & 5 \\ 5 & 1 & 4 & 3 & 2 \end{pmatrix} = (1\ 5\ 2)(3\ 4) = (1\ 2)(1\ 5)(3\ 4)$$

したがって, 1回目 : $3 \leftrightarrow 4$, 2回目 : $1 \leftrightarrow 5$, 3回目 : $1 \leftrightarrow 2$ の順に文字の入れ換えを行えばよい.

(2)　添え数の順列 $[1,2,3,4]$ を 順列 $[3,4,2,1]$ に移す置換を考えればよい.

$$\sigma = \begin{pmatrix} 1 & 2 & 3 & 4 \\ 3 & 4 & 2 & 1 \end{pmatrix} = (1\ 3\ 2\ 4) = (1\ 4)(1\ 2)(1\ 3)$$

より, 1回目 : $\boldsymbol{a}_1 \leftrightarrow \boldsymbol{a}_3$, 2回目 : $\boldsymbol{a}_1 \leftrightarrow \boldsymbol{a}_2$, 3回目 : $\boldsymbol{a}_1 \leftrightarrow \boldsymbol{a}_4$ の順に行ベクトルの入れ換えを行えばよい. ∎

転倒数　n 数の順列 $[\,j_1, j_2, \cdots, j_n\,]$ において, 大小関係が逆転している2数の組を**転倒ペア**と呼び, 転倒ペアの総数をこの順列の**転倒数**という.

例 2.1　(1)　順列 $[2,3,1]$ の転倒ペアは $\{2,1\}$, $\{3,1\}$ の2組で, 転倒数は2.

(2)　順列 $[1,2,\cdots,n]$ は, 転倒ペアはなく転倒数は0で, **基本順列**と呼ぶ.

(3)　順列 $[n, n-1, \cdots, 1]$ は, すべてのペアが転倒ペアなので, 転倒数は $\dfrac{n(n-1)}{2}$. ∎

偶 (奇) 置換 = 順列の転倒数の偶 (奇)

定理 2.3　(1)　τ が互換ならば, 任意の順列 $[\,j_1, j_2, \cdots, j_n\,]$ に対し, $[\,j_1, j_2, \cdots, j_n\,]$ と $\tau([\,j_1, j_2, \cdots, j_n\,])$ との転倒数の差は常に奇数である.

(2)　順列 $[\,j_1, j_2, \cdots, j_n\,]$ の転倒数の偶奇と (2.4) を通して対応する置換 $\sigma = \begin{pmatrix} 1 & 2 & \cdots & n \\ j_1 & j_2 & \cdots & j_n \end{pmatrix}$ の偶奇とは, 一致する.

証明　(1)　まず互いに隣り合った2数 j_p, j_{p+1} を入れ換える場合を考えると, 転倒数に変化が起こるのはこのペアに関してだけであり, $j_p < j_{p+1}$ のときは $+1$, $j_p > j_{p+1}$ のときは -1 と増減する. また離れた2数を交換するには隣り合った2数の交換を奇数回繰り返すことでなされる.

(2)　$\sigma[1,2,\cdots,n] = [\,j_1, j_2, \cdots, j_n\,]$ であり, σ が偶 (奇) 置換ならば偶 (奇) 数回の互換で基本順列 $[1,2,\cdots,n]$ から順列 $[\,j_1, j_2, \cdots, j_n\,]$ へ移される. 転倒数が0の状態 (基本順列) から始まり, ((1) により) 1回の互換をほどこす毎に転倒数が奇数個増減するので, σ の偶 (奇) と順列の偶奇は一致する. ∎

定理 2.2 の証明　置換 σ を $\sigma = \begin{pmatrix} 1 & 2 & \cdots & n \\ j_1 & j_2 & \cdots & j_n \end{pmatrix}$ と表すとき, 定理 2.3 (2) より σ の偶奇は順列 $[\,j_1, j_2, \cdots, j_n\,]$ の転倒数の偶奇と一致することからわかる. ∎

演習問題 2.1

1. 次の置換の積を求めよ.

(1) $\begin{pmatrix} 1 & 2 & 3 & 4 & 5 \\ 4 & 5 & 1 & 3 & 2 \end{pmatrix}\begin{pmatrix} 1 & 2 & 4 & 5 \\ 5 & 4 & 2 & 1 \end{pmatrix}$　(2) $\begin{pmatrix} 1 & 2 & 3 \\ 2 & 3 & 1 \end{pmatrix}(1\ 3)$

(3) $(1\ 3\ 4\ 2)\begin{pmatrix} 1 & 2 & 4 \\ 2 & 4 & 1 \end{pmatrix}$　(4) $(1\ 3\ 2)(2\ 4)(3\ 2\ 4)$

2. 次の各置換について,

(i) 巡回置換の積で表せ. (ii) 互換の積で表せ. (iii) 符号を求めよ.

(1) $\begin{pmatrix} 1 & 2 & 3 & 4 & 5 & 6 \\ 5 & 2 & 6 & 3 & 1 & 4 \end{pmatrix}$　(2) $\begin{pmatrix} 1 & 2 & 3 & 4 & 5 & 6 \\ 4 & 1 & 3 & 6 & 5 & 2 \end{pmatrix}$

(3) $\begin{pmatrix} 1 & 2 & 3 & 4 & 5 & 6 & 7 & 8 & 9 \\ 9 & 8 & 6 & 2 & 1 & 5 & 4 & 7 & 3 \end{pmatrix}$

3. (1) 2 文字の置換 S_2 の置換をすべてあげ, 偶置換と奇置換に分類せよ.

(2) 3 文字の置換 S_3 の置換をすべてあげ, 偶置換と奇置換に分類せよ.

(3) n 文字の置換全体 S_n の総数を求めよ.

4. (1) 行列 A の列ベクトル表示を $A = [\,\boldsymbol{a}_1\ \boldsymbol{a}_2\ \boldsymbol{a}_3\ \boldsymbol{a}_4\ \boldsymbol{a}_5\,]$, A の列ベクトルを並べ換えた行列を $B = [\,\boldsymbol{a}_3\ \boldsymbol{a}_4\ \boldsymbol{a}_2\ \boldsymbol{a}_5\ \boldsymbol{a}_1\,]$ とする. A から 2 つの列ベクトルの入れ換えを何回か行って B に移せ.

(2) 1 から 7 までの番号が付いた 7 枚のカードが順に $[1, 7, 2, 6, 3, 5, 4]$ と並んでいる. 2 枚づつのカードの入れ換えの操作を何回か繰り返し行って, $[2, 4, 5, 1, 7, 6, 3]$ に移せ.

5. 任意の置換 σ, τ $(\in S_n)$[1] について, 次式が成り立つことを示せ.

(1) $(\sigma\tau)^{-1} = \tau^{-1}\sigma^{-1}$　(2) $\mathrm{sgn}(\sigma) = \mathrm{sgn}(\sigma^{-1})$

(3) $\mathrm{sgn}(\sigma\tau) = \mathrm{sgn}(\sigma)\,\mathrm{sgn}(\tau)$

6. (1) 置換 τ, σ_1, $\sigma_2 (\in S_n)$ に対し, 次を示せ.

$$\sigma_1 \neq \sigma_2 \iff \tau\sigma_1 \neq \tau\sigma_2$$

(2) S_n における偶置換と奇置換の個数は同数であることを示せ.

---

[1] $\in$ は, 集合に関して"に属する"とか"の要素 (元ともいう) である"ことを表す数学記号. $\sigma \in S_n$ は, "σ が S_n の元である", つまり"σ が n 文字の置換である" ことを表す.

2.　行列式の定義および基本的な性質

(1)　行列式の定義：基本性質と成分による表示

連立方程式からの動機　未知数 x_1, x_2 に関する連立方程式：

$$\begin{cases} a_{11}x_1 + a_{12}x_2 = b_1 \\ a_{21}x_1 + a_{22}x_2 = b_2 \end{cases} \tag{2.5}$$

を解くことを考える．

〈第1式〉$\times a_{22}$ − 〈第2式〉$\times a_{12}$，〈第2式〉$\times a_{11}$ − 〈第1式〉$\times a_{21}$ によってそれぞれ x_1, x_2 を消去すると

$$\begin{aligned} (a_{11}a_{22} - a_{12}a_{21})x_1 &= b_1a_{22} - b_2a_{12}\ , \\ (a_{11}a_{22} - a_{12}a_{21})x_2 &= b_2a_{11} - b_1a_{21} \end{aligned} \tag{2.6}$$

を得る．いま

$$D = a_{11}a_{22} - a_{12}a_{21} \tag{2.7}$$

とおくと，$D \neq 0$ ならば任意の b_1, b_2 に対して

$$x_1 = \frac{b_1a_{22} - b_2a_{12}}{D}, \quad x_2 = \frac{b_2a_{11} - b_1a_{21}}{D}$$

が (2.5) の唯1つの解となることがわかる．

次に，3個の未知数 x_1, x_2, x_3 に関する連立方程式：

$$\begin{cases} a_{11}x_1 + a_{12}x_2 + a_{13}x_3 = b_1 \\ a_{21}x_1 + a_{22}x_2 + a_{23}x_3 = b_2 \\ a_{31}x_1 + a_{32}x_2 + a_{33}x_3 = b_3 \end{cases} \tag{2.8}$$

を未知数が2個の場合と同様に消去法で解く (計算は少々複雑で冗長なので省略する) と，(2.6) に相当する式：

$$Dx_1 = D_1\ , \quad Dx_2 = D_2\ , \quad Dx_3 = D_3$$

が得られる．ここで D は

$$\begin{aligned} D = a_{11}a_{22}a_{33} &+ a_{13}a_{21}a_{32} + a_{12}a_{23}a_{31} \\ &- a_{13}a_{22}a_{31} - a_{11}a_{23}a_{32} - a_{12}a_{21}a_{33} \end{aligned} \tag{2.9}$$

であり，また D_j $(j = 1, 2, 3)$ も D における a_{1j}, a_{2j}, a_{3j} をそれぞれ b_1, b_2, b_3

に置き換えて得られる類似の式である．したがってこの場合も $D \neq 0$ ならば次の形の解の公式が得られる：

$$x_1 = \frac{D_1}{D}, \quad x_2 = \frac{D_2}{D}, \quad x_3 = \frac{D_3}{D}$$

一般の連立方程式においてもその解を与える何らかの公式があると推察されるが，未知数が 3 個の方程式においてさえも (2.9) のように相当複雑な式が現れる．このような複雑な式をそのまま扱うのは骨折り損であり，以下において導入する行列式による記法のありがた味がわかるはずである．

行列式の表記法　正方行列 $A = [a_{ij}]_{n\times n}$ に対して，その**行列式**を表すには

$$\begin{vmatrix} a_{11} & \cdots & a_{1n} \\ \vdots & \ddots & \vdots \\ a_{n1} & \cdots & a_{nn} \end{vmatrix} \quad \text{あるいは} \quad \det \begin{bmatrix} a_{11} & \cdots & a_{1n} \\ \vdots & \ddots & \vdots \\ a_{n1} & \cdots & a_{nn} \end{bmatrix} \tag{2.10}$$

のような表記法を用いる．また単に，$|A|$ とか $\det A$ とも表す[2]．

A を行ベクトル表示で

$$A = \begin{bmatrix} \boldsymbol{a}_1 \\ \boldsymbol{a}_2 \\ \vdots \\ \boldsymbol{a}_n \end{bmatrix}, \quad \text{ここで} \quad \begin{array}{c} \boldsymbol{a}_i = [\, a_{i1} \ a_{i2} \ \cdots \ a_{in} \,] \\ (\, i = 1, 2, \cdots, n \,) \end{array} \tag{2.11}$$

と表すときは，行列式もそれに伴って

$$\begin{vmatrix} \boldsymbol{a}_1 \\ \boldsymbol{a}_2 \\ \vdots \\ \boldsymbol{a}_n \end{vmatrix} \quad \text{あるいは} \quad \det \begin{bmatrix} \boldsymbol{a}_1 \\ \boldsymbol{a}_2 \\ \vdots \\ \boldsymbol{a}_n \end{bmatrix}$$

のように表す．列ベクトル表示のときも同様である．

基本性質による行列式の定義　行列式を定義する上でモデルとなる式 (2.7)，(2.9) を吟味解析すると，3 つの本質的な性質が行列式を規定するためには必要かつ十分であることが判明する．

行列式とは，正方行列に対してスカラーを対応させる写像で，以下の基本性質 1-3 をみたすものと定義する．このとき，その行列式の値は，定理 2.4 の式 (2.13) で表される値に確定することになる．以下，この詳細をみよう．

---

[2] 本書では主に $|\ \ |$ を用いるが，絶対値記号と紛れる恐れがある場合には det を用いる．

行列式の基本性質

基本性質 1　単位行列 I の行列式は 1.

基本性質 2　各行ベクトル $\boldsymbol{a}_i$ $(i=1,2,\cdots,n)$ について線形である：

$$\text{(i)}\quad \begin{vmatrix} \boldsymbol{a}_1 \\ \vdots \\ c\boldsymbol{a}_i \\ \vdots \\ \boldsymbol{a}_n \end{vmatrix} = c \begin{vmatrix} \boldsymbol{a}_1 \\ \vdots \\ \boldsymbol{a}_i \\ \vdots \\ \boldsymbol{a}_n \end{vmatrix}, \qquad \text{(ii)}\quad \begin{vmatrix} \boldsymbol{a}_1 \\ \vdots \\ \boldsymbol{b}_i + \boldsymbol{c}_i \\ \vdots \\ \boldsymbol{a}_n \end{vmatrix} = \begin{vmatrix} \boldsymbol{a}_1 \\ \vdots \\ \boldsymbol{b}_i \\ \vdots \\ \boldsymbol{a}_n \end{vmatrix} + \begin{vmatrix} \boldsymbol{a}_1 \\ \vdots \\ \boldsymbol{c}_i \\ \vdots \\ \boldsymbol{a}_n \end{vmatrix}$$

基本性質 3　A の行のどれかの 2 つが等しいならば,　$|A|=0$.

例 2.2　(1)　$\begin{vmatrix} 1 & 2 & 3 \\ 3 & 4 & 6 \\ 3 & 6 & 9 \end{vmatrix} = 3 \begin{vmatrix} 1 & 2 & 3 \\ 3 & 4 & 6 \\ 1 & 2 & 3 \end{vmatrix} = 0$

(2)　$$2\begin{vmatrix} 1 & 2 & 3 \\ 3 & -4 & 2 \\ 4 & 5 & 7 \end{vmatrix} + 3\begin{vmatrix} 1 & -1 & -1 \\ 3 & -4 & 2 \\ 4 & 5 & 7 \end{vmatrix} - \begin{vmatrix} 5 & 1 & 3 \\ 3 & -4 & 2 \\ 4 & 5 & 7 \end{vmatrix}$$

$$= \begin{vmatrix} (2+3-5) & (4-3-1) & (6-3-3) \\ 3 & -4 & 2 \\ 4 & 5 & 7 \end{vmatrix} = \begin{vmatrix} 0 & 0 & 0 \\ 3 & -4 & 2 \\ 4 & 5 & 7 \end{vmatrix} = 0$$ ∎

次の性質 4, 5 は基本性質 2 と 3 から導かれる．これも重要な性質で, 特に行列式の計算においては必要不可欠なものである．

行列式の性質

性質 4　ある行に他の行の c 倍を加えても, 行列式 (の値) は変わらない．

性質 5 (交代性)　任意の 2 つの行を交換すると, 行列式は元の行列式に -1 を掛けたものとなる．

証明　性質 4 はほとんど明らかだから, 性質 5 を示そう．たとえば, 第 1 行と第 2 行を交換する場合を示そう．基本性質 2 (線形性) により

$$\begin{vmatrix} \boldsymbol{a}_1 + \boldsymbol{a}_2 \\ \boldsymbol{a}_1 + \boldsymbol{a}_2 \\ \vdots \\ \boldsymbol{a}_n \end{vmatrix} = \begin{vmatrix} \boldsymbol{a}_1 \\ \boldsymbol{a}_1 \\ \vdots \\ \boldsymbol{a}_n \end{vmatrix} + \begin{vmatrix} \boldsymbol{a}_1 \\ \boldsymbol{a}_2 \\ \vdots \\ \boldsymbol{a}_n \end{vmatrix} + \begin{vmatrix} \boldsymbol{a}_2 \\ \boldsymbol{a}_1 \\ \vdots \\ \boldsymbol{a}_n \end{vmatrix} + \begin{vmatrix} \boldsymbol{a}_2 \\ \boldsymbol{a}_2 \\ \vdots \\ \boldsymbol{a}_n \end{vmatrix}$$

基本性質 3 により, 左辺と右辺の第 1, 第 4 項が 0 となることからいえる． ∎

行列式の成分による表示　一般の行列式に対する成分表示 (定理 2.4) を示す前に, その準備も兼ねて 2 次の行列式について求めてみよう.

例 2.3 (2 次の行列式の成分による表示式)

$$\begin{vmatrix} a_{11} & a_{12} \\ a_{21} & a_{22} \end{vmatrix} = a_{11}a_{22} - a_{12}a_{21} \tag{2.12}$$

証明　2 次単位行ベクトル : $\boldsymbol{e}_1 = [1\ 0]$, $\boldsymbol{e}_2 = [0\ 1]$ を用いると

$$\begin{vmatrix} a_{11} & a_{12} \\ a_{21} & a_{22} \end{vmatrix} = \begin{vmatrix} a_{11}\boldsymbol{e}_1 + a_{12}\boldsymbol{e}_2 \\ a_{21}\boldsymbol{e}_1 + a_{22}\boldsymbol{e}_2 \end{vmatrix}$$

第 1 行について 基本性質 2 を適用すると

$$= a_{11}\begin{vmatrix} \boldsymbol{e}_1 \\ a_{21}\boldsymbol{e}_1 + a_{22}\boldsymbol{e}_2 \end{vmatrix} + a_{12}\begin{vmatrix} \boldsymbol{e}_2 \\ a_{21}\boldsymbol{e}_1 + a_{22}\boldsymbol{e}_2 \end{vmatrix}$$

各行列式について第 2 行に基本性質 2 を適用すると

$$= a_{11}a_{21}\begin{vmatrix} \boldsymbol{e}_1 \\ \boldsymbol{e}_1 \end{vmatrix} + a_{11}a_{22}\begin{vmatrix} \boldsymbol{e}_1 \\ \boldsymbol{e}_2 \end{vmatrix} + a_{12}a_{21}\begin{vmatrix} \boldsymbol{e}_2 \\ \boldsymbol{e}_1 \end{vmatrix} + a_{12}a_{22}\begin{vmatrix} \boldsymbol{e}_2 \\ \boldsymbol{e}_2 \end{vmatrix}$$

$$= a_{11}a_{21}\begin{vmatrix} 1 & 0 \\ 1 & 0 \end{vmatrix} + a_{11}a_{22}\begin{vmatrix} 1 & 0 \\ 0 & 1 \end{vmatrix} + a_{12}a_{21}\begin{vmatrix} 0 & 1 \\ 1 & 0 \end{vmatrix} + a_{12}a_{22}\begin{vmatrix} 0 & 1 \\ 0 & 1 \end{vmatrix}$$

基本性質 3, 性質 5, 最後に基本性質 1 を適用すると

$$= a_{11}a_{22}\begin{vmatrix} 1 & 0 \\ 0 & 1 \end{vmatrix} + a_{12}a_{21}\begin{vmatrix} 0 & 1 \\ 1 & 0 \end{vmatrix} = a_{11}a_{22} - a_{12}a_{21}$$ ∎

一般の n 次の行列式についても $n = 2$ の場合と同様に導くことができる.

行列式の成分表示

> **定理 2.4**　n 次正方行列 $A = \begin{bmatrix} a_{11} & a_{12} & \cdots & a_{1n} \\ a_{21} & a_{22} & \cdots & a_{2n} \\ \cdots & \cdots & \cdots & \cdots \\ a_{n1} & a_{n2} & \cdots & a_{nn} \end{bmatrix}$ に対して,
>
> $$|A| = \sum_{\sigma \in S_n} \mathrm{sgn}(\sigma)\, a_{1\sigma(1)}a_{2\sigma(2)} \cdots a_{n\sigma(n)} \tag{2.13}$$
>
> 右辺の $\sum$ は S_n のすべての置換についての和をとることを意味する.

証明　いま, n 次単位行ベクトル :

$$\boldsymbol{e}_1 = [1\ 0 \cdots 0],\ \boldsymbol{e}_2 = [0\ 1 \cdots 0],\ \cdots,\ \boldsymbol{e}_n = [0\ 0 \cdots 1]$$

を用いると, A の各行ベクトルは

$$\boldsymbol{a}_i = a_{i1}\boldsymbol{e}_1 + a_{i2}\boldsymbol{e}_2 + \cdots + a_{in}\boldsymbol{e}_n \qquad (i = 1, 2, \cdots, n)$$

と表される. 基本性質 2 により

$$|A| = \begin{vmatrix} \boldsymbol{a}_1 \\ \vdots \\ \boldsymbol{a}_i \\ \vdots \\ \boldsymbol{a}_n \end{vmatrix} = \begin{vmatrix} a_{11}\boldsymbol{e}_1 + a_{12}\boldsymbol{e}_2 + \cdots + a_{1n}\boldsymbol{e}_n \\ \vdots \\ a_{i1}\boldsymbol{e}_1 + a_{i2}\boldsymbol{e}_2 + \cdots + a_{in}\boldsymbol{e}_n \\ \vdots \\ a_{n1}\boldsymbol{e}_1 + a_{n2}\boldsymbol{e}_2 + \cdots + a_{nn}\boldsymbol{e}_n \end{vmatrix} \tag{2.14}$$

$$= \sum_{j_1,\cdots,j_n=1}^{n} a_{1j_1}a_{2j_2}\cdots a_{nj_n} \begin{vmatrix} \boldsymbol{e}_{j_1} \\ \boldsymbol{e}_{j_2} \\ \vdots \\ \boldsymbol{e}_{j_n} \end{vmatrix}$$

最後の式における和は, $j_1, j_2, \cdots, j_n$ のそれぞれが $1, 2, \cdots, n$ の値をとるあらゆる場合についての n^n 個の和である. その際, $j_1, j_2, \cdots, j_n$ の中のどれかの 2 つが等しいときは基本性質 3 により行列式の項が 0 となるので, $j_1, j_2, \cdots, j_n$ がすべて相異なるもの, すなわち 順列の全体にわたって和をとればよい.

次に, 順列 について $\begin{vmatrix} \boldsymbol{e}_{j_1} \\ \boldsymbol{e}_{j_2} \\ \vdots \\ \boldsymbol{e}_{j_n} \end{vmatrix}$ の値を求める. 行列 $\begin{bmatrix} \boldsymbol{e}_{j_1} \\ \boldsymbol{e}_{j_2} \\ \vdots \\ \boldsymbol{e}_{j_n} \end{bmatrix}$ は, 単位行列 $I_n = \begin{bmatrix} \boldsymbol{e}_1 \\ \boldsymbol{e}_2 \\ \vdots \\ \boldsymbol{e}_n \end{bmatrix}$ から 2 つの行ベクトルの入れ換えを何回か行うことにより得られ, その際, 性質 5 (交代性) により, 行列式は 1 回の入れ換え毎に -1 倍されるので

$$\begin{vmatrix} \boldsymbol{e}_{j_1} \\ \boldsymbol{e}_{j_2} \\ \vdots \\ \boldsymbol{e}_{j_n} \end{vmatrix} = \mathrm{sgn}\begin{pmatrix} 1 & \cdots & n \\ j_1 & \cdots & j_n \end{pmatrix} |I| = \mathrm{sgn}\begin{pmatrix} 1 & \cdots & n \\ j_1 & \cdots & j_n \end{pmatrix}$$

となる. したがって, (2.14) は次のようになる:

$$|A| = \sum_{[j_1,\cdots,j_n]\in S_n} \mathrm{sgn}\begin{pmatrix} 1 & \cdots & n \\ j_1 & \cdots & j_n \end{pmatrix} a_{1j_1}a_{2j_2}\cdots a_{nj_n} \tag{2.15}$$

さらに, 順列 $[\, j_1, \cdots, j_n \,]$ を置換 $\begin{pmatrix} 1 & 2 & \cdots & n \\ j_1 & j_2 & \cdots & j_n \end{pmatrix}$ にいい換え, 和も置換の全体 S_n にわたってとるといい換えても (2.15) は同じであり, (2.13) となる. ∎

成分表示 (2.13) においては, 各項 $\mathrm{sgn}(\sigma)a_{1\sigma(1)}a_{2\sigma(2)}\cdots a_{n\sigma(n)}$ は A の各行および各列から成分を 1 個ずつとって作った積が現れ, 和はそのような選び方のすべてにわたってとられる. 3 次の行列式についてその実際を見よう.

例 2.4 (3 次の行列式の成分による表示式)

$$\begin{vmatrix} a_{11} & a_{12} & a_{13} \\ a_{21} & a_{22} & a_{23} \\ a_{31} & a_{32} & a_{33} \end{vmatrix} = a_{11}a_{22}a_{33} + a_{12}a_{23}a_{31} + a_{13}a_{21}a_{32} \\ - a_{12}a_{21}a_{33} - a_{13}a_{22}a_{31} - a_{11}a_{23}a_{32} \tag{2.16}$$

証明 $S_3 = \{\iota\,(\text{恒等置換}), (1\ 2), (1\ 3), (2\ 3), (1\ 2\ 3), (1\ 3\ 2)\}$ で，そのうち偶置換は $\iota, (1\ 2\ 3), (1\ 3\ 2)$，奇置換は $(1\ 2), (1\ 3), (2\ 3)$ である．成分による表示式 (2.13) における各置換に対する項を順次求める．偶置換に対する項は

$$\begin{aligned}
\sigma = \iota: &\quad \mathrm{sgn}(\iota)a_{1\iota(1)}a_{2\iota(2)}a_{3\iota(3)} = a_{11}a_{22}a_{33}\,,\\
\sigma = (1\ 2\ 3): &\quad \mathrm{sgn}(\sigma)a_{1\sigma(1)}a_{2\sigma(2)}a_{3\sigma(3)} = a_{12}a_{23}a_{31}\,,\\
\sigma = (1\ 3\ 2): &\quad \mathrm{sgn}(\sigma)a_{1\sigma(1)}a_{2\sigma(2)}a_{3\sigma(3)} = a_{13}a_{21}a_{32}
\end{aligned}$$

同様に，奇置換に対する項を求めると

$\sigma = (1\ 2)\ :\ -a_{12}a_{21}a_{33}\,,\ \sigma = (1\ 3)\ :\ -a_{13}a_{22}a_{31}\,,\ \sigma = (2\ 3)\ :\ -a_{11}a_{23}a_{32}$

これらの和をとれば (2.16) が得られる． ∎

サラスの方法　2 次と 3 次の行列式の成分による表示式 (2.12), (2.16) については，**サラスの方法**という視覚的な覚えやすい計算法がある：

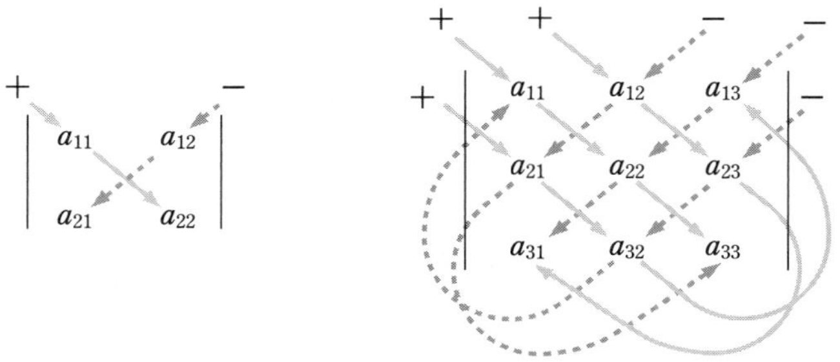

図 2.1 サラスの方法

注意 2.1 サラスの方法が適用できるのはあくまでも 2 次と 3 次の行列式の場合だけで，4 次以上の行列式には適用できないことを強調しておきたい．

問 2.1 定理 2.4 の証明を参考に，次を示せ．

$$\begin{vmatrix} \boldsymbol{a}_{j_1} \\ \boldsymbol{a}_{j_2} \\ \vdots \\ \boldsymbol{a}_{j_n} \end{vmatrix} = \mathrm{sgn}\begin{pmatrix} 1 & 2 & \cdots & n \\ j_1 & j_2 & \cdots & j_n \end{pmatrix} |A|\,, \quad \text{ただし，}\ A = \begin{bmatrix} \boldsymbol{a}_1 \\ \boldsymbol{a}_2 \\ \vdots \\ \boldsymbol{a}_n \end{bmatrix}$$

問 2.2 行列式の基本性質 2 の下で，基本性質 3, 4, 5 は互いに等価であることを示せ．

(2)　積および転置行列の行列式

積の行列式

定理 2.5　同じ次数の正方行列 A, B に対し，　$|AB| = |A||B|$

証明　A, B は n 次正方行列, $C = AB$ とする．A の成分, B, C の行ベクトル表示を

$$A = [\,a_{ij}\,],\ B = [\,b_{ij}\,] = \begin{bmatrix} \boldsymbol{b}_1 \\ \boldsymbol{b}_2 \\ \vdots \\ \boldsymbol{b}_n \end{bmatrix},\ C = [\,c_{ij}\,] = \begin{bmatrix} \boldsymbol{c}_1 \\ \boldsymbol{c}_2 \\ \vdots \\ \boldsymbol{c}_n \end{bmatrix}$$

とするとき, 積 C の各行ベクトルは

$$\boldsymbol{c}_i = a_{i1}\boldsymbol{b}_1 + a_{i2}\boldsymbol{b}_2 + \cdots + a_{in}\boldsymbol{b}_n \qquad (i = 1, 2, \cdots, n)$$

と表される．行列式の基本性質 2, 3 および問 2.1 の適用により

$$\begin{aligned} |AB| &= \begin{vmatrix} \boldsymbol{c}_1 \\ \vdots \\ \boldsymbol{c}_n \end{vmatrix} = \begin{vmatrix} a_{11}\boldsymbol{b}_1 + a_{12}\boldsymbol{b}_2 + \cdots + a_{1n}\boldsymbol{b}_n \\ \cdots\cdots\cdots \\ a_{n1}\boldsymbol{b}_1 + a_{n2}\boldsymbol{b}_2 + \cdots + a_{nn}\boldsymbol{b}_n \end{vmatrix} \\ &= \sum_{[j_1, \cdots, j_n] \in S_n} a_{1j_1} a_{2j_2} \cdots a_{nj_n} \begin{vmatrix} \boldsymbol{b}_{j_1} \\ \vdots \\ \boldsymbol{b}_{j_n} \end{vmatrix} \\ &= \sum_{[j_1, \cdots, j_n] \in S_n} a_{1j_1} a_{2j_2} \cdots a_{nj_n} \operatorname{sgn} \begin{pmatrix} 1 & \cdots & n \\ j_1 & \cdots & j_n \end{pmatrix} |B| \\ &= \left(\sum_{[j_1, \cdots, j_n] \in S_n} \operatorname{sgn} \begin{pmatrix} 1 & \cdots & n \\ j_1 & \cdots & j_n \end{pmatrix} a_{1j_1} a_{2j_2} \cdots a_{nj_n} \right) |B| \\ &= |A||B| \end{aligned}$$

∎

転置行列の行列式

定理 2.6　正方行列 A に対し，　$|A| = |{}^tA|$

証明　$A = [\,a_{ij}\,]$, ${}^tA = [\,b_{ij}\,]$ とすると, 成分表示において $b_{ij} = a_{ji}$ より

$$\begin{aligned} |{}^tA| &= \sum_{\sigma \in S_n} \operatorname{sgn} \begin{pmatrix} 1 & \cdots & n \\ j_1 & \cdots & j_n \end{pmatrix} b_{1j_1}\, b_{2j_2} \cdots b_{nj_n} \\ &= \sum_{\sigma \in S_n} \operatorname{sgn} \begin{pmatrix} 1 & \cdots & n \\ j_1 & \cdots & j_n \end{pmatrix} a_{j_1 1}\, a_{j_2 2} \cdots a_{j_n n} \end{aligned} \tag{2.17}$$

ここで, $\sigma = \begin{pmatrix} 1 & \cdots & n \\ j_1 & \cdots & j_n \end{pmatrix}$．いま, $\begin{pmatrix} j_1 & \cdots & j_n \\ 1 & \cdots & n \end{pmatrix} = \begin{pmatrix} 1 & \cdots & n \\ k_1 & \cdots & k_n \end{pmatrix}$ と書き直すと

$$a_{j_1 1} a_{j_2 2} \cdots a_{j_n n} = a_{1k_1} a_{2k_2} \cdots a_{nk_n} \tag{2.18}$$

また, $\begin{pmatrix} 1 & \cdots & n \\ j_1 & \cdots & j_n \end{pmatrix} = \begin{pmatrix} j_1 & \cdots & j_n \\ 1 & \cdots & n \end{pmatrix}^{-1} = \begin{pmatrix} 1 & \cdots & n \\ k_1 & \cdots & k_n \end{pmatrix}^{-1}$ なので,

$$\operatorname{sgn}\begin{pmatrix} 1 & \cdots & n \\ j_1 & \cdots & j_n \end{pmatrix} = \operatorname{sgn}\begin{pmatrix} 1 & \cdots & n \\ k_1 & \cdots & k_n \end{pmatrix} \tag{2.19}$$

(2.18), (2.19) より, (2.17) の各項は次のように書き直してよい:

$$\operatorname{sgn}\begin{pmatrix} 1 & \cdots & n \\ j_1 & \cdots & j_n \end{pmatrix} a_{j_1 1}\cdots a_{j_n n} = \operatorname{sgn}\begin{pmatrix} 1 & \cdots & n \\ k_1 & \cdots & k_n \end{pmatrix} a_{1k_1}\cdots a_{nk_n} \tag{2.20}$$

$\sigma = \begin{pmatrix} 1 & \cdots & n \\ j_1 & \cdots & j_n \end{pmatrix}$ がすべての置換にわたって動くとき, $\sigma^{-1} = \begin{pmatrix} 1 & \cdots & n \\ k_1 & \cdots & k_n \end{pmatrix}$ もそうである. (2.17) は (2.20) のすべての置換にわたる和であることから証明される. ∎

この定理 2.6 により, 行列式の行についての性質は列についても成り立ち, またその逆もいえる. 行列 A の各列はそれぞれ, 転置行列 ${}^tA$ の行となるから, 転置行列の行に関する性質に帰着させることができるからである.

行列式の列に関する性質

系 2.7 (1) n 次正方行列 A に対し $A = [\,\boldsymbol{a}_1\ \boldsymbol{a}_2\ \cdots\ \boldsymbol{a}_n\,]$ を列ベクトル表示とするとき, 各列ベクトル $\boldsymbol{a}_j\ (1 \leqq j \leqq n)$ について線形である:

$$\left|\,\boldsymbol{a}_1 \cdots c\,\boldsymbol{a}_j \cdots \boldsymbol{a}_n\,\right| = c\,\left|\,\boldsymbol{a}_1 \cdots \boldsymbol{a}_j \cdots \boldsymbol{a}_n\,\right|,$$

$$\left|\,\boldsymbol{a}_1 \cdots \boldsymbol{b}_j + \boldsymbol{c}_j \cdots \boldsymbol{a}_n\,\right| = \left|\,\boldsymbol{a}_1 \cdots \boldsymbol{b}_j \cdots \boldsymbol{a}_n\,\right| + \left|\,\boldsymbol{a}_1 \cdots \boldsymbol{c}_j \cdots \boldsymbol{a}_n\,\right|$$

(2) A の列のどれかの 2 つが等しいならば, $|A| = 0$.

(3) (交代性) A の任意の 2 つの列を交換すると, その行列式は -1 が掛けられる.

(4) A の任意の列に c を掛けて他の列に加えても, 行列式の値は変わらない.

証明 最初の命題について証明するが, 他の命題についても同様にできる.

$$\left|\,\boldsymbol{a}_1 \cdots c\,\boldsymbol{a}_j \cdots \boldsymbol{a}_n\,\right| = \left|\,{}^t[\,\boldsymbol{a}_1 \cdots c\,\boldsymbol{a}_j \cdots \boldsymbol{a}_n\,]\,\right| = \begin{vmatrix} {}^t\boldsymbol{a}_1 \\ \vdots \\ c\,{}^t\boldsymbol{a}_j \\ \vdots \\ {}^t\boldsymbol{a}_n \end{vmatrix} = c\begin{vmatrix} {}^t\boldsymbol{a}_1 \\ \vdots \\ {}^t\boldsymbol{a}_j \\ \vdots \\ {}^t\boldsymbol{a}_n \end{vmatrix}$$

$$= c\,|\,{}^tA| = c\,|A|$$

ここで 最初と最後の等号は定理 2.6, 3 つめの等号は j 行に関する線形性 (基本性質 2) による. ∎

3. 余因子展開と行列式の計算

(1) 行列式の計算

4次以上の行列式の計算では, 成分表示 (2.13) は実用的でなく, 2次あるいは3次の行列式へと誘導してサラスの計算法を適用するのが一般的である.

次の定理2.8とその系2.9は, 次数が1つ下がる行列式の形を示す.

定理 2.8　次の形の行列式は次数の1つ小さい行列式に帰着できる：

$$\begin{vmatrix} a_{11} & \cdots & a_{1n} & a_{1,n+1} \\ \vdots & \ddots & \vdots & \vdots \\ a_{n1} & \cdots & a_{nn} & a_{n,n+1} \\ 0 & \cdots & 0 & a_{n+1,n+1} \end{vmatrix} = a_{n+1,n+1} \begin{vmatrix} a_{11} & \cdots & a_{1n} \\ \vdots & \ddots & \vdots \\ a_{n1} & \cdots & a_{nn} \end{vmatrix}$$

証明　与えられた $n+1$ 次正方行列を A とすると, $|A|$ の成分表示

$$|A| = \sum_{[j_1,\cdots,j_{n+1}]\in S_{n+1}} \mathrm{sgn}\begin{pmatrix} 1 & \cdots & n & n+1 \\ j_1 & \cdots & j_n & j_{n+1} \end{pmatrix} a_{1j_1}\cdots a_{nj_n}a_{n+1,j_{n+1}}$$

において, $a_{n+1,j_{n+1}}$ は $j_{n+1}=n+1$ のとき以外は $a_{n+1,j_{n+1}}=0$ となるので

$$\begin{aligned} |A| &= \sum_{[j_1,\cdots,j_n]\in S_n} \mathrm{sgn}\begin{pmatrix} 1 & \cdots & n & n+1 \\ j_1 & \cdots & j_n & n+1 \end{pmatrix} a_{1j_1}\cdots a_{nj_n}a_{n+1,n+1} \\ &= a_{n+1,n+1} \sum_{[j_1,\cdots,j_n]\in S_n} \mathrm{sgn}\begin{pmatrix} 1 & \cdots & n \\ 1 & \cdots & j_n \end{pmatrix} a_{1j_1}\cdots a_{nj_n} \\ &= a_{n+1,n+1} \begin{vmatrix} a_{11} & \cdots & a_{1n} \\ \vdots & \ddots & \vdots \\ a_{n1} & \cdots & a_{nn} \end{vmatrix} \end{aligned}$$

∎

系 2.9　次のような形の行列式は次数の1つ小さい行列式に帰着できる：

(1) $$\begin{vmatrix} a_{11} & \cdots & a_{1n} & b_1 \\ \vdots & & \vdots & \vdots \\ a_{n1} & \cdots & a_{nn} & b_n \\ 0 & \cdots & 0 & a \end{vmatrix} = \begin{vmatrix} a_{11} & \cdots & a_{1n} & 0 \\ \vdots & \ddots & \vdots & \vdots \\ a_{n1} & \cdots & a_{nn} & 0 \\ b_1 & \cdots & b_n & a \end{vmatrix} = a \begin{vmatrix} a_{11} & \cdots & a_{1n} \\ \vdots & \ddots & \vdots \\ a_{n1} & \cdots & a_{nn} \end{vmatrix}$$

(2) $$\begin{vmatrix} a & 0 & \cdots & 0 \\ b_1 & a_{11} & \cdots & a_{1n} \\ \vdots & \vdots & \ddots & \vdots \\ b_n & a_{n1} & \cdots & a_{nn} \end{vmatrix} = \begin{vmatrix} a & b_1 & \cdots & b_n \\ 0 & a_{11} & \cdots & a_{1n} \\ \vdots & \vdots & \ddots & \vdots \\ 0 & a_{n1} & \cdots & a_{nn} \end{vmatrix} = a \begin{vmatrix} a_{11} & \cdots & a_{1n} \\ \vdots & \ddots & \vdots \\ a_{n1} & \cdots & a_{nn} \end{vmatrix}$$

証明　(1) ”第 1 番目の行列式 = 第 3 番目の行列式” は定理 2.8 そのものであり, 第 2 番目の行列式についてはその転置を考え, 定理 2.6 を適用すればよい.

(2) 第 1 番目の行列式については, まず第 1 行を順に 1 つ下の行と入れ換える操作を繰り返して最下行まで移動させ, さらにその第 1 列を順に 1 つ右の列と入れ換える操作を繰り返して最右列まで移動させると, (1) の第 1 番目の行列式と同じものになる. その際, 1 回の行あるいは列の入れ換え毎に -1 倍され, この操作では行および列の入れ換えを合わせて $2n$ 回行うことになる. 第 2 番目の行列式についても同様である. ∎

例 2.5 (三角行列)　系 2.9 を繰り返し適用すると

$$\begin{vmatrix} a_{11} & a_{12} & \cdots & \cdots & a_{1n} \\ 0 & a_{22} & \cdots & \cdots & a_{2n} \\ 0 & 0 & \ddots & & \vdots \\ \vdots & \vdots & \ddots & \ddots & \vdots \\ 0 & 0 & \cdots & 0 & a_{nn} \end{vmatrix} = \begin{vmatrix} a_{11} & 0 & 0 & \cdots & 0 \\ a_{21} & a_{22} & 0 & \cdots & 0 \\ \vdots & \vdots & \ddots & \ddots & \vdots \\ \vdots & \vdots & & \ddots & 0 \\ a_{n1} & a_{n2} & \cdots & \cdots & a_{nn} \end{vmatrix}$$

$$= a_{11}a_{22}\cdots a_{nn}$$

例題 2.4　行列式 $\begin{vmatrix} 10 & 11 & 12 & 9 \\ 9 & 10 & 11 & 12 \\ 12 & 9 & 10 & 11 \\ 11 & 12 & 9 & 10 \end{vmatrix}$ の値を求めよ.

[解]　行列式の性質を使って系 2.9 の形へと導く. 右の ( ) に操作内容を示す.

$$\begin{vmatrix} 10 & 11 & 12 & 9 \\ 9 & 10 & 11 & 12 \\ 12 & 9 & 10 & 11 \\ 11 & 12 & 9 & 10 \end{vmatrix}$$

(第 2 , 3 , 4 行を第 1 行に加える)

$$= \begin{vmatrix} 42 & 42 & 42 & 42 \\ 9 & 10 & 11 & 12 \\ 12 & 9 & 10 & 11 \\ 11 & 12 & 9 & 10 \end{vmatrix}$$

(第 1 行の因数 42 を外にくくり出す)

$$= 42\begin{vmatrix} 1 & 1 & 1 & 1 \\ 9 & 10 & 11 & 12 \\ 12 & 9 & 10 & 11 \\ 11 & 12 & 9 & 10 \end{vmatrix}$$

(⟨第1列⟩ × (−1) を第 2 , 3 , 4 列にそれぞれ加える)

$$= 42 \begin{vmatrix} 1 & 0 & 0 & 0 \\ 9 & 1 & 2 & 3 \\ 12 & -3 & -2 & -1 \\ 11 & 1 & -2 & -1 \end{vmatrix}$$

（系 2.9 を適用）

$$= 42 \begin{vmatrix} 1 & 2 & 3 \\ -3 & -2 & -1 \\ 1 & -2 & -1 \end{vmatrix}$$

（⟨第1行⟩ × 3 を第 2 行に，⟨第1行⟩ × (−1) を第 3 行にそれぞれ加える）

$$= 42 \begin{vmatrix} 1 & 2 & 3 \\ 0 & 4 & 8 \\ 0 & -4 & -4 \end{vmatrix}$$

（第 2, 3 行から因数 4, −4 をそれぞれくくり出す）

$$= 42 \cdot 4 \cdot (-4) \begin{vmatrix} 1 & 2 & 3 \\ 0 & 1 & 2 \\ 0 & 1 & 1 \end{vmatrix}$$

（系 2.9 を適用）

$$= 42 \cdot 4 \cdot (-4) \begin{vmatrix} 1 & 2 \\ 1 & 1 \end{vmatrix}$$

$$= 672$$

∎

注意 2.2　行列式は質的には 1 つの数値であり，行列とは異質のものであるから，行列と行列式とを混同しないようにその表し方には十分に注意を払う必要がある．行列は $[\,a_{ij}\,]$ のように［　］(カギカッコ) で，行列式は｜　｜と大きい絶対値記号で表示することに決められている (万国共通)．どちらにも解釈できるような曖昧な表し方をしてはいけない！

問 2.3　$A = [\,a_{ij}\,]$ を n 次正方行列とするとき，次を示せ．

$$\begin{vmatrix} I_m & O_{m\times n} \\ B & A \end{vmatrix} = \begin{vmatrix} A & C \\ O_{m\times n} & I_m \end{vmatrix} = |A|$$

ここで，B は $n \times m$ 行列 , C は $m \times n$ 行列，また O は零行列を表す．

問 2.4　次の行列式の値を求めよ．

(1) $\begin{vmatrix} 1 & 2 & 3 \\ 8 & 9 & 4 \\ 7 & 6 & 5 \end{vmatrix}$　　(2) $\begin{vmatrix} 1 & 2 & 3 \\ 63 & 21 & 42 \\ 99 & 98 & 97 \end{vmatrix}$　　(3) $\begin{vmatrix} 1 & 2 & 3 & 4 \\ -1 & 1 & 1 & 5 \\ 1 & 0 & -1 & 6 \\ -1 & 1 & 1 & 7 \end{vmatrix}$

(4) $\begin{vmatrix} 1 & 2 & 5 & 6 \\ 3 & 4 & 7 & 8 \\ 1 & 2 & 6 & 6 \\ 3 & 4 & 7 & 9 \end{vmatrix}$　　(5) $\begin{vmatrix} 3 & 2 & 1 & 0 \\ 3 & 2 & 1 & 1 \\ 3 & 2 & 2 & 2 \\ 3 & 3 & 3 & 3 \end{vmatrix}$

(2) 余因子展開

余因子展開は行列式の計算を低次のそれに帰着させる標準的な手法であるだけでなく, 次節に見るように応用も広い.

余因子 n 次の正方行列 $A = [\,a_{ij}\,]$ において, A の第 i 行と第 j 列を取り除いた $n-1$ 次の正方行列を $A(i|j)$ で表す:

$$A(i|j) = \begin{bmatrix} a_{11} & \cdots & a_{1\,j-1} & a_{1\,j+1} & \cdots & a_{1n} \\ & \cdots\cdots\cdots & & & \cdots\cdots\cdots & \\ a_{i-1\,1} & \cdots & a_{i-1\,j-1} & a_{i-1\,j+1} & \cdots & a_{i-1\,n} \\ a_{i+1\,1} & \cdots & a_{i+1\,j-1} & a_{i+1\,j+1} & \cdots & a_{i+1\,n} \\ & \cdots\cdots\cdots & & & \cdots\cdots\cdots & \\ a_{n1} & \cdots & a_{n\,j-1} & a_{n\,j+1} & \cdots & a_{nn} \end{bmatrix} <_i \qquad (2.21)$$

（j 列の位置に $\overset{j}{\vee}$ の印）

このとき,

$$\alpha_{ij} = (-1)^{i+j}|A(i|j)| \qquad (2.22)$$

を A の成分 a_{ij} に関する**余因子**, あるいは単に, (i,j) 余因子という.

余因子展開

定理 2.10 n 次正方行列 $A = [\,a_{ij}\,]$ の行列式について, 次の展開式が成り立つ:

$$|A| = a_{i1}\alpha_{i1} + a_{i2}\alpha_{i2} + \cdots + a_{in}\alpha_{in} \qquad (i = 1, 2, \cdots, n) \qquad (2.23)$$

$$|A| = a_{1j}\alpha_{1j} + a_{2j}\alpha_{2j} + \cdots + a_{nj}\alpha_{nj} \qquad (j = 1, 2, \cdots, n) \qquad (2.24)$$

(2.23), (2.24) をそれぞれ $|A|$ の第 i 行に関する**余因子展開**, 第 j 列に関する余因子展開という.

証明 (2.24) を示すが, (2.23) についても同様にできる.

まず, $j=1$ の場合を考える. $A = [\,\boldsymbol{a}_1\,\boldsymbol{a}_2\,\cdots\,\boldsymbol{a}_n\,]$ を列ベクトル表示, $\boldsymbol{e}_i$ $(1 \leqq i \leqq n)$ を n 次基本列ベクトルとする. このとき

$$\boldsymbol{a}_1 = a_{11}\boldsymbol{e}_1 + a_{21}\boldsymbol{e}_2 + \cdots + a_{n1}\boldsymbol{e}_n$$

と表される. したがって

$$|A| = |\,(a_{11}\boldsymbol{e}_1 + a_{21}\boldsymbol{e}_2 + \cdots + a_{n1}\boldsymbol{e}_n)\ \ \boldsymbol{a}_2\ \cdots\ \boldsymbol{a}_n\,| \qquad \text{(系 2.7 (1) (線形性) より)}$$

$$= \sum_{i=1}^{n} a_{i1} \,|\, \boldsymbol{e}_i \;\; \boldsymbol{a}_2 \;\; \cdots \;\; \boldsymbol{a}_n \,| \qquad \text{(成分で表す)}$$

$$= \sum_{i=1}^{n} a_{i1} \begin{vmatrix} 0 & a_{12} & a_{13} & \cdots & a_{1n} \\ 0 & a_{22} & a_{23} & \cdots & a_{2n} \\ \cdots & \cdots & \cdots & \cdots & \cdots \\ 1 & a_{i2} & a_{i3} & \cdots & a_{in} \\ \cdots & \cdots & \cdots & \cdots & \cdots \\ 0 & a_{n2} & a_{n3} & \cdots & a_{nn} \end{vmatrix} \qquad \begin{pmatrix} \text{第 } i \text{ 行を順次 1 つ上の行と} \\ \text{入れ換え, 最上行へ.} \\ \text{1 回の入れ換え毎に } -1 \text{ 倍.} \end{pmatrix}$$

$$= \sum_{i=1}^{n} a_{i1} (-1)^{i-1} \begin{vmatrix} 1 & a_{i2} & a_{i3} & \cdots & a_{in} \\ 0 & a_{12} & a_{13} & \cdots & a_{1n} \\ \cdots & \cdots & \cdots & \cdots & \cdots \\ \cdots & \cdots & \cdots & \cdots & \cdots \\ 0 & a_{n2} & a_{n3} & \cdots & a_{nn} \end{vmatrix} < i \qquad \text{(系 2.9 を適用)}$$

$$= \sum_{i=1}^{n} a_{i1} (-1)^{i-1} \begin{vmatrix} a_{12} & a_{13} & \cdots & a_{1n} \\ \cdots & \cdots & \cdots & \cdots \\ \cdots & \cdots & \cdots & \cdots \\ a_{n2} & a_{n3} & \cdots & a_{nn} \end{vmatrix} \qquad \text{(行列の部分は } A(i|1)\text{)}$$

$$= \sum_{i=1}^{n} a_{i1} (-1)^{i+1} \, |A(i|1)| = \sum_{i=1}^{n} a_{i1} \, \alpha_{i1}$$

一般の j $(2 \leqq j \leqq n)$ については，第 j 列を順次 1 つ左の列と入れ換える操作を $j-1$ 回行うと

$$|A| = (-1)^{j-1} \,|\, \boldsymbol{a}_j \;\; \boldsymbol{a}_1 \;\; \cdots \;\; \boldsymbol{a}_{j-1} \;\; \boldsymbol{a}_{j+1} \cdots \;\; \boldsymbol{a}_n \,|$$

となる．この右辺の行列式を第 1 列に関して余因子展開すればよい．　∎

例題 2.5　行列式 $\begin{vmatrix} 2 & 1 & 3 \\ 1 & 3 & 0 \\ 0 & 0 & 1 \end{vmatrix}$ の値を指定された余因子展開により求めよ．

(1)　第 3 行に関する余因子展開　　(2)　第 1 列に関する余因子展開

[解]　(1)　第 3 行に関する余因子展開：

$$\begin{vmatrix} 2 & 1 & 3 \\ 1 & 3 & 0 \\ 0 & 0 & 1 \end{vmatrix} = 0 + 0 + 1 \cdot (-1)^{3+3} \begin{vmatrix} 2 & 1 \\ 1 & 3 \end{vmatrix} = 2 \cdot 3 - 1 \cdot 1 = 5$$

(2)　第 1 列に関する余因子展開：

$$\begin{vmatrix} 2 & 1 & 3 \\ 1 & 3 & 0 \\ 0 & 0 & 1 \end{vmatrix} = 2 \cdot (-1)^{1+1} \begin{vmatrix} 3 & 0 \\ 0 & 1 \end{vmatrix} + 1 \cdot (-1)^{2+1} \begin{vmatrix} 1 & 3 \\ 0 & 1 \end{vmatrix} + 0 \cdot (-1)^{3+1} \begin{vmatrix} 1 & 3 \\ 3 & 0 \end{vmatrix}$$

$$= 2 \cdot 3 - 1 \cdot 1 + 0 = 6 - 1 = 5$$

∎

問 2.5 次の行列式の値を指定された行または列に関する2通りの余因子展開で求めよ.

(1) $\begin{vmatrix} 0 & 0 & 3 & 0 \\ -2 & 0 & 0 & 1 \\ 2 & 0 & -1 & 3 \\ 3 & 1 & 1 & 0 \end{vmatrix}$ (第2列,第3行)

(2) $\begin{vmatrix} 1 & 2 & 3 & 4 \\ 2 & 0 & 0 & 3 \\ 0 & 1 & 4 & 2 \\ 4 & 0 & 2 & 1 \end{vmatrix}$ (第1行,第2列)

(3) 特別な形の行列式

文字を含むような特別な形の行列式については上手い計算法が知られているものがある.そのうちの代表的な3例を挙げる.

例題 2.6 n 次行列式: $\begin{vmatrix} x & a & a & \cdots & a \\ a & x & a & \cdots & a \\ a & a & x & \cdots & a \\ \vdots & \vdots & \vdots & \ddots & \vdots \\ a & a & a & \cdots & x \end{vmatrix}$ を求めよ.

[解] 第2行,第3行,$\cdots$,第 n 行を第1行に加えると

$$与式 = \begin{vmatrix} x+(n-1)a & x+(n-1)a & x+(n-1)a & \cdots & x+(n-1)a \\ a & x & a & \cdots & a \\ a & a & x & \cdots & a \\ \vdots & \vdots & \vdots & \ddots & \vdots \\ a & a & a & \cdots & x \end{vmatrix}$$

$$= \bigl(x+(n-1)a\bigr) \begin{vmatrix} 1 & 1 & 1 & \cdots & 1 \\ a & x & a & \cdots & a \\ a & a & x & \cdots & a \\ \vdots & \vdots & \vdots & \ddots & \vdots \\ a & a & a & \cdots & x \end{vmatrix}$$

$$= \bigl(x+(n-1)a\bigr) \begin{vmatrix} 1 & 0 & 0 & \cdots & 0 \\ a & x-a & 0 & \cdots & 0 \\ a & 0 & x-a & \cdots & 0 \\ \vdots & \vdots & \vdots & \ddots & \vdots \\ a & 0 & 0 & \cdots & x-a \end{vmatrix}$$

$$= \bigl(x+(n-1)a\bigr)\,(x-a)^{n-1}$$

∎

例題 2.7 (ヴァンデルモンドの行列式)

$$\begin{vmatrix} 1 & 1 & \cdots & 1 \\ x_1 & x_2 & \cdots & x_n \\ x_1^2 & x_2^2 & \cdots & x_n^2 \\ \vdots & \vdots & & \vdots \\ x_1^{n-1} & x_2^{n-1} & \cdots & x_n^{n-1} \end{vmatrix} = \prod_{1 \leqq i < j \leqq n} (x_j - x_i)$$

[解]　n に関する数学的帰納法で示す．$n = 2$ のときは

$$\begin{vmatrix} 1 & 1 \\ x_1 & x_2 \end{vmatrix} = x_2 - x_1$$

より成り立つ．$n-1$ のときに成り立つと仮定し，n のときを考える．与えられた行列式に対し，$\langle$第n行$\rangle - \langle$第$n-1$行$\rangle \times x_n$，$\langle$第$n-1$行$\rangle - \langle$第$n-2$行$\rangle \times x_n, \cdots,$ $\langle$第2行$\rangle - \langle$第1行$\rangle \times x_n$ という操作をこの順に行うと

$$\text{与式} = \begin{vmatrix} 1 & 1 & \cdots & 1 & 1 \\ x_1 - x_n & x_2 - x_n & \cdots & x_{n-1} - x_n & 0 \\ x_1(x_1 - x_n) & x_2(x_2 - x_n) & \cdots & x_{n-1}(x_{n-1} - x_n) & 0 \\ \vdots & \vdots & & \vdots & \vdots \\ x_1^{n-2}(x_1 - x_n) & x_2^{n-2}(x_2 - x_n) & \cdots & x_{n-1}^{n-2}(x_{n-1} - x_n) & 0 \end{vmatrix}$$

$$= (-1)^{n+1} \begin{vmatrix} x_1 - x_n & x_2 - x_n & \cdots & x_{n-1} - x_n \\ x_1(x_1 - x_n) & x_2(x_2 - x_n) & \cdots & x_{n-1}(x_{n-1} - x_n) \\ \vdots & \vdots & & \vdots \\ x_1^{n-2}(x_1 - x_n) & x_2^{n-2}(x_2 - x_n) & \cdots & x_{n-1}^{n-2}(x_{n-1} - x_n) \end{vmatrix}$$

$$= (-1)^{n+1}(x_1 - x_n)\cdots(x_{n-1} - x_n) \begin{vmatrix} 1 & 1 & \cdots & 1 \\ x_1 & x_2 & \cdots & x_{n-1} \\ \vdots & \vdots & & \vdots \\ x_1^{n-2} & x_2^{n-2} & \cdots & x_{n-1}^{n-2} \end{vmatrix}$$

帰納法の仮定を使うと

$$=(-1)^{n+1}(x_1 - x_n)\cdots(x_{n-1} - x_n) \prod_{1 \leqq i < j \leqq n-1} (x_j - x_i)$$

$$=(x_n - x_1)\cdots(x_n - x_{n-1}) \prod_{1 \leqq i < j \leqq n-1} (x_j - x_i)$$

$$= \prod_{1 \leqq i < j \leqq n} (x_j - x_i)$$

よって，n のときも成り立つ．　■

例題 2.8 (コンパニオン行列の固有行列式)

$$\begin{vmatrix} x & -1 & 0 & \cdots & 0 \\ 0 & x & -1 & \ddots & \vdots \\ \vdots & \ddots & \ddots & \ddots & 0 \\ 0 & \cdots & 0 & x & -1 \\ a_0 & a_1 & \cdots & a_{n-2} & x+a_{n-1} \end{vmatrix}$$

$$= x^n + a_{n-1}x^{n-1} + a_{n-2}x^{n-2} + \cdots + a_1 x + a_0$$

[解] 与えられた行列式の第 1 列に, $\langle$第2列$\rangle \times x, \langle$第3列$\rangle \times x^2, \cdots, \langle$第$n$列$\rangle \times x^{n-1}$ を加えると, $p(x) = x^n + a_{n-1}x^{n-1} + a_{n-2}x^{n-2} + \cdots + a_1 x + a_0$ として

$$与式 = \begin{vmatrix} 0 & -1 & 0 & \cdots & 0 \\ 0 & x & -1 & \ddots & \vdots \\ \vdots & & \ddots & \ddots & 0 \\ 0 & 0 & \cdots & x & -1 \\ p(x) & a_1 & \cdots & a_{n-2} & x+a_{n-1} \end{vmatrix} = p(x)(-1)^{n+1} \begin{vmatrix} -1 & 0 & \cdots & 0 \\ x & -1 & \ddots & \vdots \\ & \ddots & \ddots & 0 \\ 0 & \cdots & x & -1 \end{vmatrix}$$

$$= p(x)(-1)^{n+1}(-1)^{n-1} = p(x)$$

■

問 2.6 次の行列式の値を求めよ.

(1) $\begin{vmatrix} a & b & c \\ c & a & b \\ b & c & a \end{vmatrix}$ (2) $\begin{vmatrix} 1 & 1 & 1 & 1 \\ 1 & 3 & 2 & 5 \\ 1 & 3^2 & 2^2 & 5^2 \\ 1 & 3^3 & 2^3 & 5^3 \end{vmatrix}$

(3) $\begin{vmatrix} 1 & -2 & 4 & -8 \\ 1 & -1 & 1 & -1 \\ 1 & 2 & 4 & 8 \\ 1 & x & x^2 & x^3 \end{vmatrix}$ (4) $\begin{vmatrix} a & b & c & d \\ 1 & x & 0 & 0 \\ 0 & 1 & x & 0 \\ 0 & 0 & 1 & x \end{vmatrix}$

問 2.7 次を示せ:

$$\begin{vmatrix} 1 & 1 & 1 \\ \cos\alpha & \cos\beta & \cos\gamma \\ \cos 2\alpha & \cos 2\beta & \cos 2\gamma \end{vmatrix} = 2(\cos\gamma - \cos\alpha)(\cos\gamma - \cos\beta)(\cos\beta - \cos\alpha)$$

4. 余因子行列, 逆行列とクラメルの公式

(1) 余因子行列, 逆行列

行列 $A = [a_{ij}]_{n\times n}$ の (i,j) 余因子 α_{ij} を (i,j) 成分とする行列を A の**余因子行列** と呼び, $\mathcal{A}$ で表す[3]:

$$\mathcal{A} = \begin{bmatrix} \alpha_{11} & \alpha_{12} & \cdots & \alpha_{1n} \\ \alpha_{21} & \alpha_{22} & \cdots & \alpha_{2n} \\ \multicolumn{4}{c}{\cdots\cdots\cdots\cdots\cdots} \\ \alpha_{n1} & \alpha_{n2} & \cdots & \alpha_{nn} \end{bmatrix} \tag{2.25}$$

定理 2.11 n 次正方行列 A とその余因子行列 $\mathcal{A}$ について

$$A\,{}^t\!\mathcal{A} = {}^t\!\mathcal{A}\,A = |A|\,I_n \tag{2.26}$$

証明 $A\,{}^t\!\mathcal{A} = |A|\,I_n$ を示そう. 積 $A\,{}^t\!\mathcal{A}$ の (i,j) 成分は

$$a_{i1}\alpha_{j1} + a_{i2}\alpha_{j2} + \cdots + a_{in}\alpha_{jn} = \begin{cases} |A| & (i = j \text{ のとき}) \\ 0 & (i \neq j \text{ のとき}) \end{cases} \tag{2.27}$$

となる. 実際, $i = j$ のときは, 左辺は $|A|$ の i 行に関する余因子展開 (2.23) そのものである. 一方, $i \neq j$ のときは, 左辺は A の第 j 行を第 i 行で置き換えた (2 つの行が一致する) 行列式の j 行に関する余因子展開であり, その値は 0 となる. したがって

$$A\,{}^t\!\mathcal{A} = \begin{bmatrix} |A| & 0 & \cdots & 0 \\ 0 & |A| & \cdots & 0 \\ \vdots & \ddots & \ddots & \vdots \\ 0 & \cdots & 0 & |A| \end{bmatrix} = |A|\,I_n \tag{2.28}$$

また, ${}^t\!\mathcal{A}\,A = |A|\,I_n$ については, 上記の証明の行に関する余因子展開を列に関する余因子展開とみることで同様に示される. ∎

この定理の系として次がいえる.

余因子行列による逆行列の表示

> **定理 2.12** n 次正方行列 A について, 次の同値性が成り立つ:
>
> $$A \text{ は正則行列} \iff |A| \neq 0$$
>
> このとき, A^{-1} は余因子行列を用いて表される:
>
> $$A^{-1} = \frac{1}{|A|}\,{}^t\!\mathcal{A} \tag{2.29}$$

---

[3] テキストによっては, $\mathrm{adj}A = {}^t\!\mathcal{A}$ とおいて, これを余因子行列と呼ぶことも多い.

証明　(⇒)　A が逆行列 A^{-1} をもつならば, 定理 2.5 により

$$|A||A^{-1}| = |A\,A^{-1}| = |I| = 1$$

となるので $|A| \neq 0$ でなければならない.

(⇐)　$|A| \neq 0$ とすると, 定理 2.11 (2.26) によって

$$A\left(\frac{1}{|A|}\,{}^t\mathcal{A}\right) = \left(\frac{1}{|A|}\,{}^t\mathcal{A}\right)A = I \tag{2.30}$$

となることからわかる. ∎

次の系は前章で証明を保留にしておいたものである (定理 1.5).

系 2.13　正方行列 A, B について

$$AB = I \quad \Longrightarrow \quad A, B \text{ はともに正則で, } B = A^{-1}$$

証明　仮定より $|A||B| = |A\,B| = |I| = 1$ なので, $|A| \neq 0$. 定理 2.12 により A は正則となるから, A^{-1} が存在して $AA^{-1} = A^{-1}A = I$ をみたす. したがって

$$B = IB = (A^{-1}A)B = A^{-1}(AB) = A^{-1}I = A^{-1}$$ ∎

例題 2.9　2 次正方行列 $A = \begin{bmatrix} a & b \\ c & d \end{bmatrix}$ は, $ad - bc \neq 0$ のとき逆行列をもち,

$$A^{-1} = \frac{1}{ad - bc}\begin{bmatrix} d & -b \\ -c & a \end{bmatrix}$$

であることを示せ.

[解]　定理 2.12 により, $|A| = ad - bc \neq 0$ のとき逆行列をもつ. 各余因子を求めると

$$\alpha_{11} = (-1)^{1+1}\det A(1|1) = d\,, \qquad \alpha_{12} = (-1)^{1+2}\det A(1|2) = -c$$
$$\alpha_{21} = (-1)^{2+1}\det A(2|1) = -b\,, \qquad \alpha_{22} = (-1)^{2+2}\det A(2|2) = a$$

より, 余因子行列は $\mathcal{A} = \begin{bmatrix} d & -c \\ -b & a \end{bmatrix}$ となる. したがって, 逆行列は

$$A^{-1} = \frac{1}{|A|}\,{}^t\mathcal{A} = \frac{1}{ad - bc}\begin{bmatrix} d & -b \\ -c & a \end{bmatrix}$$ ∎

問 2.8　余因子行列を用いて, 次の行列の逆行列を求めよ.

(1) $\begin{bmatrix} \cos\theta & \sin\theta \\ -\sin\theta & \cos\theta \end{bmatrix}$　　(2) $\begin{bmatrix} 1 & 2 & 0 \\ 3 & 4 & 0 \\ 1 & 4 & 5 \end{bmatrix}$

(2)　クラメルの公式

n 個の未知数をもつ連立方程式：

$$\begin{cases} a_{11}x_1 + a_{12}x_2 + \cdots + a_{1n}x_n = b_1 \\ a_{21}x_1 + a_{22}x_2 + \cdots + a_{2n}x_n = b_2 \\ \cdots\cdots\cdots\cdots\cdots\cdots\cdots\cdots \\ a_{n1}x_1 + a_{n2}x_2 + \cdots + a_{nn}x_n = b_n \end{cases} \tag{2.31}$$

における解の公式を与えよう. (2.31) は, 係数行列 A, 未知数の列ベクトル $\boldsymbol{x}$, 右辺の列ベクトル $\boldsymbol{b}$ を用いると $A\boldsymbol{x} = \boldsymbol{b}$ と表される.

クラメルの公式

定理 2.14　連立方程式: $A\boldsymbol{x} = \boldsymbol{b}$ において, $|A| \neq 0$ ならばこの方程式の解は次式で与えられる:

$$x_j = \frac{|\boldsymbol{a}_1 \ \cdots \ \overset{j}{\breve{\boldsymbol{b}}} \ \cdots \ \boldsymbol{a}_n|}{|A|} \qquad (j = 1, 2, \cdots, n) \tag{2.32}$$

ここで, 分子は係数行列の列ベクトル表示 $A = [\, \boldsymbol{a}_1 \ \cdots \ \boldsymbol{a}_j \ \cdots \ \boldsymbol{a}_n \,]$ の第 j 列ベクトル $\boldsymbol{a}_j$ (つまり, x_j の係数) を右辺のベクトル $\boldsymbol{b}$ で置き換えた行列式である.

証明　仮定によって $|A| \neq 0$ であるから, A は逆行列 A^{-1} をもち, 解は $\boldsymbol{x} = A^{-1}\boldsymbol{b}$ と一意的に定まる. $\boldsymbol{x}$ がその解であれば

$$\boldsymbol{b} = A\boldsymbol{x} = [\, \boldsymbol{a}_1 \ \cdots \ \boldsymbol{a}_n \,] \begin{bmatrix} x_1 \\ \vdots \\ x_n \end{bmatrix} = x_1\boldsymbol{a}_1 + x_2\boldsymbol{a}_2 \cdots + x_n\boldsymbol{a}_n$$

をみたすので

$$\begin{aligned} |\boldsymbol{a}_1 \cdots \overset{j}{\breve{\boldsymbol{b}}} \cdots \boldsymbol{a}_n| &= |\boldsymbol{a}_1 \cdots (x_1\boldsymbol{a}_1 + x_2\boldsymbol{a}_2 \cdots + x_n\boldsymbol{a}_n) \cdots \boldsymbol{a}_n| \\ &= x_1 |\boldsymbol{a}_1 \cdots \boldsymbol{a}_1 \cdots \boldsymbol{a}_n| + \cdots + x_j |\boldsymbol{a}_1 \cdots \boldsymbol{a}_j \cdots \boldsymbol{a}_n| + \cdots \\ &\qquad \cdots + x_n |\boldsymbol{a}_1 \cdots \boldsymbol{a}_n \cdots \boldsymbol{a}_n| \\ &= x_j |\boldsymbol{a}_1 \cdots \boldsymbol{a}_j \cdots \boldsymbol{a}_n| = x_j |A| \end{aligned}$$

したがって, (2.32) を得る. ∎

例題 2.10 クラメルの公式を用いて次の連立方程式の解を求めよ.

$$\begin{cases} 2x + y - z = 1 \\ x - y + z = 5 \\ x + 2y - z = -2 \end{cases}$$

[解] 係数行列を A とすると $|A| = \begin{vmatrix} 2 & 1 & -1 \\ 1 & -1 & 1 \\ 1 & 2 & -1 \end{vmatrix} = -3 \neq 0$ であるからクラメルの公式を適用できて

$$x = \frac{1}{-3}\begin{vmatrix} 1 & 1 & -1 \\ 5 & -1 & 1 \\ -2 & 2 & -1 \end{vmatrix} = \frac{-6}{-3} = 2, \quad y = \frac{1}{-3}\begin{vmatrix} 2 & 1 & -1 \\ 1 & 5 & 1 \\ 1 & -2 & -1 \end{vmatrix} = \frac{3}{-3} = -1,$$

$$z = \frac{1}{-3}\begin{vmatrix} 2 & 1 & 1 \\ 1 & -1 & 5 \\ 1 & 2 & -2 \end{vmatrix} = \frac{-6}{-3} = 2.$$

∎

問 2.9 クラメルの公式を用いて次の連立方程式の解を求めよ.

(1) $\begin{cases} x + y + z = 1 \\ 2x - y + z = 0 \\ x + 2y - 2z = -5 \end{cases}$ (2) $\begin{cases} 2x + y - z = -5 \\ x - 2y + z = 6 \\ -x + y - 2z = 5 \end{cases}$

演 習 問 題 2.2

1. 次の行列式の値を求めよ.

(1) $\begin{vmatrix} 111 & 112 \\ 889 & 888 \end{vmatrix}$ (2) $\begin{vmatrix} 999 & 9990 \\ 1001 & 100100 \end{vmatrix}$ (3) $\begin{vmatrix} 111 & 222 & 333 \\ 444 & 555 & 666 \\ 777 & 888 & 888 \end{vmatrix}$

(4) $\begin{vmatrix} 1 & 2 & 3 & 4 \\ 4 & 1 & 2 & 1 \\ 3 & 4 & 3 & 2 \\ 2 & 1 & 4 & 3 \end{vmatrix}$ (5) $\begin{vmatrix} 0 & 1 & 2 & 3 \\ 3 & 0 & 1 & 0 \\ 2 & 3 & 2 & 1 \\ 1 & 0 & 3 & 2 \end{vmatrix}$ (6) $\begin{vmatrix} 1 & -1 & -1 & -1 \\ -1 & 1 & -1 & -1 \\ -1 & -1 & 1 & -1 \\ -1 & -1 & -1 & 1 \end{vmatrix}$

2.　次の行列式を求めよ.

(1) $\begin{vmatrix} 1 & 1 & 1 \\ a^2 & b^2 & c^2 \\ (b+c)^2 & (c+a)^2 & (a+b)^2 \end{vmatrix}$　(2) $\begin{vmatrix} 1 & 1 & 1 & 1 \\ a & a & a & z \\ b & b & y & x \\ c & x & y & z \end{vmatrix}$

(3) $\begin{vmatrix} a^2+1 & ab & ac & ad \\ ab & b^2+1 & bc & bd \\ ac & bc & c^2+1 & cd \\ ad & bd & cd & d^2+1 \end{vmatrix}$　(4) $\begin{vmatrix} 0 & x & y & z \\ x & y & z & 0 \\ y & z & 0 & x \\ z & 0 & x & y \end{vmatrix}$

3.　次の方程式を解け.

(1) $\begin{vmatrix} x+3 & -1 & 1 \\ 7 & x-5 & 1 \\ 6 & -6 & x+3 \end{vmatrix} = 0$　(2) $\begin{vmatrix} x & 0 & 1 & 2 \\ 2 & x & 0 & 1 \\ 1 & 2 & x & 0 \\ 0 & 1 & 2 & x \end{vmatrix} = 0$

4.　次の行列の逆行列を前章の掃き出し法と余因子行列の 2 通りの方法で求めよ.

(1) $\begin{bmatrix} 1 & 2 & 3 \\ 0 & 1 & 1 \\ 1 & 0 & 4 \end{bmatrix}$　(2) $\begin{bmatrix} 1 & 1 & 1 & 1 \\ 0 & 1 & 1 & 1 \\ 0 & 0 & 1 & 1 \\ 0 & 0 & 0 & 1 \end{bmatrix}$

5.　次の連立方程式を前章の掃き出し法とクラメルの公式の 2 通りの方法で解け.

(1) $\begin{cases} x + 5y = 2 \\ 2x + 3y = 3 \end{cases}$　(2) $\begin{cases} x + y + z = 1 \\ x + 2y + 3z = 2 \\ x + 4y + 9z = 3 \end{cases}$

6.　$A = \begin{bmatrix} a^2+b^2 & ac & bc \\ ac & b^2+c^2 & ab \\ bc & ab & a^2+c^2 \end{bmatrix}$ に対して

(1)　$A = B^2$ をみたす対称行列 B をみつけよ (ヒント: $(1,1)$ 成分を 0 としてみよ).

(2)　$|A|$ を求めよ.

7. $A = \begin{bmatrix} a^2+b^2 & b^2 & a^2 \\ b^2 & b^2+c^2 & c^2 \\ a^2 & c^2 & a^2+c^2 \end{bmatrix}$ に対して

(1) $A = {}^tBB$ となる行列 B をみつけよ (ヒント: $(1,1)$ 成分を 0 としてみよ).

(2) $|A|$ を求めよ.

8. 次式を示せ.

(1) $A_n = \begin{bmatrix} a_1 & b_1 & & O \\ c_1 & a_2 & \ddots & \\ & \ddots & \ddots & b_{n-1} \\ O & & c_{n-1} & a_n \end{bmatrix}$ とするとき,

$$|A_n| = a_n|A_{n-1}| - b_{n-1}c_{n-1}|A_{n-2}|$$

(2) $$\begin{vmatrix} a_n & -1 & 0 & \cdots & 0 \\ a_{n-1} & x & -1 & \ddots & \vdots \\ \vdots & 0 & \ddots & \ddots & 0 \\ a_1 & \vdots & \ddots & x & -1 \\ a_0 & 0 & \cdots & 0 & x \end{vmatrix}$$
$$= a_nx^n + a_{n-1}x^{n-1} + \cdots + a_1x + a_0$$

9. $A = [\,a_{ij}\,]$ は n 次正方行列, $A = [\,\boldsymbol{a}_1 \ \cdots \ \boldsymbol{a}_n\,]$ を列ベクトル表示とする.

(1) 各行について成分の総和が 0 ならば, 各行の余因子はすべて等しいことを示せ. すなわち,

$$\sum_{j=1}^{n} \boldsymbol{a}_j = \boldsymbol{0} \implies \text{任意の } r, s \text{ に対し}, \ \alpha_{ir} = \alpha_{is} \quad (i = 1, 2, \cdots, n)$$

(2) A の行和も列和も 0, つまり $\displaystyle\sum_{k=1}^{n} a_{ik} = \sum_{k=1}^{n} a_{kj} = 0 \quad (1 \leqq i, j \leqq n)$, ならば, $|A|$ のすべての余因子が等しいことを示せ.

10. 平面上に任意の 3 点 $\mathrm{P}_1(p_1, q_1)$, $\mathrm{P}_2(p_2, q_2)$, $\mathrm{P}_3(p_3, q_3)$ をとる. ただし, $p_1 < p_2 < p_3$ とする.

(1) この 3 点を通る 2 次 (以下の) 関数: $y = a + bx + cx^2$ がただ 1 つ定

まることを示せ．このときの係数 a, b, c をそれぞれ $p_i, q_i\ (1 \leqq i, j \leqq 3)$ を用いて表せ．

(2)　前問の関数がもう1つの点 $\mathrm{P}(p, q)$ も通る，すなわち4点を通る2次関数が存在する，ための必要十分条件は

$$\begin{vmatrix} 1 & p & p^2 & q \\ 1 & p_1 & p_1^2 & q_1 \\ 1 & p_2 & p_2^2 & q_2 \\ 1 & p_3 & p_3^2 & q_3 \end{vmatrix} = 0$$

であることを示せ．

(3)　n 個の点が与えられた場合に (1) の命題を一般的に述べよ．

11.　A, B, C, D がそれぞれ n 次正方，$n \times m$，$m \times n$，m 次正方行列のとき，次式が成り立つことを示せ．

(1)　$$\begin{bmatrix} A & B \\ O_{m\times n} & D \end{bmatrix} = \begin{bmatrix} I_n & O_{n\times m} \\ O_{m\times n} & D \end{bmatrix} \begin{bmatrix} I_n & B \\ O_{m\times n} & I_m \end{bmatrix} \begin{bmatrix} A & O_{n\times m} \\ O_{m\times n} & I_m \end{bmatrix}$$

(2)　A が正則のとき，

$$\begin{bmatrix} A & B \\ C & D \end{bmatrix} = \begin{bmatrix} I_n & O_{n\times m} \\ CA^{-1} & I_m \end{bmatrix} \begin{bmatrix} A & O_{n\times m} \\ O_{m\times n} & D - CA^{-1}B \end{bmatrix} \begin{bmatrix} I_n & A^{-1}B \\ O_{m\times n} & I_m \end{bmatrix}$$

(3)　$$\begin{vmatrix} A & B \\ O & D \end{vmatrix} = \begin{vmatrix} A & O \\ C & D \end{vmatrix} = |A|\,|D|$$

(4)　$$\begin{vmatrix} A & B \\ C & D \end{vmatrix} = |A|\,|D - CA^{-1}B| = |D|\,|A - BD^{-1}C|$$

12.　n 次正方行列 A, B に対して，次式が成り立つことを示せ．

(1)　$$\begin{bmatrix} I_n & O_n \\ -I_n & I_n \end{bmatrix} \begin{bmatrix} A & B \\ B & A \end{bmatrix} \begin{bmatrix} I_n & O_n \\ I_n & I_n \end{bmatrix} = \begin{bmatrix} A+B & B \\ O_n & A-B \end{bmatrix}$$

(2)[4]　$$\begin{vmatrix} A & B \\ B & A \end{vmatrix} = |A - B|\,|A + B|$$

(3)　$$\begin{vmatrix} A & A \\ -B & B \end{vmatrix} = 2^n|A|\,|B|$$

---

[4] 左辺の行列式は $|A-B|\,|A+B| = |A^2 - B^2 + AB - BA|$ と等しいということであり，一般に $|A^2 - B^2|$ や $|A|^2 - |B|^2$ とは等しくならない．たとえば，$A = \begin{bmatrix} 1 & a \\ 0 & 1 \end{bmatrix}$, $B = \begin{bmatrix} 1 & 0 \\ b & 1 \end{bmatrix}$ に対して確かめてみよ．

第3章

ベクトル空間

ベクトル空間を一般的に定義し，いくつかの具体例を示す．さらに1次独立，空間の基底，次元などの概念を導入する．これらの諸概念は最初はなかなか取っつきずらいものではあるが，最も身近なベクトル空間である平面や空間の中でイメージし，視覚的に捉えることも理解を助ける効果的な手段であろう．

1. ベクトル空間，部分空間

(1) ベクトル空間：定義および例

ベクトルとは　われわれの身の回りの量には，大きさだけでなくその方向をも合わせて考えなければ表示できないものがある．

例 3.1　物理学では力を表すのに，大きさだけでなくその方向も合わせて示すことが必要なので，ベクトルを用いる．矢印の方向で力の方向を，矢印の長さで力の大きさを表す．質点Oに力 $\overrightarrow{\mathrm{OA}}$, $\overrightarrow{\mathrm{OB}}$ を加えたとき，合わせた力の和は $\overrightarrow{\mathrm{OC}}$ となることはよく知られている．また，$-\boldsymbol{a}$ は $\boldsymbol{a}$ と逆方向で同じ大きさをもつ力を表す (図3.1).

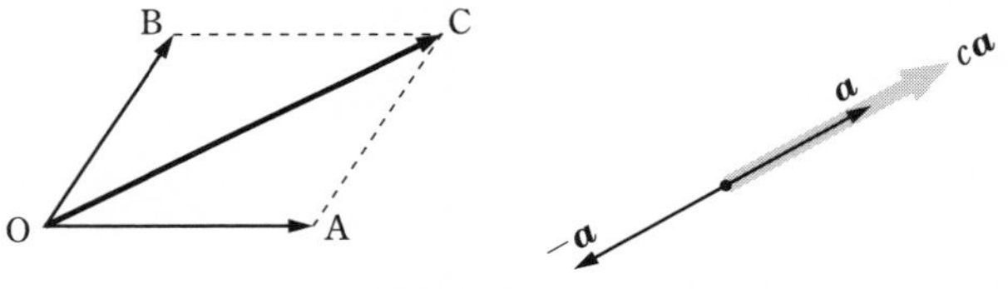

図 **3.1**　ベクトルの和，スカラー倍

ベクトル空間とスカラー体　ベクトルの演算は, ベクトルどうしの和 , スカラー (数) との積の 2 種類のみである. そのためにまず, スカラーを明確に定めておく必要がある.

数の集合があり, その中において四則 (加減乗除) が行えるときその集合を**体**と呼ぶ. 複素数, 実数, 有理数は体である. しかし, 整数は体にはならない. なぜなら, (整数)÷(整数) は整数になるとは限らないからである.

ベクトル空間

集合 V において, 体 $\mathbb{K}$ と 2 種類の演算:

(a) 和:　$\boldsymbol{u}+\boldsymbol{v}$　　(b) 積:　$c\boldsymbol{v}$　　$(c \in \mathbb{K},\ \boldsymbol{u},\boldsymbol{v} \in V)$

が備わっているとき, V を**スカラー体** $\mathbb{K}$ 上の**ベクトル空間**といい, V の元を**ベクトル**という.

和と積については, 次の計算規則が成り立っていなければならない:

ベクトルの演算規則　任意の $\boldsymbol{u},\boldsymbol{v},\boldsymbol{w},\cdots \in V$, $a,b,c \in \mathbb{K}$ に対し,

(1)　$\boldsymbol{u}+\boldsymbol{v}=\boldsymbol{v}+\boldsymbol{u}$

(2)　$(\boldsymbol{u}+\boldsymbol{v})+\boldsymbol{w}=\boldsymbol{u}+(\boldsymbol{v}+\boldsymbol{w})$

(3)　零ベクトル $\mathbf{0} \in V$ があり,　$\boldsymbol{v}+\mathbf{0}=\boldsymbol{v}$.

(4)　$c\,(\boldsymbol{u}+\boldsymbol{v})=c\,\boldsymbol{u}+c\,\boldsymbol{v}$

(5)　$(a+b)\,\boldsymbol{v}=a\,\boldsymbol{v}+b\,\boldsymbol{v}$

(6)　$a\,(b\,\boldsymbol{v})=(ab)\,\boldsymbol{v}$

(7)　$1\,\boldsymbol{v}=\boldsymbol{v}$,　$0\,\boldsymbol{v}=\mathbf{0}$

ベクトル空間におけるスカラー体としては, 実数体 ($\mathbb{R}$ で表す) か複素数体 ($\mathbb{C}$ で表す) がとられるのがふつうであり, それぞれの場合に**実ベクトル空間**, **複素ベクトル空間**と呼ばれる.

以下においては, 主に実ベクトル空間について考察する (特にことわらない限り, ベクトル空間といえば実ベクトル空間のこととする) が, ほとんどの内容は複素ベクトル空間においても全く同様に扱うことができる.

ベクトル空間の例　代表的なベクトル空間の例を挙げよう.

例 3.2 (列ベクトルの空間 : $\mathbb{R}^n, \mathbb{C}^n$)

(1) 実数を成分とする n 次列ベクトルの全体は, 実ベクトル空間をなす. これを $\mathbb{R}^n$ で表す:

$$\mathbb{R}^n = \left\{ \boldsymbol{a} = \begin{bmatrix} a_1 \\ \vdots \\ a_n \end{bmatrix} \;\middle|\; a_1, \cdots, a_n \in \mathbb{R} \right\} \tag{3.1}$$

(2) 複素数を成分とする n 次列ベクトルの全体は, 複素ベクトル空間をなす. これを $\mathbb{C}^n$ で表す. ∎

例 3.3 (同じ型の行列)　実 (複素) 数を成分とする $m \times n$ 行列の全体は, 実 (複素) ベクトル空間をなす. ベクトル空間として考察の対象にする場合には, 演算は和とスカラー倍だけを考えることになる. n 次正方行列どうしには演算として行列の積も可能であるが, ベクトル空間として考察の対象にする場合には, 積はないものとして考慮しない. ∎

次のような関数のベクトル空間についても, 関数どうしの積はないものとして考えない.

例 3.4 (多項式)　次の関数の各集合は, ふつうの多項式の和と定数倍をベクトル演算としてベクトル空間となる.

(1) n 次以下の実係数多項式全体 $\mathbb{P}_n$:

$$\mathbb{P}_n = \left\{ a_0 + a_1 x + \cdots + a_n x^n \;\middle|\; a_0, \cdots, a_n \in \mathbb{R} \right\} \quad (n = 0, 1, 2, \cdots)$$

(2) 実係数多項式全体 $\mathbb{P}$:　$\mathbb{P} = \bigcup_{n=0}^{\infty} \mathbb{P}_n$ ∎

例 3.5 (三角関数)　三角関数で表される次のような関数の集合もふつうの関数の和と定数倍をベクトル演算としてベクトル空間をなす.

$$\mathbb{T}_n = \left\{ a_0 + \sum_{k=1}^{n} a_k \cos kx + b_k \sin kx \;\middle|\; a_0, a_1, b_1, \cdots, a_n, b_n \in \mathbb{R} \right\} \quad (n = 0, 1, 2, \cdots),$$

$$\mathbb{T} = \bigcup_{n=0}^{\infty} \mathbb{T}_n$$ ∎

(2)　部分空間, 生成系

部分空間の定義　V はスカラー体 $\mathbb{K}$ 上のベクトル空間, W は V の (空でない) 部分集合とする. V に備わっているベクトル演算に関して W 自身が $\mathbb{K}$ 上のベクトル空間となるとき, W は V の**部分空間**であるという.

W が部分空間となるためには, 和と積に関して閉じていればよい. すなわち, 次の条件をみたすことである:

部分空間の条件

(i)　任意の $\boldsymbol{u}, \boldsymbol{v} \in W$ に対して,　$\boldsymbol{u} + \boldsymbol{v} \in W$

(ii)　任意の $c \in \mathbb{K}$, $\boldsymbol{v} \in W$ に対して,　$c\boldsymbol{v} \in W$

条件 (i), (ii) は, 次の1つの条件 (iii) としてまとめることができる:

(iii)　任意の $\boldsymbol{u}, \boldsymbol{v} \in W$, $a, b \in \mathbb{K}$ に対して,　$a\boldsymbol{u} + b\boldsymbol{v} \in W$

例 3.6　(1)　$m \leqq n$ ならば, $\mathbb{P}_m$ は $\mathbb{P}_n$ の部分空間である.

(2)　$\mathbb{P}_n$ は $\mathbb{P}$ の部分空間である　$(n = 0, 1, 2, \cdots)$.

(3)　$m \leqq n$ ならば, $\mathbb{T}_m$ は $\mathbb{T}_n$ の部分空間である.

(4)　$\mathbb{T}_n$ は $\mathbb{T}$ の部分空間である　$(n = 0, 1, 2, \cdots)$. ∎

例題 3.1　$\mathbb{R}^2$ において, 次の部分集合 W は部分空間となるか否かを判定せよ.

(1)　$W = \left\{ \begin{bmatrix} x \\ 2x \end{bmatrix} \middle| \, x \in \mathbb{R} \right\}$　　　(2)　$W = \left\{ \begin{bmatrix} x \\ y \end{bmatrix} \middle| \, x, y \text{ は整数} \right\}$

[解]　(1) W の任意のベクトルを $\boldsymbol{x} = \begin{bmatrix} x \\ 2x \end{bmatrix} = x \begin{bmatrix} 1 \\ 2 \end{bmatrix}$, $\boldsymbol{y} = y \begin{bmatrix} 1 \\ 2 \end{bmatrix}$ とするとき, 任意のスカラー $a, b \in \mathbb{R}$ に対して

$$a\boldsymbol{x} + b\boldsymbol{y} = ax \begin{bmatrix} 1 \\ 2 \end{bmatrix} + by \begin{bmatrix} 1 \\ 2 \end{bmatrix} = (ax + by) \begin{bmatrix} 1 \\ 2 \end{bmatrix} \in W$$

となり, 部分空間の条件 (iii) をみたすので部分空間となる.

(2)　c を整数ではない実数として, W のベクトルの c 倍を考える. たとえば, $c = \dfrac{1}{2}$, $\boldsymbol{w} = \begin{bmatrix} 2 \\ 1 \end{bmatrix}$ とすると,　$c\boldsymbol{w} = \dfrac{1}{2} \begin{bmatrix} 2 \\ 1 \end{bmatrix} = \begin{bmatrix} 1 \\ \frac{1}{2} \end{bmatrix} \notin W$ となり, 部分空間の条件 (ii) をみたさないので部分空間とはならない. ∎

1次結合と部分空間の生成系　ベクトル $\boldsymbol{v}_1, \boldsymbol{v}_2, \cdots, \boldsymbol{v}_n$ に対して, それらのスカラー倍の和：

$$c_1\boldsymbol{v}_1 + c_2\boldsymbol{v}_2 + \cdots + c_n\boldsymbol{v}_n \qquad (n < \infty)$$

を $\boldsymbol{v}_1, \boldsymbol{v}_2, \cdots, \boldsymbol{v}_n$ の**1次結合**という. $\boldsymbol{v}_1, \boldsymbol{v}_2, \cdots, \boldsymbol{v}_n$ の1次結合の全体からなる集合を $\mathrm{span}[\boldsymbol{v}_1, \boldsymbol{v}_2, \cdots, \boldsymbol{v}_n]$ と表す：

$$\mathrm{span}[\boldsymbol{v}_1, \boldsymbol{v}_2, \cdots, \boldsymbol{v}_n] = \{\, c_1\boldsymbol{v}_1 + c_2\boldsymbol{v}_2 + \cdots + c_n\boldsymbol{v}_n \mid c_1, \cdots, c_n \in \mathbb{R} \,\}$$

V の任意の部分集合 (無限個でもよい)S に対しても, S のベクトルの1次結合の全体からなる集合を $\mathrm{span}[\,S\,]$ と表す. S の元による1次結合については, その和もスカラー倍もまた S の元による1次結合となる. したがって, 次を得る.

部分空間の生成系

定理 3.1　ベクトル空間 V の任意の部分集合 S に対し,

$\mathrm{span}[\,S\,]$ は V の部分空間となる.

この部分空間を S によって**生成される部分空間**といい, S を**生成系**という.

例 3.7　$\mathbb{R}^n$ ($\mathbb{C}^n$) において, **基本ベクトル**：$\boldsymbol{e}_1 = \begin{bmatrix} 1 \\ 0 \\ \vdots \\ 0 \end{bmatrix}, \cdots, \boldsymbol{e}_n = \begin{bmatrix} 0 \\ \vdots \\ 0 \\ 1 \end{bmatrix}$ について,

$$\mathrm{span}[\boldsymbol{e}_1] = \left\{ \begin{bmatrix} x_1 \\ 0 \\ \vdots \\ 0 \end{bmatrix} \;\middle|\; x_1 \in \mathbb{R} \right\}, \ \mathrm{span}[\boldsymbol{e}_1, \boldsymbol{e}_2] = \left\{ \begin{bmatrix} x_1 \\ x_2 \\ 0 \\ \vdots \\ 0 \end{bmatrix} \;\middle|\; x_1, x_2 \in \mathbb{R} \right\}$$

また, $\mathbb{R}^n = \mathrm{span}[\boldsymbol{e}_1, \boldsymbol{e}_2, \cdots, \boldsymbol{e}_n]$ であるから, $\boldsymbol{e}_1, \boldsymbol{e}_2, \cdots, \boldsymbol{e}_n$ は $\mathbb{R}^n$ を生成する. ∎

例 3.8　多項式のベクトル空間について,

(1)　$\mathbb{P}_n = \mathrm{span}[1, x, \cdots, x^n]$ であり, $1, x, \cdots, x^n$ は $\mathbb{P}_n$ を生成する.

(2)　$S = \{\, 1, x, x^2, \cdots \}$ とすれば,　$\mathbb{P} = \mathrm{span}[\,S\,]$. ∎

座標平面と $\mathbb{R}^2$, 座標空間と $\mathbb{R}^3$　　座標平面や座標空間上の点Pに対し, 原点Oから点Pへの有向線分 $\overrightarrow{\mathrm{OP}}$ を点 P の**位置ベクトル**という (図 3.2).

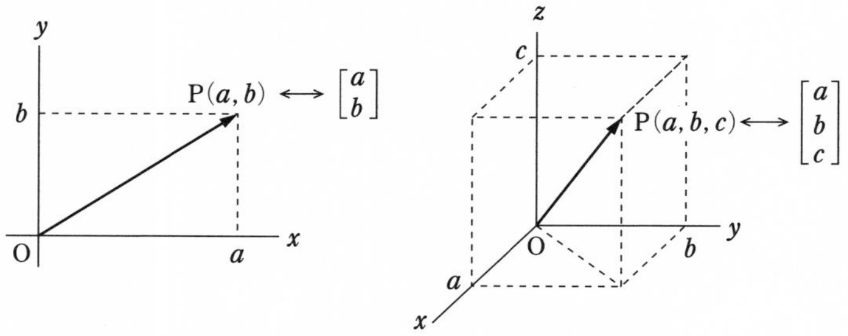

図 3.2　座標平面と $\mathbb{R}^2$, 座標空間と $\mathbb{R}^3$

座標平面や座標空間において位置ベクトルの全体を考えると, 各位置ベクトルと $\mathbb{R}^2$ や $\mathbb{R}^3$ のベクトルとはそれぞれ次の対応を通して 1 対 1 に対応する：

$$\mathbb{R}^2 \ni \begin{bmatrix} a \\ b \end{bmatrix} \longleftrightarrow \overrightarrow{\mathrm{O\,P}(a,b)}, \quad \mathbb{R}^3 \ni \begin{bmatrix} a \\ b \\ c \end{bmatrix} \longleftrightarrow \overrightarrow{\mathrm{O\,P}(a,b,c)}$$

さらにこの対応においては, 和とスカラー倍のベクトル演算も保たれる. つまり, $\mathbb{R}^2(\mathbb{R}^3)$ のベクトルの和にはそれぞれが対応している座標平面 (座標空間) の位置ベクトルの和が対応し, スカラー倍についても同様のことがいえる. このように $\mathbb{R}^2(\mathbb{R}^3)$ はそれぞれ座標平面 (座標空間) の位置ベクトルの全体と (ベクトル空間として) 同じ構造をもっていることがわかる.

一般に, 2 つのベクトル空間 U, V が同じ構造をもつとき, つまり U と V のベクトル間に 1 対 1 の対応: $U \longleftrightarrow V$ がつき, U における和, スカラー倍には対応する V のベクトルの和, スカラー倍が対応する：

$$\left.\begin{array}{l} U \ni \boldsymbol{u}_1 \longleftrightarrow \boldsymbol{v}_1 \in V, \\ U \ni \boldsymbol{u}_2 \longleftrightarrow \boldsymbol{v}_2 \in V \end{array}\right\} \quad \Longrightarrow \quad \left\{\begin{array}{c} \boldsymbol{u}_1 + \boldsymbol{u}_2 \longleftrightarrow \boldsymbol{v}_1 + \boldsymbol{v}_2, \\ c\boldsymbol{u}_1 \longleftrightarrow c\boldsymbol{v}_1 \end{array}\right.$$

このとき, U と V は**同型**であるといい, $U \cong V$ と表す. 同型なベクトル空間は同一視することができる.

上述のように, $\mathbb{R}^2$ と座標平面の位置ベクトルの全体, また $\mathbb{R}^3$ と座標空間の位置ベクトルの全体はそれぞれ同型であり, 同一視することができる.

例 3.9　座標空間の 2 点 P, Q に対して, その位置ベクトルを $\boldsymbol{v} = \overrightarrow{\mathrm{OP}}$, $\boldsymbol{u} = \overrightarrow{\mathrm{OQ}}$ とする (図 3.3). このとき

(1)　$\mathrm{span}[\boldsymbol{v}]$ は, 点 P と原点 O を結ぶ直線 L を表す.

(2)　$\boldsymbol{u}, \boldsymbol{v}$ が平行でないとき, $\mathrm{span}[\boldsymbol{u}, \boldsymbol{v}]$ は $\boldsymbol{u}$ と $\boldsymbol{v}$ を含む平面 W である.

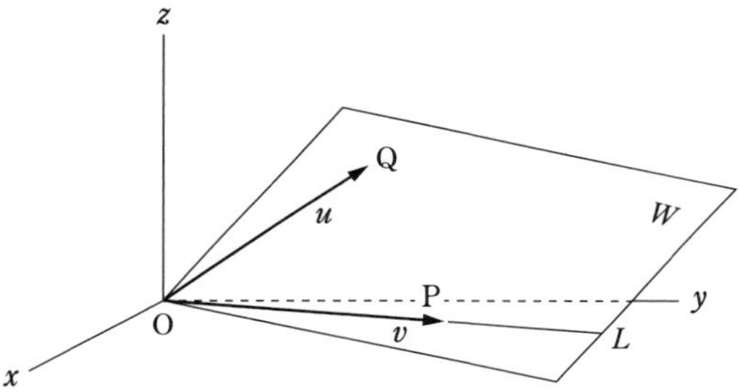

図 3.3　$\mathbb{R}^3$ における $\mathrm{span}[\boldsymbol{u}, \boldsymbol{v}]$

問 3.1　$\mathbb{R}^2$ において, 次の部分集合は部分空間となるか否かを判定せよ.

(1)　$\left\{ \begin{bmatrix} x \\ y \end{bmatrix} \middle| \, x \geqq 0 \right\}$　　(2)　$\left\{ \begin{bmatrix} x \\ y \end{bmatrix} \middle| \, x + y = 0 \right\}$

(3)　$\left\{ \begin{bmatrix} x \\ y \end{bmatrix} \middle| \, xy \geqq 0 \right\}$　　(4)　$\left\{ \begin{bmatrix} x \\ y \end{bmatrix} \middle| \, x + y = 1 \right\}$

問 3.2　次のベクトルは $\mathbb{R}^3$ を生成するか否かを判定せよ.

(1)　$\begin{bmatrix} 1 \\ 1 \\ 0 \end{bmatrix}, \begin{bmatrix} 0 \\ 1 \\ 1 \end{bmatrix}$　　(2)　$\begin{bmatrix} 1 \\ 1 \\ 0 \end{bmatrix}, \begin{bmatrix} 0 \\ 1 \\ 1 \end{bmatrix}, \begin{bmatrix} 1 \\ 0 \\ -1 \end{bmatrix}$

(3)　$\begin{bmatrix} 1 \\ 1 \\ 0 \end{bmatrix}, \begin{bmatrix} 0 \\ 1 \\ 1 \end{bmatrix}, \begin{bmatrix} 1 \\ 0 \\ -1 \end{bmatrix}, \begin{bmatrix} 1 \\ 0 \\ 1 \end{bmatrix}$

問 3.3　A は $m \times n$ 行列とするとき, 次を示せ.

(1)　同次連立方程式 : $A\boldsymbol{x} = \boldsymbol{0}$ の解集合は $\mathbb{R}^n$ の部分空間となる.

(2)　非同次連立方程式 : $A\boldsymbol{x} = \boldsymbol{b}$　$(\boldsymbol{b} \neq \boldsymbol{0})$ の解集合は部分空間とならない.

2.　1 次独立, 基底, 次元

(1)　　1 次独立 , 1 次従属

以下においては, V は常にベクトル空間を表すものとする.

1 次独立と 1 次従属　　ベクトル空間の基底, 次元を定義する上での本質的な性質の 1 つが 1 次独立なる概念である.

1 次従属

定理 3.2　V のベクトル $\boldsymbol{v}_1, \boldsymbol{v}_2, \cdots, \boldsymbol{v}_m$ について, 次の命題は等価[1]:

(1)　$\boldsymbol{v}_1, \boldsymbol{v}_2, \cdots, \boldsymbol{v}_m$ の中のどれか 1 つが残りの 1 次結合で表される.

(2)　少なくとも 1 つは 0 でないスカラー $c_1, c_2, \cdots, c_m$ をとり,

$$c_1\boldsymbol{v}_1 + \cdots + c_m\boldsymbol{v}_m = \boldsymbol{0} \tag{3.2}$$

が成り立つようにできる.

証明　(1) ⇒ (2)　$\boldsymbol{v}_1, \boldsymbol{v}_2, \cdots, \boldsymbol{v}_m$ の中の 1 つ, たとえば $\boldsymbol{v}_m$ が残りの 1 次結合で表されたとしよう : $\boldsymbol{v}_m = c_1\boldsymbol{v}_1 + \cdots + c_{m-1}\boldsymbol{v}_{m-1}$. $\boldsymbol{v}_m$ を右辺へ移項すれば,

$$c_1\boldsymbol{v}_1 + \cdots + c_{m-1}\boldsymbol{v}_{m-1} - \boldsymbol{v}_m = \boldsymbol{0}$$

であり, $\boldsymbol{v}_m$ の係数は -1 $(\neq 0)$ であるから (2) をみたす.

(2) ⇒ (1)　(3.2) においてスカラーの 1 つは 0 でないとする. たとえば, $c_m \neq 0$ とすると $\boldsymbol{v}_m$ は

$$\boldsymbol{v}_m = -\frac{c_1}{c_m}\boldsymbol{v}_1 - \frac{c_2}{c_m}\boldsymbol{v}_2 \cdots - \frac{c_{m-1}}{c_m}\boldsymbol{v}_{m-1}$$

とほかのベクトルの 1 次結合で表される. ∎

V の m 個のベクトル $\boldsymbol{v}_1, \boldsymbol{v}_2, \cdots, \boldsymbol{v}_m$ が定理 3.2 の性質 (1),(2) の少なくとも一方 (したがって, 両方) をみたすとき, $\boldsymbol{v}_1, \boldsymbol{v}_2, \cdots, \boldsymbol{v}_m$ は **1 次従属**であるという. 1 次従属でないとき, すなわち, 次の系 3.3 の性質をもつとき, $\boldsymbol{v}_1, \boldsymbol{v}_2, \cdots, \boldsymbol{v}_m$ は **1 次独立**であるという.

1 次独立

系 3.3　V のベクトル $\boldsymbol{v}_1, \boldsymbol{v}_2, \cdots, \boldsymbol{v}_m$ について, 次の命題は等価:

(1')　$\boldsymbol{v}_1, \boldsymbol{v}_2, \cdots, \boldsymbol{v}_m$ の中のどの 1 つも残りの 1 次結合で表されない.

(2')　(3.2) をみたすスカラーは, $c_1 = \cdots = c_m = 0$ の場合だけ.

[1] 等価, 同値, 必要十分条件, ⟺ などは皆同じ意味 (p.5 脚注参照).

例題 3.2　$\mathbb{R}^n$ の基本ベクトル $\boldsymbol{e}_1, \boldsymbol{e}_2, \cdots, \boldsymbol{e}_n$ について, 次を示せ.

(1)　$\boldsymbol{e}_1, \boldsymbol{e}_2, \cdots, \boldsymbol{e}_n$ は, 1次独立である.

(2)　任意の $\boldsymbol{a} \in \mathbb{R}^n$ に対して, $\boldsymbol{e}_1, \boldsymbol{e}_2, \cdots, \boldsymbol{e}_n, \boldsymbol{a}$ は1次従属となる.

[解]　(1)　$c_1\boldsymbol{e}_1 + \cdots + c_n\boldsymbol{e}_n = \boldsymbol{0}$ とする. これを成分で表すと $\begin{bmatrix} c_1 \\ \vdots \\ c_n \end{bmatrix} = \begin{bmatrix} 0 \\ \vdots \\ 0 \end{bmatrix}$.

したがって, $c_1 = c_2 = \cdots = c_n = 0$ でなければならなく, 系3.3 (2') の場合であることがわかる.

(2)　$\boldsymbol{a}$ の成分表示を $\boldsymbol{a} = \begin{bmatrix} a_1 \\ \vdots \\ a_n \end{bmatrix}$ とすると, $\boldsymbol{a} = a_1\boldsymbol{e}_1 + \cdots + a_n\boldsymbol{e}_n$ と表される.

したがって, 定理3.2 (1) をみたし1次従属である. ∎

例題 3.3　$\mathbb{P}_n$ において, $1, x, \cdots, x^n$ は1次独立である.

[解]　$c_0 + c_1x + \cdots + c_nx^n = 0$ とする. $x = 0$ を代入すると $c_0 = 0$. この式を微分すると $c_1 + 2c_2x + \cdots + nc_nx^{n-1} = 0$. この式で $x = 0$ とすると $c_1 = 0$. さらに微分し $x = 0$ とすると $c_2 = 0$. これを繰り返して $c_0 = c_1 = \cdots = c_n = 0$ を得る. よって, 1次独立. ∎

例題 3.4　$\mathbb{R}^3$ において, $\boldsymbol{a}_1 = \begin{bmatrix} 1 \\ 1 \\ 1 \end{bmatrix}$, $\boldsymbol{a}_2 = \begin{bmatrix} 1 \\ 2 \\ 3 \end{bmatrix}$, $\boldsymbol{a}_3 = \begin{bmatrix} 1 \\ -2 \\ -5 \end{bmatrix}$ は1次独立か否かを判定し, 1次従属ならばその中の1つを残りのベクトルの1次結合で表せ.

[解]　$x_1\boldsymbol{a}_1 + x_2\boldsymbol{a}_2 + x_3\boldsymbol{a}_3 = \boldsymbol{0}$ をみたす x_1, x_2, x_3 は自明な場合 $(x_1 = x_2 = x_3 = 0)$ だけかどうかを調べる. これは次の同次連立方程式:

$$\begin{bmatrix} 1 & 1 & 1 \\ 1 & 2 & -2 \\ 1 & 3 & -5 \end{bmatrix} \begin{bmatrix} x_1 \\ x_2 \\ x_3 \end{bmatrix} = \begin{bmatrix} 0 \\ 0 \\ 0 \end{bmatrix} \tag{3.3}$$

と同じである. これを解くためにまず, 掃き出し法によって階段形へ導くと

$$\begin{bmatrix} 1 & 1 & 1 \\ 1 & 2 & -2 \\ 1 & 3 & -5 \end{bmatrix} \sim \begin{bmatrix} 1 & 1 & 1 \\ 0 & 1 & -3 \\ 0 & 2 & -6 \end{bmatrix} \sim \begin{bmatrix} 1 & 0 & 4 \\ 0 & 1 & -3 \\ 0 & 0 & 0 \end{bmatrix}$$

これより (3.3) の解は, $x_3 = c$ と任意の値をとることができて, 次のように得られる:

$$x_1 = -4c,\ x_2 = 3c,\ x_3 = c$$

特に $c = 1$ とすれば, $x_1 = -4$, $x_2 = 3$, $x_3 = 1$ は (3.3) の非自明解で,

$$-4\boldsymbol{a}_1 + 3\boldsymbol{a}_2 + \boldsymbol{a}_3 = \boldsymbol{0}$$

をみたす．よって, $\boldsymbol{a}_1, \boldsymbol{a}_2, \boldsymbol{a}_3$ は1次従属であり, $\boldsymbol{a}_3 = 4\boldsymbol{a}_1 - 3\boldsymbol{a}_2$ と表される． ∎

次の定理は, ほとんど明らかなので証明は不要であろう．

生成元の削減

定理 3.4　V のベクトルの集合 S が1次従属で, S のあるベクトル, たとえば $\boldsymbol{u}_0$ が残りの1次結合で表されるとすると, $\mathrm{span}[\,S\,] = \mathrm{span}[\,S \setminus \boldsymbol{u}_0\,]$. ここで, $S \setminus \boldsymbol{u}_0$ は S から $\boldsymbol{u}_0$ を除いた集合を表す．

1次結合の行列形式による表記法　$\boldsymbol{v}_1, \boldsymbol{v}_2, \cdots, \boldsymbol{v}_n$ と $\boldsymbol{u}_1, \boldsymbol{u}_2, \cdots, \boldsymbol{u}_m$ を V のベクトルの2つの組とし, 各 $\boldsymbol{v}_j\ (1 \leqq j \leqq n)$ は $\boldsymbol{u}_1, \cdots, \boldsymbol{u}_m$ の1次結合として

$$\boldsymbol{v}_j = a_{1j}\,\boldsymbol{u}_1 + \cdots + a_{mj}\boldsymbol{u}_m = \sum_{k}^{m} a_{kj}\,\boldsymbol{u}_k \quad (j = 1, 2, \cdots, n) \tag{3.4}$$

と表されるとしよう．このとき, $\boldsymbol{v}_1, \cdots, \boldsymbol{v}_n$ の1次結合は $\boldsymbol{u}_1, \cdots, \boldsymbol{u}_m$ の1次結合として次のように表される：

$$c_1\boldsymbol{v}_1 + \cdots + c_n\boldsymbol{v}_n = \sum_{j=1}^{n} c_j \left(\sum_{k=1}^{m} a_{kj}\boldsymbol{u}_k\right) = \sum_{k=1}^{m} \left(\sum_{j=1}^{n} a_{kj}c_j\right) \boldsymbol{u}_k \tag{3.5}$$

この煩雑な添え字を伴う計算においては, ブロック分割に似た下記のような表記法を採用することで計算が効率的で見通しがよくなることが多い．

(3.4) の $1 \leqq j \leqq n$ をまとめて, 次の行列形式で表すことにする：

$$[\,\boldsymbol{v}_1\,\boldsymbol{v}_2\,\cdots\,\boldsymbol{v}_n\,] = [\,\boldsymbol{u}_1\,\cdots\,\boldsymbol{u}_m\,] \begin{bmatrix} a_{11} & \cdots & a_{1n} \\ \vdots & & \vdots \\ a_{m1} & \cdots & a_{mn} \end{bmatrix}$$

特に, $\boldsymbol{v}_1, \cdots, \boldsymbol{v}_n$ の1次結合は, 次のように表される：

$$c_1\boldsymbol{v}_1 + \cdots + c_n\boldsymbol{v}_n = [\,\boldsymbol{v}_1\,\cdots\,\boldsymbol{v}_n\,] \begin{bmatrix} c_1 \\ \vdots \\ c_n \end{bmatrix}$$

(3.5) をこの表記法で表すと, $\boldsymbol{c} = \begin{bmatrix} c_1 \\ \vdots \\ c_n \end{bmatrix}$, $A = \begin{bmatrix} a_{11} & \cdots & a_{1n} \\ \vdots & & \vdots \\ a_{m1} & \cdots & a_{mn} \end{bmatrix}$ として

$$[\,\boldsymbol{v}_1\,\boldsymbol{v}_2\,\cdots\,\boldsymbol{v}_n\,]\,\boldsymbol{c} = \big([\,\boldsymbol{u}_1\,\cdots\,\boldsymbol{u}_m\,]\,A\big)\,\boldsymbol{c} = [\,\boldsymbol{u}_1\,\cdots\,\boldsymbol{u}_m\,]\,(A\,\boldsymbol{c}) \tag{3.5a}$$

のように簡素化される. この表記法に関する性質を以下に挙げる.

1次結合の行列形式表記法における性質

性質 3.1 (結合則)　A は $m \times n$ 行列, B は $n \times l$ 行列とするとき,

$$\big([\,\boldsymbol{u}_1\,\boldsymbol{u}_2\,\cdots\,\boldsymbol{u}_m\,]\,A\big)B = [\,\boldsymbol{u}_1\,\boldsymbol{u}_2\,\cdots\,\boldsymbol{u}_m\,]\,(AB)$$

$[\,\boldsymbol{v}_1\,\boldsymbol{v}_2\,\cdots\,\boldsymbol{v}_n\,] = [\,\boldsymbol{u}_1\,\cdots\,\boldsymbol{u}_m\,]A$ のとき, 以下の性質 3.2 - 3.4 が成り立つ:

性質 3.2　$\mathrm{span}[\boldsymbol{v}_1, \boldsymbol{v}_2, \cdots, \boldsymbol{v}_n] \subset \mathrm{span}[\boldsymbol{u}_1, \boldsymbol{u}_2, \cdots, \boldsymbol{u}_m]$

性質 3.3　$n = m$ で A が正則行列のとき,

$$[\,\boldsymbol{u}_1\,\boldsymbol{u}_2\,\cdots\,\boldsymbol{u}_n\,] = [\,\boldsymbol{v}_1\,\boldsymbol{v}_2\,\cdots\,\boldsymbol{v}_n\,]\,A^{-1}$$

性質 3.4　$\boldsymbol{u}_1, \boldsymbol{u}_2, \cdots, \boldsymbol{u}_m$ が1次独立のときには, 次が等価:

$\boldsymbol{v}_1, \boldsymbol{v}_2, \cdots, \boldsymbol{v}_n$ が1次独立　$\Longleftrightarrow$　A の列ベクトルが1次独立

証明　性質 3.1 は各列について (3.5) のような計算をすればわかる. 性質 3.2 は (3.5) から, また 性質 3.3 は 性質 3.1 から容易にわかるので, 性質 3.4 を示そう. (3.5a) より

$$c_1\boldsymbol{v}_1 + \cdots + c_n\boldsymbol{v}_n = \boldsymbol{0} \iff [\,\boldsymbol{u}_1\,\boldsymbol{u}_2\,\cdots\,\boldsymbol{u}_m\,]\,(A\,\boldsymbol{c}) = \boldsymbol{0}$$

さらに, $\boldsymbol{u}_1, \boldsymbol{u}_2, \cdots, \boldsymbol{u}_m$ が1次独立のときは, $A = [\,\boldsymbol{a}_1\,\cdots\,\boldsymbol{a}_n\,]$ とすると

$$[\,\boldsymbol{u}_1\,\boldsymbol{u}_2\,\cdots\,\boldsymbol{u}_m\,]\,(A\,\boldsymbol{c}) = \boldsymbol{0} \iff A\,\boldsymbol{c} = \boldsymbol{0} \iff c_1\boldsymbol{a}_1 + \cdots + c_n\boldsymbol{a}_n = \boldsymbol{0}$$

よりわかる. ∎

例題 3.5　V のベクトル $\boldsymbol{u}_1, \boldsymbol{u}_2$ と $\boldsymbol{v}_1 = 2\boldsymbol{u}_1 - \boldsymbol{u}_2, \boldsymbol{v}_2 = -\boldsymbol{u}_1 + \boldsymbol{u}_2$ について, 次の問に答えよ.

(1)　$\boldsymbol{v} = c_1\boldsymbol{v}_1 + c_2\boldsymbol{v}_2$ を $\boldsymbol{u}_1, \boldsymbol{u}_2$ の1次結合で表せ.

(2)　$\boldsymbol{u}_1, \boldsymbol{u}_2$ をそれぞれ $\boldsymbol{v}_1, \boldsymbol{v}_2$ の1次結合で表せ.

(3)　$\boldsymbol{u}_1, \boldsymbol{u}_2$ が1次独立であるとき, $\boldsymbol{v}_1, \boldsymbol{v}_2$ は1次独立か1次従属かを判定せよ.

[解]　(1) $[\,\boldsymbol{v}_1\,\boldsymbol{v}_2\,] = [\,\boldsymbol{u}_1\,\boldsymbol{u}_2\,]\begin{bmatrix} 2 & -1 \\ -1 & 1 \end{bmatrix}$ と表記できる. (3.5a) により

$$\boldsymbol{v} = [\,\boldsymbol{v}_1\,\boldsymbol{v}_2\,]\begin{bmatrix} c_1 \\ c_2 \end{bmatrix} = [\,\boldsymbol{u}_1\,\boldsymbol{u}_2\,]\begin{bmatrix} 2 & -1 \\ -1 & 1 \end{bmatrix}\begin{bmatrix} c_1 \\ c_2 \end{bmatrix} = [\,\boldsymbol{u}_1\,\boldsymbol{u}_2\,]\begin{bmatrix} 2c_1 - c_2 \\ -c_1 + c_2 \end{bmatrix}$$

$$= (2c_1 - c_2)\boldsymbol{u}_1 + (-c_1 + c_2)\boldsymbol{u}_2$$

(2) 性質 3.3 を適用すると, $\begin{bmatrix} 2 & -1 \\ -1 & 1 \end{bmatrix}^{-1} = \begin{bmatrix} 1 & 1 \\ 1 & 2 \end{bmatrix}$ より

$$[\,\boldsymbol{u}_1\,\boldsymbol{u}_2\,] = [\,\boldsymbol{v}_1\,\boldsymbol{v}_2\,]\begin{bmatrix} 1 & 1 \\ 1 & 2 \end{bmatrix} = [\,(\boldsymbol{v}_1 + \boldsymbol{v}_2)\ \ (\boldsymbol{v}_1 + 2\boldsymbol{v}_2)\,]$$

よって, $\boldsymbol{u}_1 = \boldsymbol{v}_1 + \boldsymbol{v}_2$, $\boldsymbol{u}_2 = \boldsymbol{v}_1 + 2\boldsymbol{v}_2$ と表される.

(3) 性質 3.4 を適用すると, $A = \begin{bmatrix} 2 & -1 \\ -1 & 1 \end{bmatrix}$ の列ベクトルが 1 次独立か否か, と等価である. 例題 3.4 と同様に, 同次連立方程式: $\begin{bmatrix} 2 & -1 \\ -1 & 1 \end{bmatrix}\begin{bmatrix} x_1 \\ x_2 \end{bmatrix} = \begin{bmatrix} 0 \\ 0 \end{bmatrix}$ を考える. 掃き出し法によって簡約階段形へ導くと

$$\begin{bmatrix} 2 & -1 \\ -1 & 1 \end{bmatrix} \sim \begin{bmatrix} 1 & 0 \\ -1 & 1 \end{bmatrix} \sim \begin{bmatrix} 1 & 0 \\ 0 & 1 \end{bmatrix}$$

より, 解は $x_1 = x_2 = 0$. よって, $\boldsymbol{v}_1, \boldsymbol{v}_2$ は 1 次独立. ∎

問 3.4　次のベクトルは 1 次独立か否かを判定し, 1 次従属ならばその中の 1 つをほかのベクトルの 1 次結合で表せ.

(1) $\begin{bmatrix} 1 \\ 1 \\ 1 \end{bmatrix}, \begin{bmatrix} -1 \\ -1 \\ 1 \end{bmatrix}, \begin{bmatrix} 2 \\ 2 \\ 1 \end{bmatrix}$　　(2) $\begin{bmatrix} 1 \\ 2 \\ -3 \end{bmatrix}, \begin{bmatrix} 1 \\ -2 \\ 3 \end{bmatrix}, \begin{bmatrix} -1 \\ 2 \\ 3 \end{bmatrix}$

(3) $[1\ \ 2],\ \ [0\ \ 0]$　　(4) $[1\ \ 1\ \ 1],\ \ [-1\ \ -1\ \ 1],\ \ [0\ \ 0\ \ 1]$

問 3.5　$\mathbb{R}^3$ において, $\boldsymbol{u}_1 = \begin{bmatrix} 1 \\ 1 \\ 1 \end{bmatrix}$, $\boldsymbol{u}_2 = \begin{bmatrix} 1 \\ 1 \\ 2 \end{bmatrix}$, $\boldsymbol{u}_3 = \begin{bmatrix} 1 \\ 2 \\ 3 \end{bmatrix}$ とし, さらに

$\boldsymbol{v}_1 = \boldsymbol{u}_1 + \boldsymbol{u}_2$, $\boldsymbol{v}_2 = \boldsymbol{u}_1 + 2\boldsymbol{u}_2 + \boldsymbol{u}_3$, $\boldsymbol{v}_3 = \boldsymbol{u}_1 - \boldsymbol{u}_3$ とする.

(1) $\boldsymbol{u}_1$, $\boldsymbol{u}_2$, $\boldsymbol{u}_3$ は 1 次独立であることを示せ.

(2) $\boldsymbol{v} = 3\boldsymbol{v}_1 - 2\boldsymbol{v}_2$ を $\boldsymbol{u}_1$, $\boldsymbol{u}_2$, $\boldsymbol{u}_3$ の 1 次結合で表し, $\boldsymbol{v}$ を求めよ.

(3) $\boldsymbol{v}_1$, $\boldsymbol{v}_2$, $\boldsymbol{v}_3$ は 1 次独立か 1 次従属か判定せよ.

問 3.6　$f_1 = x + 1$, $f_2 = x^2 + x - 1$, $f_3 = x^2 + x + 1$ とするとき,

(1) f_1, f_2, f_3 は 1 次独立であることを示せ.

(2) 1, x, x^2 をそれぞれ f_1, f_2, f_3 の 1 次結合で表せ.

(2)　基底と次元

基底　平面や空間には座標が導入されているので厳密な計算ができる．一般のベクトル空間にも座標系を導入しようとする場合に, 各座標軸の基本単位となるものが基底である．

基底

V のベクトルの組 $\{\boldsymbol{v}_1, \boldsymbol{v}_2, \cdots, \boldsymbol{v}_n\}$ が同時に次の2つの性質をみたすとき, この組を V の**基底**という：

(a)　V を生成する．　　(b)　1次独立である．

例 3.10　次はそれぞれのベクトル空間における代表的な基底であり, 最もよく使われる．

(1)　$\mathbb{R}^n$ において, 基本ベクトルの組 $\{\boldsymbol{e}_1, \boldsymbol{e}_2, \cdots, \boldsymbol{e}_n\}$ は基底をなす．基底となることは, 例3.7と例題3.2からわかる．これを $\mathbb{R}^n$ の**標準基底**という．

(2)　$\{1, x, \cdots, x^n\}$ は $\mathbb{P}_n$ の基底をなす．生成することは例3.8から, また1次独立であることは例題3.3からわかる．　∎

基底の基本性質

定理 3.5　$\{\boldsymbol{v}_1, \boldsymbol{v}_2, \cdots, \boldsymbol{v}_n\}$ が基底ならば, 任意のベクトルはその1次結合として一意的に表される．

証明　1次結合として表されることは基底の条件 (a) からわかるので, 一意性を示そう．いま, $\boldsymbol{v}$ が2通りに表されたとして

$$\boldsymbol{v} = b_1\boldsymbol{v}_1 + \cdots + b_n\boldsymbol{v}_n = c_1\boldsymbol{v}_1 + \cdots + c_n\boldsymbol{v}_n$$

とすると

$$(b_1 - c_1)\boldsymbol{v}_1 + (b_2 - c_2)\boldsymbol{v}_2 + \cdots + (b_n - c_n)\boldsymbol{v}_n = \boldsymbol{0}$$

$\boldsymbol{v}_1, \cdots, \boldsymbol{v}_n$ が1次独立 (基底の条件 (b)) なので, 上式が成り立つのは各 $\boldsymbol{v}_i$ $(1 \leqq i \leqq n)$ の係数がすべて0の場合に限る．したがって, $b_1 = c_1, \cdots, b_n = c_n$ となり一意性が示される．　∎

座標　$\{\boldsymbol{v}_1, \boldsymbol{v}_2, \cdots, \boldsymbol{v}_n\}$ を V の1組の基底とする．任意のベクトル $\boldsymbol{u} \in V$ に対し, 基底の基本性質により

$$\boldsymbol{u} = x_1\boldsymbol{v}_1 + \cdots + x_n\boldsymbol{v}_n$$

と一意的に表される．このとき，(基底 $\{\boldsymbol{v}_1, \boldsymbol{v}_2, \cdots, \boldsymbol{v}_n\}$ を V の座標軸とみなし) x_i をこの基底に関する i 座標という．V と $\mathbb{R}^n$ との対応：

$$V \ni \boldsymbol{u} = x_1\boldsymbol{v}_1 + \cdots + x_n\boldsymbol{v}_n \ \longleftrightarrow\ \begin{bmatrix} x_1 \\ \vdots \\ x_n \end{bmatrix} \in \mathbb{R}^n \tag{3.6}$$

によって V と $\mathbb{R}^n$ のベクトル間に1対1の対応がつき，さらにお互いのベクトル空間の演算も保たれる．したがって，

系 3.6　V に n 個のベクトルからなる基底があれば，V は $\mathbb{R}^n$ と同型：$V \cong \mathbb{R}^n$ である．

例 3.11　多項式のベクトル空間 $\mathbb{P}_n$ において，基底として $\{1, x, x^2, \cdots, x^n\}$ をとるとき，対応：

$$\mathbb{P}_n \ni p(x) = a_0 + a_1x + \cdots + a_nx^n \ \longleftrightarrow\ \begin{bmatrix} a_0 \\ \vdots \\ a_n \end{bmatrix} \in \mathbb{R}^{n+1}$$

によって $\mathbb{P}_n \cong \mathbb{R}^{n+1}$ となる．∎

次元　　ベクトル空間において基底の選び方は1通りではなく (無限に) 沢山あるが，どんな基底を選んでもその個数は一定となる．次の定理はこの事実のよりどころとなっている性質であり，さらに引き続いて述べる定理の証明の中にも頻繁に使われる．この定理の証明に前述の表記法を適用する．

{ 生成系 }≧{1 次独立 }

定理 3.7　V のベクトルの2つの組はそれぞれ次の性質をみたすものとする：

(a)　m 個のベクトルの組 $\boldsymbol{u}_1, \boldsymbol{u}_2, \cdots, \boldsymbol{u}_m$ は V を生成する．

(b)　n 個のベクトルの組 $\boldsymbol{v}_1, \boldsymbol{v}_2, \cdots, \boldsymbol{v}_n$ は1次独立である．

このとき，その個数は常に　$m \geqq n$ である．

証明　$m < n$ とすると矛盾が起こることをみる．仮定 (a) より各 $\boldsymbol{v}_i$ $(1 \leqq i \leqq n)$ は $\boldsymbol{u}_1, \boldsymbol{u}_2, \cdots, \boldsymbol{u}_m$ の1次結合で表されるので，ある $m \times n$ 行列 A を用いて

$$[\,\boldsymbol{v}_1\ \boldsymbol{v}_2\ \cdots\ \boldsymbol{v}_n\,] = [\,\boldsymbol{u}_1\ \boldsymbol{u}_2\ \cdots\ \boldsymbol{u}_m\,]\,A$$

と表記できる. $\boldsymbol{v}_1, \boldsymbol{v}_2, \cdots, \boldsymbol{v}_n$ の1次結合は (3.5a) により,

$$[\,\boldsymbol{v}_1\ \boldsymbol{v}_2\ \cdots\ \boldsymbol{v}_n\,]\boldsymbol{c} = [\,\boldsymbol{u}_1\ \boldsymbol{u}_2\ \cdots\ \boldsymbol{u}_m\,](A\boldsymbol{c}) \tag{3.7}$$

と表記される. いま, 同次連立方程式: $A\boldsymbol{x} = \boldsymbol{0}$ を考えると, A は $m \times n$ 行列であり $m < n$ のときには必ず非自明解がある (系 1.4). その解の1つを $\boldsymbol{c}$ としこれを (3.7) に代入すれば,

$$[\,\boldsymbol{v}_1\ \boldsymbol{v}_2\ \cdots\ \boldsymbol{v}_n\,]\boldsymbol{c} = [\,\boldsymbol{u}_1\ \boldsymbol{u}_2\ \cdots\ \boldsymbol{u}_m\,](A\boldsymbol{c}) = [\,\boldsymbol{u}_1\ \boldsymbol{u}_2\ \cdots\ \boldsymbol{u}_m\,]\boldsymbol{0} = \boldsymbol{0}$$

となるので, $\boldsymbol{v}_1, \boldsymbol{v}_2, \cdots, \boldsymbol{v}_n$ は1次従属となり仮定 (b) に矛盾する. よって, $\boldsymbol{v}_1, \boldsymbol{v}_2, \cdots, \boldsymbol{v}_n$ が1次独立となるのは $m \geqq n$ の場合に限る. ∎

次元

定理 3.8　ベクトル空間 V のどんな基底についても, 基底を構成しているベクトルの個数は一定である.

この数を V の**次元**といい, $\dim V$ で表す.

証明　$\{\boldsymbol{u}_1, \boldsymbol{u}_2, \cdots, \boldsymbol{u}_m\}$ と $\{\boldsymbol{v}_1, \boldsymbol{v}_2, \cdots, \boldsymbol{v}_n\}$ がどちらも V の基底であるとしよう. いま, $\{\boldsymbol{u}_1, \boldsymbol{u}_2, \cdots, \boldsymbol{u}_m\}$ は V を生成しかつ $\{\boldsymbol{v}_1, \boldsymbol{v}_2, \cdots, \boldsymbol{v}_n\}$ は1次独立, との見方をとれば, 定理 3.7 より $m \geqq m$. 一方, 逆の見方をとりそれぞれの役割を交換すれば, $m \leqq n$. したがって, $m = n$. ∎

特に, $\boldsymbol{0}$ だけからなる自明なベクトル空間は, 1次独立なベクトルは0個なので0次元, また 任意に大きい個数の1次独立なベクトルがとれるようなベクトル空間は**無限次元**とする.

例 3.12　代表的なベクトル空間の次元については, 例 3.10 から次がわかる:

(1)　$\dim \mathbb{R}^n = n$

(2)　$\dim \mathbb{P}_n = n + 1$

(3)　$\mathbb{P}$ においては, 任意の正整数 n に対して n 個の1次独立なベクトル $\{x^k \mid 0 \leqq k \leqq n-1\}$ がとれる. したがって, $\dim \mathbb{P} = \infty$. ∎

基底の条件　　基底となるための必要十分条件について調べよう．

基底の条件 (1)

定理 3.9　V の m 個のベクトル $S=\{\boldsymbol{u}_1,\cdots,\boldsymbol{u}_m\}$ について，次は同値：

(1)　S は V の基底．

(2)　S は V において1次独立な最大集合である．ここで，最大とは S より大きい個数のベクトルの集合は1次従属となることをいう．

(3)　S は最小な V の生成系である．ここで，最小とは S より小さい個数のベクトルの集合では V を生成できないことをいう．

証明　(1) ⇒ (2)　S が V の基底ならば，S は V を生成し，この個数 m より大きい個数の1次独立な集合はない (定理 3.7) ので最大である．

(1) ⇐ (2)　S が V を生成することを示せばよい．$\boldsymbol{v}$ を V の任意のベクトルとすると，$\boldsymbol{u}_1,\boldsymbol{u}_2,\cdots,\boldsymbol{u}_m,\boldsymbol{v}$ は仮定により1次従属となるから

$$c_1\boldsymbol{u}_1+\cdots+c_m\boldsymbol{u}_m+c\boldsymbol{v}=\boldsymbol{0} \tag{3.8}$$

をみたすようなすべてが0ではないスカラーがとれる．このとき 特に，$c\neq 0$ でなければならない．なぜなら，もし $c=0$ とすると S が1次独立であるという仮定に矛盾することになる．したがって (3.8) より，$\boldsymbol{v}$ は次のように $\boldsymbol{u}_1,\boldsymbol{u}_2,\cdots,\boldsymbol{u}_m$ の1次結合で表される：

$$\boldsymbol{v}=-\frac{c_1}{c}\boldsymbol{u}_1-\frac{c_2}{c}\boldsymbol{u}_2-\cdots-\frac{c_m}{c}\boldsymbol{u}_m$$

$\boldsymbol{v}$ は V の任意のベクトルなので，S は V を生成する．

(1) ⇒ (3)　S が基底ならば，任意の生成系の個数は (1次独立な)S の個数以上である (定理 3.7)．よって，S_0 より小さい生成系は存在しない．

(1) ⇐ (3)　S が1次独立であることを示せばよい．もし S が1次従属とすれば，S のある $\boldsymbol{u}_j$ がそれ以外のものの1次結合で表される (定理 3.2 (1))．このとき，$V=\mathrm{span}[\,S\,]=\mathrm{span}[\,S\setminus\boldsymbol{u}_j\,]$ となり (定理 3.4)，S が最小であることに矛盾する．■

空間の次元が前もってわかっている場合には次がいえる．

基底の条件 (2)

系 3.10　$\dim V=n$ のとき，V の n 個のベクトル $\boldsymbol{v}_1,\cdots,\boldsymbol{v}_n$ について，

(1)　$\boldsymbol{v}_1,\boldsymbol{v}_2,\cdots,\boldsymbol{v}_n$ が1次独立ならば，V の基底となる．

(2)　$\boldsymbol{v}_1,\boldsymbol{v}_2,\cdots,\boldsymbol{v}_n$ が V を生成するならば，V の基底となる．

証明　$\dim V = n$ であるから, n 個のベクトルから構成される V の基底がとれることは保証されている. それを S_0 とする.

(1) 基底 S_0 は V を生成するのでその個数 n より大きい個数の1次独立な集合はない (定理3.7). したがって, $\{\boldsymbol{v}_1, \boldsymbol{v}_2, \cdots, \boldsymbol{v}_n\}$ は V の1次独立な最大集合であり, 定理3.9 (2) により基底となる.

(2) 基底 S_0 は1次独立なので, V の生成系の個数は S_0 の個数 n 以上であり (定理3.7), n より小さい個数の集合では V を生成しない. したがって, $\{\boldsymbol{v}_1, \boldsymbol{v}_2, \cdots, \boldsymbol{v}_n\}$ は V の最小の生成系であり, 定理3.9 (3) により基底となる. ∎

例題 3.6　$\mathbb{R}^3$ において, $\boldsymbol{a}_1 = \begin{bmatrix} 1 \\ 1 \\ 1 \end{bmatrix}, \boldsymbol{a}_2 = \begin{bmatrix} 0 \\ 1 \\ 1 \end{bmatrix}, \boldsymbol{a}_3 = \begin{bmatrix} 1 \\ 1 \\ 2 \end{bmatrix}$ は基底となるか否かを判定せよ.

[解]　$\dim \mathbb{R}^3 = 3$ であることが既知なので, 系3.10 (1) により $\boldsymbol{a}_1, \boldsymbol{a}_2, \boldsymbol{a}_3$ が1次独立か否かを調べるだけでよい. 例題3.4と同様に $x_1\boldsymbol{a}_1 + x_2\boldsymbol{a}_2 + x_3\boldsymbol{a}_3 = \boldsymbol{0}$ をみたす x_1, x_2, x_3 を求めると, $x_1 = x_2 = x_3 = 0$ を得るので1次独立であることがわかる. よって, 基底となる. ∎

問 3.7　次のベクトルからいくつかを選んで構成される $\mathbb{R}^3$ の基底をすべて求めよ.

$$\boldsymbol{a}_1 = \begin{bmatrix} 1 \\ 1 \\ 1 \end{bmatrix},\ \boldsymbol{a}_2 = \begin{bmatrix} 0 \\ 1 \\ 2 \end{bmatrix},\ \boldsymbol{a}_3 = \begin{bmatrix} 1 \\ 0 \\ 1 \end{bmatrix},\ \boldsymbol{a}_4 = \begin{bmatrix} 2 \\ 1 \\ 0 \end{bmatrix}$$

問 3.8　2次以下の多項式のベクトル空間 $\mathbb{P}_2$ において

$$f_1 = x+1,\ f_2 = x+2,\ f_3 = x^2,\ f_4 = x^2+x+1,\ f_5 = x^2-1$$

とするとき, 次の組は $\mathbb{P}_2$ の基底をなすか, 否かを判定せよ.

(i)　$\{f_1, f_2\}$　(ii)　$\{f_1, f_2, f_3\}$　(iii)　$\{f_1, f_3, f_4\}$

(iv)　$\{f_2, f_3, f_4\}$　(v)　$\{f_2, f_3, f_5\}$　(vi)　$\{f_2, f_4, f_5\}$

(vii)　$\{f_3, f_4, f_5\}$　(viii)　$\{f_2, f_3, f_4, f_5\}$

3.　核空間と像空間および階数と正則性再考

(1)　行列の階数と像空間, 核空間

行列による線形変換およびその核空間, 像空間　$m \times n$ 行列 A は, $\boldsymbol{x} \in \mathbb{R}^n$ に対し $A\boldsymbol{x} \in \mathbb{R}^m$ を対応させる写像としての働きをもつ:

$$A : \boldsymbol{x} \in \mathbb{R}^n \longmapsto A\boldsymbol{x} \in \mathbb{R}^m$$

この写像を A による (あるいは, A が表す) **線形変換**という. この線形変換において,

$$\mathrm{Ran}\, A = \{A\boldsymbol{x} \in \mathbb{R}^m \mid \boldsymbol{x} \in \mathbb{R}^n\},$$
$$\mathrm{Ker}\, A = \{\boldsymbol{x} \in \mathbb{R}^n \mid A\boldsymbol{x} = \boldsymbol{0}\}$$

をそれぞれ, A の**像空間** (あるいは, **値域**), A の**核空間**という.

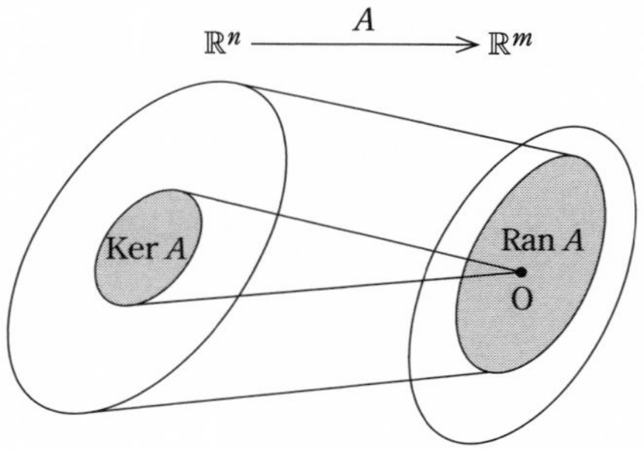

図 **3.4**　核空間と像空間

核空間と像空間

定理 3.11　$m \times n$ 行列 A について,

(1)　$\mathrm{Ker}\, A$ は $\mathbb{R}^n$ の部分空間となる.

(2)　$\mathrm{Ran}\, A$ は A の列ベクトルで生成される $\mathbb{R}^m$ の部分空間である:

$$\mathrm{Ran}\, A = \mathrm{span}[\,\boldsymbol{a}_1, \boldsymbol{a}_2, \cdots, \boldsymbol{a}_n\,]$$

ここで, $\boldsymbol{a}_j$ $(1 \leqq j \leqq n)$ は A の第 j 列の列ベクトルを表す.

証明　(1)　問 3.3 (1) と同じことである.

(2) $$\operatorname{Ran} A = \{A\boldsymbol{x} \mid \boldsymbol{x} \in \mathbb{R}^n\} = \left\{ [\boldsymbol{a}_1 \ \cdots \ \boldsymbol{a}_n] \begin{bmatrix} x_1 \\ \vdots \\ x_n \end{bmatrix} \middle| \ x_1, \cdots, x_n \in \mathbb{R} \right\}$$
$$= \{ x_1\boldsymbol{a}_1 + \cdots + x_n\boldsymbol{a}_n \mid x_1, \cdots, x_n \in \mathbb{R} \}$$
$$= \operatorname{span}[\boldsymbol{a}_1, \boldsymbol{a}_2, \cdots, \boldsymbol{a}_n]$$ ∎

核空間, 像空間の基底と次元　前節までの議論の応用と内容の見直しも兼ねて, 行列による線形変換の核空間と像空間について, その基底と次元を実際に求めてみよう.

例題 3.7　$A = \begin{bmatrix} 1 & 1 & 1 & 1 \\ 1 & 2 & -2 & 3 \\ 1 & 3 & -5 & 5 \end{bmatrix}$ の核空間の基底と次元を求めよ.

[解]　$\operatorname{Ker} A = \{\boldsymbol{x} \in \mathbb{R}^4 \mid A\boldsymbol{x} = \boldsymbol{0}\}$ だから, 連立方程式: $A\boldsymbol{x} = \boldsymbol{0}$ の解を求める. 掃き出し法によって A を簡約階段形に導くと

$$A = \begin{bmatrix} 1 & 1 & 1 & 1 \\ 1 & 2 & -2 & 3 \\ 1 & 3 & -5 & 5 \end{bmatrix} \sim \begin{bmatrix} 1 & 1 & 1 & 1 \\ 0 & 1 & -3 & 2 \\ 0 & 2 & -6 & 4 \end{bmatrix} \sim \begin{bmatrix} 1 & 0 & 4 & -1 \\ 0 & 1 & -3 & 2 \\ 0 & 0 & 0 & 0 \end{bmatrix} \tag{3.9}$$

解を $\boldsymbol{x} = \begin{bmatrix} x_1 \\ x_2 \\ x_3 \\ x_4 \end{bmatrix}$ とすると, x_3, x_4 の値を任意にとれて, それを $x_3 = c_1$, $x_4 = c_2$ とすると解は $x_1 = -4c_1 + c_2$, $x_2 = 3c_1 - 2c_2$, $x_3 = c_1$, $x_4 = c_2$ となる. したがって

$$\operatorname{Ker} A = \left\{ \begin{bmatrix} -4c_1 + c_2 \\ 3c_1 - 2c_2 \\ c_1 \\ c_2 \end{bmatrix} \middle| \ c_1, c_2 \in \mathbb{R} \right\} = \left\{ c_1 \begin{bmatrix} -4 \\ 3 \\ 1 \\ 0 \end{bmatrix} + c_2 \begin{bmatrix} 1 \\ -2 \\ 0 \\ 1 \end{bmatrix} \middle| \ c_1, c_2 \in \mathbb{R} \right\}$$

これから $\operatorname{Ker} A$ は, $\boldsymbol{v}_1 = \begin{bmatrix} -4 \\ 3 \\ 1 \\ 0 \end{bmatrix}$, $\boldsymbol{v}_2 = \begin{bmatrix} 1 \\ -2 \\ 0 \\ 1 \end{bmatrix}$ によって生成されることがわかる.

この $\boldsymbol{v}_1, \boldsymbol{v}_2$ が 1 次独立であることは任意定数とした成分 (第 3 成分と第 4 成分) をみればわかる. よって, $\{\boldsymbol{v}_1, \boldsymbol{v}_2\}$ は $\operatorname{Ker} A$ の基底となり, $\dim(\operatorname{Ker} A) = 2$. ∎

像空間について考察するための準備として, 行列 A と A から行基本変形よって導かれた行列 (特に A の階段形 A') に関して, 両者の列ベクトル間の次の関係をしっかり把握しておく必要がある.

行列とその階段形との1次関係

補題 3.12　行列 A から行基本変形よって導かれた行列を A' とするとき, A の列ベクトルと A' の対応する列ベクトルの間には 同じ1次従属 (独立) 関係が成り立つ. すなわち, $A = [\,\boldsymbol{a}_1 \cdots \boldsymbol{a}_n\,]$, $A' = [\,\boldsymbol{a}'_1 \cdots \boldsymbol{a}'_n\,]$ とすると, 任意の $1 \leqq j_1 < \cdots < j_l \leqq n$ について

$$\boldsymbol{a}_{j_1}, \cdots, \boldsymbol{a}_{j_l} \text{ が1次独立 (従属)} \iff \boldsymbol{a}'_{j_1}, \cdots, \boldsymbol{a}'_{j_l} \text{ が1次独立 (従属)}$$

特に, A とその階段形に対してこの1次関係が保存される.

証明　連立方程式 $A\boldsymbol{x} = \boldsymbol{0}$ と $A'\boldsymbol{x} = \boldsymbol{0}$ とは等価なので,

$$x_1\boldsymbol{a}_1 + \cdots + x_n\boldsymbol{a}_n = \boldsymbol{0} \iff x_1\boldsymbol{a}'_1 + \cdots + x_n\boldsymbol{a}'_n = \boldsymbol{0} \tag{3.10}$$

であり, 左右の関係式が同じ $x_1, \cdots, x_n$ について同時に起こることからわかる. ∎

例題 3.8　例題 3.7 の行列 A について, $\operatorname{Ran} A$ の基底と次元を求めよ.

[解]　A の列ベクトル表示を $A = [\,\boldsymbol{a}_1\, \boldsymbol{a}_2\, \boldsymbol{a}_3\, \boldsymbol{a}_4\,]$ とするとき, 定理 3.11 (2) により

$$\operatorname{Ran} A = \operatorname{span}[\,\boldsymbol{a}_1,\, \boldsymbol{a}_2,\, \boldsymbol{a}_3,\, \boldsymbol{a}_4\,]$$

ここで, $\boldsymbol{a}_1 = \begin{bmatrix} 1 \\ 1 \\ 1 \end{bmatrix}$, $\boldsymbol{a}_2 = \begin{bmatrix} 1 \\ 2 \\ 3 \end{bmatrix}$, $\boldsymbol{a}_3 = \begin{bmatrix} 1 \\ -2 \\ -5 \end{bmatrix}$, $\boldsymbol{a}_4 = \begin{bmatrix} 1 \\ 3 \\ 5 \end{bmatrix}$.

また, A の階段形 $A' = [\,\boldsymbol{a}'_1\, \boldsymbol{a}'_2\, \boldsymbol{a}'_3\, \boldsymbol{a}'_4\,]$ の列ベクトルは, 例題 3.7 (3.9) から

$$\boldsymbol{a}'_1 = \begin{bmatrix} 1 \\ 0 \\ 0 \end{bmatrix},\ \boldsymbol{a}'_2 = \begin{bmatrix} 0 \\ 1 \\ 0 \end{bmatrix},\ \boldsymbol{a}'_3 = \begin{bmatrix} 4 \\ -3 \\ 0 \end{bmatrix},\ \boldsymbol{a}'_4 = \begin{bmatrix} -1 \\ 2 \\ 0 \end{bmatrix} \tag{3.11}$$

(3.11) のベクトルについて, 主成分を含む列ベクトル $\boldsymbol{a}'_1$, $\boldsymbol{a}'_2$ は1次独立であり, そのほかの2つは $\boldsymbol{a}'_1$, $\boldsymbol{a}'_2$ の1次結合で表される. 補題 3.12 により, $\boldsymbol{a}'_1, \boldsymbol{a}'_2, \boldsymbol{a}'_3, \boldsymbol{a}'_4$ の間の1次独立 (従属) 関係は A の対応する列ベクトルについてもそのまま成り立つから, A の列ベクトルのうち, $\boldsymbol{a}_1, \boldsymbol{a}_2$ は1次独立であり, そのほかの2つは $\boldsymbol{a}_1, \boldsymbol{a}_2$ の1次結合で表される. したがって, 定理 3.4 により

$$\operatorname{Ran} A = \operatorname{span}[\,\boldsymbol{a}_1,\, \boldsymbol{a}_2,\, \boldsymbol{a}_3,\, \boldsymbol{a}_4\,] = \operatorname{span}[\,\boldsymbol{a}_1,\, \boldsymbol{a}_2\,]$$

よって, $\{\,\boldsymbol{a}_1, \boldsymbol{a}_2\,\}$ は $\operatorname{Ran} A$ の基底となる. また, 基底の個数が2個であることから, $\dim(\operatorname{Ran} A) = 2$. ∎

行列の階数　簡約階段形の項 (第 1 章 2 (2)) において, 行列 A の階数とは

"その階段形 A' の主成分の個数 (= 主成分をもつ列ベクトルの個数)"

と定義したが, この定義は A 自身の言葉で表現されていないために A のどのような性質を反映しているのか不明瞭であるという難点がある. ここにきて, 階数の意味するものが以下のように明らかになる.

例題 3.8 からもわかるように, A' の主成分をもつ列に対応する A の列ベクトルは A の像空間の基底をなす. したがって, A' の主成分の個数は A の像空間の次元と一致する. これより次を得る.

行列の階数

定理 3.13　行列 A の列ベクトルを $\boldsymbol{a}_1, \boldsymbol{a}_2, \cdots, \boldsymbol{a}_n$ とするとき, A の階数は次のように与えられる：

$$\begin{aligned}\operatorname{rank} A &= \dim(\operatorname{Ran} A) = \dim(\operatorname{span}[\boldsymbol{a}_1, \boldsymbol{a}_2, \cdots, \boldsymbol{a}_n]) \\ &= \langle A \text{ の列ベクトルの 1 次独立な最大個数} \rangle\end{aligned}$$

注意 3.1　第 1 章 2 節では, 連立方程式の解についての条件を示すための必要性から一時的に行列の階数の定義を借用したもので, その時点ではその意味が不可解のまま使用せざるを得なかった. 本来は現時点で定理 3.13 のように定義すべきものであり, これを階数の定義と考えてよい.

問 3.9　次の各行列

$$(1)\quad \begin{bmatrix} 0 & 1 & 1 \\ 1 & 1 & 2 \\ 2 & 1 & 3 \end{bmatrix} \qquad\qquad (2)\quad \begin{bmatrix} 0 & 1 & 1 & 2 & 2 \\ 1 & 1 & 2 & 1 & 2 \\ 2 & 1 & 3 & 0 & 1 \end{bmatrix}$$

について,

(i)　核空間の基底と次元を求めよ.

(ii)　列ベクトルで構成される像空間の基底を 1 組示せ.

(iii)　階数を求めよ.

問 3.10　A を $m \times n$ 行列とするとき, 次式が成り立つことを示せ：

$$\dim(\operatorname{Ran} A) + \dim(\operatorname{Ker} A) = n$$

(2)　正則性

正則性の条件　行列が正則となるための必要十分条件はこれまでにもいくつか示した (定理 1.6, 定理 2.12). ここで, さらに充足し総括しておこう.

正則行列の条件の総まとめ

定理 3.14　n 次正方行列 A について, 次は同値である.

(1)　A は正則 (つまり, 逆行列をもつ).

(2)　$|A| \neq 0$

(3)　$\operatorname{rank} A = n$

(4)　$\operatorname{Ran} A = \mathbb{R}^n$

(5)　$\operatorname{Ker} A = \mathbf{0}$

(6)　$A\boldsymbol{x} = \boldsymbol{b}$ は, 任意の n 次列ベクトル $\boldsymbol{b}$ に対して一意解をもつ.

(7)　A の列ベクトルは 1 次独立.

(8)　A の行ベクトルは 1 次独立.

証明　(1) ⇔ (2)　すでに示されている (定理 2.12 参照).

(1) ⇔ (6)　すでに示されている (定理 1.6 参照).

(3) ⇔ (4) ⇔ (7)　定理 3.13 および系 3.10 によって, 次の一連の命題が同値であることからわかる:　$\operatorname{rank} A = n$ ⇔ A の n 個の列ベクトルの 1 次独立な最大個数が n ⇔ A の n 個の列ベクトル ($\in \mathbb{R}^n$) が 1 次独立 ⇔ A の列ベクトルは $\mathbb{R}^n$ の基底 ⇔ $\operatorname{Ran} A = \mathbb{R}^n$

(5) ⇔ (7)　A の列ベクトルを $\boldsymbol{a}_1, \cdots, \boldsymbol{a}_n$ とするとき, 次の同値性からわかる:

$$A\boldsymbol{x} = \mathbf{0} \iff x_1\boldsymbol{a}_1 + \cdots + x_n\boldsymbol{a}_n = \mathbf{0}, \quad \text{ここで,} \quad \boldsymbol{x} = \begin{bmatrix} x_1 \\ \vdots \\ x_n \end{bmatrix}$$

(4) かつ (5) ⇔ (6)　次のそれぞれの同値性からわかる:

$$\begin{cases} (4)\ \operatorname{Ran} A = \mathbb{R}^n \iff A\boldsymbol{x} = \boldsymbol{b} \text{ が任意の } \boldsymbol{b}\,(\in \mathbb{R}^n) \text{ に対して解をもつ}, \\ (5)\ \operatorname{Ker} A = \mathbf{0} \iff A\boldsymbol{x} = \boldsymbol{b} \text{ において解があればそれは一意的である} \end{cases}$$

後半の同値性を示そう. $\boldsymbol{x}_1, \boldsymbol{x}_2$ が $A\boldsymbol{x} = \boldsymbol{b}$ の解とすると $A(\boldsymbol{x}_1 - \boldsymbol{x}_2) = \mathbf{0}$. このとき, $\operatorname{Ker} A = \mathbf{0}$ ⇔ $\boldsymbol{x}_1 = \boldsymbol{x}_2$ であることからいえる.

(2) ⇔ (8)　転置行列 ${}^tA$ に対して既に示した同値性 (2) ⇔ (7) を適用すれば

$|A| = |{}^tA| \neq 0$ ⇔ ${}^tA$ の列ベクトル (つまり, A の行ベクトル) が 1 次独立

であることからわかる. ∎

演 習 問 題 3

1. $\mathbb{R}^3$ において, $\boldsymbol{a}, \boldsymbol{b}, \boldsymbol{c}$ が1次従属となるのは p がどのような値のときか. さらにこのとき, $\boldsymbol{c}$ を $\boldsymbol{a}, \boldsymbol{b}$ の1次結合で表せ.

(1) $\boldsymbol{a} = \begin{bmatrix} 1 \\ 1 \\ 1 \end{bmatrix}, \boldsymbol{b} = \begin{bmatrix} 1 \\ 2 \\ p \end{bmatrix}, \boldsymbol{c} = \begin{bmatrix} 1 \\ p \\ 5 \end{bmatrix}$

(2) $\boldsymbol{a} = \begin{bmatrix} 1 \\ 2 \\ 3 \end{bmatrix}, \boldsymbol{b} = \begin{bmatrix} 2 \\ p \\ p \end{bmatrix}, \boldsymbol{c} = \begin{bmatrix} 3 \\ p \\ 0 \end{bmatrix}$

2. (1) $\mathbb{R}^3$ において, 次のベクトルは1次独立, 生成系, 基底, いずれでもない, かを判定せよ.

(i) $\begin{bmatrix} 1 \\ 1 \\ 0 \end{bmatrix}, \begin{bmatrix} 1 \\ -1 \\ 0 \end{bmatrix}$　(ii) $\begin{bmatrix} 0 \\ 0 \\ 1 \end{bmatrix}, \begin{bmatrix} 0 \\ 1 \\ 2 \end{bmatrix}, \begin{bmatrix} 1 \\ 2 \\ 3 \end{bmatrix}$　(iii) $\begin{bmatrix} 1 \\ 1 \\ 1 \end{bmatrix}, \begin{bmatrix} 0 \\ 1 \\ 2 \end{bmatrix}, \begin{bmatrix} 3 \\ 2 \\ 1 \end{bmatrix}$

(iv) $\begin{bmatrix} 1 \\ 1 \\ 1 \end{bmatrix}, \begin{bmatrix} 0 \\ 1 \\ 2 \end{bmatrix}, \begin{bmatrix} 1 \\ 2 \\ 4 \end{bmatrix}$　(v) $\begin{bmatrix} 0 \\ 0 \\ 1 \end{bmatrix}, \begin{bmatrix} 0 \\ 1 \\ 1 \end{bmatrix}, \begin{bmatrix} 1 \\ 1 \\ 0 \end{bmatrix}, \begin{bmatrix} 0 \\ 0 \\ 0 \end{bmatrix}$

(2) $\mathbb{P}_3$ において, 次のベクトルは1次独立, 生成系, 基底, いずれでもない, かを判定せよ.

(i) $f_1 = 1 + x,\ f_2 = 1 + x^2,\ f_3 = 1 + x^3,\ f_4 = x + x^2 + x^3$

(ii) $f_1 = 1 - x,\ f_2 = x - x^2,\ f_3 = x^2 - x^3,\ f_4 = 1 + x^3,\ f_5 = -1 + x^3$

(iii) $f_1 = x^3 - x,\ f_2 = x^3 + x,\ f_3 = x^2 + 1,\ f_4 = x^3 + x^2 + 2x + 1$

3. 次の部分空間 W の基底と次元を求めよ.

(1) $W = \left\{ \begin{bmatrix} x \\ y \\ z \end{bmatrix} \in \mathbb{R}^3 \ \middle|\ x = y \right\}$

(2) $W = \left\{ \begin{bmatrix} x \\ y \\ z \end{bmatrix} \in \mathbb{R}^3 \ \middle|\ x + y + z = 0 \right\}$

(3) $W = \left\{ p(x) = a + bx + cx^2 \in \mathbb{P}_2 \mid p(1) = 0 \right\}$

(4)　$W = \left\{ p(x) = a + bx + cx^2 \in \mathbb{P}_2 \;\middle|\; \int_{-1}^{1} xp(x)\,dx = 0 \right\}$

4.　次の行列が表す線形変換について, (i)　核空間の基底　(ii)　像空間の (列ベクトルで構成される) 基底　(iii)　行列の階数 , を求めよ.

(1)　$\begin{bmatrix} 0 & 1 & 0 & 1 \end{bmatrix}$　　(2)　$\dfrac{1}{2}\begin{bmatrix} 1 & 1 \\ 1 & 1 \end{bmatrix}$　　(3)　$\begin{bmatrix} 0 & 1 & 2 & 3 \\ 3 & 2 & 1 & 0 \\ -1 & 0 & 1 & 2 \end{bmatrix}$

5.　W_1, W_2 をベクトル空間 V の 2 つの部分空間とするとき, 次を示せ.

(1)　共通部分 $W_1 \cap W_2$ はまた V の部分空間となる.

(2)　和集合 $W_1 \cup W_2$ は部分空間となるとは限らない (反例を挙げよ).

(3)　部分空間の**代数和**を各部分空間の元の和の全体:

$$W_1 + W_2 = \{\boldsymbol{w} = \boldsymbol{w}_1 + \boldsymbol{w}_2 \mid \boldsymbol{w}_1 \in W_1, \boldsymbol{w}_2 \in W_2\}$$

と定める. このとき, $W_1 + W_2$ は部分空間となる.

(4)　n 個のベクトル $\boldsymbol{a}_1, \boldsymbol{a}_2, \cdots, \boldsymbol{a}_n$ が 1 次独立のとき, $\boldsymbol{b}$ がその 1 次結合で表されるならば, それは一意的である.

(5)　V の部分空間 W_1, W_2 が $W_1 \cap W_2 = \{\boldsymbol{0}\}$ ならば, 代数和 $W_1 + W_2$ の任意のベクトル $\boldsymbol{w}$ は $\boldsymbol{w} = \boldsymbol{w}_1 + \boldsymbol{w}_2$ $(\boldsymbol{w}_1 \in W_1, \boldsymbol{w}_2 \in W_2)$ と一意的に表される.

このような代数和は**直和**と呼ばれる.

6.　次の命題を証明せよ.

(1)　3 個のベクトル $\boldsymbol{a}_1, \boldsymbol{a}_2, \boldsymbol{a}_3$ があり, $\boldsymbol{a}_1, \boldsymbol{a}_2$ は 1 次独立, $\boldsymbol{a}_1, \boldsymbol{a}_3$ と $\boldsymbol{a}_2, \boldsymbol{a}_3$ はどちらも 1 次従属ならば, $\boldsymbol{a}_3 = \boldsymbol{0}$ である.

(2)　$n+1$ 個のベクトル $\boldsymbol{a}_1, \boldsymbol{a}_2, \cdots, \boldsymbol{a}_{n+1}$ があり, $\boldsymbol{a}_1, \boldsymbol{a}_2, \cdots, \boldsymbol{a}_n$ は 1 次独立, 一方, $\boldsymbol{a}_r (r \neq n+1)$ を除いた n 個のベクトルと $\boldsymbol{a}_s (s \neq n+1)$ を除いた n 個のベクトルはともに 1 次従属とする. このとき, $\boldsymbol{a}_r$, $\boldsymbol{a}_s (r, s \neq n+1)$ を除いた $n-1$ 個のベクトルも 1 次従属である.

7. x の関数からなるベクトル空間を F とする．F の関数 $f_1(x), \cdots, f_m(x)$ に対して，次の行列式を**ロンスキー行列式**という：

$$W(f_1, \cdots, f_m)(x) = \begin{vmatrix} f_1(x) & \cdots\cdots & f_m(x) \\ f_1'(x) & \cdots\cdots & f_m'(x) \\ \vdots & & \vdots \\ f_1^{(m-1)}(x) & \cdots\cdots & f_m^{(m-1)}(x) \end{vmatrix}$$

ただし，$f_i(x)\,(1 \leqq i \leqq m)$ は必要なだけ微分可能とする．このとき，次を示せ：

ある x_0 において，$W(f_1, \cdots, f_m)(x_0) \neq 0$

$\Longrightarrow$ $f_1(x), \cdots, f_m(x)$ は 1 次独立

8.* 行列のいくつかの行と列から構成される正方部分行列 (小行列ともいう) の行列式を**小行列式**といい，その次数が r のときは r 次の小行列式という．$m \times n$ 行列 A に対し，次を示せ．

(1) A の任意の l 個の列ベクトルは 1 次従属

$\Longrightarrow$ A の任意の l 次の小行列式の値が 0

(2) A のすべての小行列式のうちその値が 0 でないものの最大次数は r

$\Longrightarrow$ A の列ベクトルの中で r 個の 1 次独立な集合がとれ，残りの列ベクトルはそれらの 1 次結合で表される．

9.* 行列 (正方行列とは限らない)A の階数について，次が同値であることを示せ．

(1) $\operatorname{rank} A = r$

(2) A の列ベクトルで 1 次独立な最大個数は r

(3) A のすべての小行列式のうちその値が 0 でないものの最大次数は r

(4) A の行ベクトルで 1 次独立な最大個数は r

* 印の問題は重要な性質であるが，問題としては難解なので，最初は問題の意味をくみ取ればよい．

第 4 章

行列の固有値と対角化

行列による線形変換に関する研究は線形代数学の中心的な課題であり, 特に固有値や対角化は重要で広い応用をもつ.

1. 線形変換の表現行列

(1) 一般の線形変換

行列による線形変換 $A : \boldsymbol{x} \mapsto A\,\boldsymbol{x}$ は, 行列の分配則などの演算規則からも明らかなように次の性質をもつ[1]:

$$A\,(\boldsymbol{x}+\boldsymbol{y}) = A\,\boldsymbol{x} + A\,\boldsymbol{y} \qquad (\boldsymbol{x}, \boldsymbol{y} \in V), \tag{4.1}$$

$$A\,(c\,\boldsymbol{x}) = c\,(A\,\boldsymbol{x}) \qquad (\boldsymbol{x} \in V,\ c : \text{スカラー}) \tag{4.2}$$

一般のベクトル空間上の線形変換も (4.1) と (4.2) を一般的にした次の条件をみたす写像と定義する.

線形変換

一般のベクトル空間 V から U への写像 Φ が次の 2 つの性質:

$$\Phi(\boldsymbol{x}+\boldsymbol{y}) = \Phi(\boldsymbol{x}) + \Phi(\boldsymbol{y}) \qquad (\boldsymbol{x}, \boldsymbol{y} \in V), \tag{4.3}$$

$$\Phi(c\boldsymbol{x}) = c\Phi(\boldsymbol{x}) \qquad (\boldsymbol{x} \in V,\ c : \text{スカラー}) \tag{4.4}$$

をみたすとき, V から U への**線形変換**[2]という.
特に, $U = V$ のときには V 上の**線形変換**という.

[1] この性質を線形性という. 行列による線形変換と呼ぶのもこの性質をみたすことによる.
[2] 線形写像, 線形作用素などともいう.

線形性の条件 (4.3) と (4.4) は, 次の 1 つの条件にまとめることができる:

$$\Phi(a\boldsymbol{x}+b\boldsymbol{y}) = a\Phi(\boldsymbol{x})+b\Phi(\boldsymbol{y}) \tag{4.5}$$

例 4.1 2 変数の関数 $\Phi(x_1, x_2)$, つまり写像 $\Phi:\mathbb{R}^2 \to \mathbb{R}^1$ のうちで, 線形となるものは, 次の形 (1 次同次式) で表される関数だけである:

$$\Phi(x_1, x_2) = a_1\,x_1 + a_2\,x_2 = \begin{bmatrix} a_1 & a_2 \end{bmatrix}\begin{bmatrix} x_1 \\ x_2 \end{bmatrix}$$

証明 $\Phi:\mathbb{R}^2 \to \mathbb{R}^1$ は線形変換とし, $\mathbb{R}^2$ の基本ベクトル $\boldsymbol{e}_1 = \begin{bmatrix} 1 \\ 0 \end{bmatrix}$, $\boldsymbol{e}_2 = \begin{bmatrix} 0 \\ 1 \end{bmatrix}$ に対する値を $a_1 = \Phi(\boldsymbol{e}_1)$, $a_2 = \Phi(\boldsymbol{e}_2)$ とすると, 任意の $\boldsymbol{x} = \begin{bmatrix} x_1 \\ x_2 \end{bmatrix}$ に対する値は

$$\Phi\left(\begin{bmatrix} x_1 \\ x_2 \end{bmatrix}\right) = \Phi(x_1\,\boldsymbol{e}_1 + x_2\,\boldsymbol{e}_2) = x_1\,\Phi(\boldsymbol{e}_1) + x_2\,\Phi(\boldsymbol{e}_2) = a_1\,x_1 + a_2\,x_2$$

となり, 変数 x_1, x_2 の 1 次式で表される. また, この関数は $\Phi(x_1, x_2) = [\,a_1\ a_2\,]\begin{bmatrix} x_1 \\ x_2 \end{bmatrix}$ と表すこともできるから, 1×2 行列 $[\,a_1\ a_2\,]$ による線形変換であることもわかる. ∎

上例の考察はより一般的な場合にも適用できて, $\mathbb{R}^n$ から $\mathbb{R}^m$ への線形変換はすべて行列によって表されることがいえる:

線形変換 : $\mathbb{R}^n \longrightarrow \mathbb{R}^m$

定理 4.1 $\mathbb{R}^n$ から $\mathbb{R}^m$ への任意の線形変換は, $m\times n$ 行列によって表される線形変換である.

証明 $\Phi:\mathbb{R}^n \to \mathbb{R}^m$ を任意の線形変換とする. $\mathbb{R}^n$ の標準基底 $\{\boldsymbol{e}_1, \cdots, \boldsymbol{e}_n\}$ の各々に対する Φ による像を $\boldsymbol{a}_1 = \Phi(\boldsymbol{e}_1), \cdots, \boldsymbol{a}_n = \Phi(\boldsymbol{e}_n)$ とし, $A_{m\times n} = [\,\boldsymbol{a}_1\ \boldsymbol{a}_2\ \cdots\ \boldsymbol{a}_n\,]$ とする. このとき, 任意の $\boldsymbol{x} = \begin{bmatrix} x_1 \\ \vdots \\ x_n \end{bmatrix}$ $(\in \mathbb{R}^n)$ に対し

$$\begin{aligned}\Phi(\boldsymbol{x}) &= \Phi(x_1\boldsymbol{e}_1 + \cdots + x_n\boldsymbol{e}_n) \\ &= x_1\Phi(\boldsymbol{e}_1) + \cdots + x_n\Phi(\boldsymbol{e}_n) \\ &= x_1\boldsymbol{a}_1 + \cdots + x_n\boldsymbol{a}_n \\ &= A\boldsymbol{x}\end{aligned}$$

となり, Φ は行列 A による線形変換である. ∎

例題 4.1　次の写像は線形変換か否かを判定せよ．

(1)　$\Phi : \mathbb{R}^3 \to \mathbb{R}^2,\ \Phi\left(\begin{bmatrix} x \\ y \\ z \end{bmatrix}\right) = \begin{bmatrix} y - z \\ x + 2y \end{bmatrix}$

(2)　$\Phi : \mathbb{R}^2 \to \mathbb{R}^2,\ \Phi\left(\begin{bmatrix} x \\ y \end{bmatrix}\right) = \begin{bmatrix} xy \\ 0 \end{bmatrix}$

(3)　多項式全体の空間 $\mathbb{P}$ 上の微分 $D : f(x) \longmapsto Df = \dfrac{df}{dx}$

[解]　(1)　Φ は次のように行列によって表される線形変換である：

$$\Phi\left(\begin{bmatrix} x \\ y \\ z \end{bmatrix}\right) = \begin{bmatrix} y - z \\ x + 2y \end{bmatrix} = \begin{bmatrix} 0 & 1 & -1 \\ 1 & -2 & 0 \end{bmatrix}\begin{bmatrix} x \\ y \\ z \end{bmatrix}$$

(2)　たとえば, $\boldsymbol{u} = \begin{bmatrix} 1 \\ 0 \end{bmatrix}$, $\boldsymbol{v} = \begin{bmatrix} 0 \\ 1 \end{bmatrix}$ とすると，$\Phi(\boldsymbol{u} + \boldsymbol{v}) = \Phi\left(\begin{bmatrix} 1 \\ 1 \end{bmatrix}\right) = \begin{bmatrix} 1 \\ 0 \end{bmatrix}$.

一方，$\Phi(\boldsymbol{u}) + \Phi(\boldsymbol{v}) = \Phi\left(\begin{bmatrix} 1 \\ 0 \end{bmatrix}\right) + \Phi\left(\begin{bmatrix} 0 \\ 1 \end{bmatrix}\right) = \begin{bmatrix} 0 \\ 0 \end{bmatrix} + \begin{bmatrix} 0 \\ 0 \end{bmatrix} = \begin{bmatrix} 0 \\ 0 \end{bmatrix}$. したがって，

$\Phi(\boldsymbol{u} + \boldsymbol{v}) \neq \Phi(\boldsymbol{u}) + \Phi(\boldsymbol{v})$ なので, (4.3) がみたされない．よって，Φ は線形変換ではない．

(3)　任意の多項式 $f(x)$, $g(x)$ に対し，

$$D[a\,f(x) + b\,g(x)] = a\,f'(x) + b\,g'(x) = a\,D[f(x)] + b\,D[g(x)]$$

が成り立つので, (4.5) をみたし, 線形変換である．∎

問 4.1　$\mathbb{R}^2$ 上の次の写像 Φ は線形変換となるか否かを判定せよ．

(1) $\Phi : \begin{bmatrix} x \\ y \end{bmatrix} \longmapsto \begin{bmatrix} x \\ 0 \end{bmatrix} \in \mathbb{R}^2$　　(2) $\Phi : \begin{bmatrix} x \\ y \end{bmatrix} \longmapsto \begin{bmatrix} x^2 \\ 0 \end{bmatrix} \in \mathbb{R}^2$

(3) $\Phi : \begin{bmatrix} x \\ y \end{bmatrix} \longmapsto 2x - y + 1 \in \mathbb{R}$　　(4) $\Phi : \begin{bmatrix} x \\ y \end{bmatrix} \longmapsto \begin{bmatrix} 0 \\ 2x - y \\ y \end{bmatrix} \in \mathbb{R}^3$

問 4.2　多項式全体の空間 $\mathbb{P}$ において, 積分 $S : f(x) \mapsto Sf = \displaystyle\int_0^x f(t)\,dt$ は $\mathbb{P}$ 上の線形変換であること，また定義域を $\mathbb{P}_n$ に制限すれば S は $\mathbb{P}_n$ から $\mathbb{P}_{n+1}$ への線形変換であることを確かめよ．

(2)　表現行列

表現行列とは　Φ は n 次元ベクトル空間 V から m 次元ベクトル空間 W への線形変換とし, V の基底 $\{\boldsymbol{v}_1, \boldsymbol{v}_2, \cdots, \boldsymbol{v}_n\}$ と W の基底 $\{\boldsymbol{w}_1, \boldsymbol{w}_2, \cdots, \boldsymbol{w}_m\}$ をそれぞれ選び固定する. 基底が定まると, 次の各同型対応:

$$V \text{ と } \mathbb{R}^n \text{ の同型対応} : V \ni \boldsymbol{x} = x_1\boldsymbol{v}_1 + \cdots + x_n\boldsymbol{v}_n \quad \longleftrightarrow \begin{bmatrix} x_1 \\ \vdots \\ x_n \end{bmatrix} \in \mathbb{R}^n,$$

$$W \text{ と } \mathbb{R}^m \text{ の同型対応} : W \ni \boldsymbol{y} = y_1\boldsymbol{w}_1 + \cdots + y_m\boldsymbol{w}_m \quad \longleftrightarrow \begin{bmatrix} y_1 \\ \vdots \\ y_m \end{bmatrix} \in \mathbb{R}^m$$

によって $V \cong \mathbb{R}^n$, $W \cong \mathbb{R}^m$ となる (系 3.6). この同型対応により線形変換 $\Phi : V \to W$ は 線形変換 $\phi : \mathbb{R}^n \to \mathbb{R}^m$ を定める. ϕ も線形となることは, Φ の線形性の条件 (4.5) がそのまま Φ を ϕ に換えた関係式に移行することからわかる. ϕ はある $m \times n$ 行列 A による線形変換である (定理 4.1). この行列 A を Φ の基底 $\{\boldsymbol{v}_1, \cdots, \boldsymbol{v}_n\}$, $\{\boldsymbol{w}_1, \cdots, \boldsymbol{w}_m\}$ に関する**表現行列**という.

この状況は次のようなダイアグラムで表される:

$$\begin{array}{ccc}
V \ni \boldsymbol{x} = x_1\boldsymbol{v}_1 + \cdots + x_n\boldsymbol{v}_n & \xrightarrow{\quad \Phi \quad} & \boldsymbol{y} = y_1\boldsymbol{w}_1 + \cdots + y_m\boldsymbol{w}_m \in W \\
\updownarrow & & \updownarrow \\
\mathbb{R}^n \ni \begin{bmatrix} x_1 \\ \vdots \\ x_n \end{bmatrix} & \xrightarrow{\quad (\phi =)A \quad} & A\begin{bmatrix} x_1 \\ \vdots \\ x_n \end{bmatrix} = \begin{bmatrix} y_1 \\ \vdots \\ y_m \end{bmatrix} \in \mathbb{R}^m
\end{array}$$

図 4.1　線形変換と表現行列

表現行列の求め方　上記の表現行列 A は以下のように求めることができる. V の基底の各元 $\boldsymbol{v}_j$ に対する像 $\Phi(\boldsymbol{v}_j)$ を W の基底 $\{\boldsymbol{w}_i\}_{i=1}^{m}$ で表す:

$$\Phi(\boldsymbol{v}_j) = a_{1j}\boldsymbol{w}_1 + a_{2j}\boldsymbol{w}_2 + \cdots + a_{mj}\boldsymbol{w}_m \qquad (j = 1, 2, \cdots, n) \qquad (4.6)$$

さらに, (4.6) を行列形式による表記法を用いて1つの式にまとめて表す:

$$[\,\Phi(\boldsymbol{v}_1)\ \Phi(\boldsymbol{v}_2)\ \cdots\ \Phi(\boldsymbol{v}_n)\,] = [\,\boldsymbol{w}_1\ \boldsymbol{w}_2\ \cdots\ \boldsymbol{w}_m\,]\,A \tag{4.7}$$

このとき, A は (4.6) における係数 a_{ij} を (i,j) 成分とする行列:

$$A = \begin{bmatrix} a_{11} & a_{12} & \ldots & a_{1n} \\ a_{21} & a_{22} & \ldots & a_{2n} \\ \multicolumn{4}{c}{\cdots\cdots\cdots\cdots} \\ a_{m1} & a_{m2} & \ldots & a_{mn} \end{bmatrix} \tag{4.8}$$

であり, これが求める表現行列となる. このことを確かめるには, 図4.1において右下の部分の等号が成り立つことを示せばよい.

実際, $\boldsymbol{y} = \Phi(\boldsymbol{x})$ とすると Φ の線形性と (4.7) により

$$\begin{aligned} \boldsymbol{y} &= \Phi(\boldsymbol{x}) = \Phi(x_1\boldsymbol{v}_1 + \cdots + x_n\boldsymbol{v}_n) \\ &= x_1\Phi(\boldsymbol{v}_1) + x_2\Phi(\boldsymbol{v}_2) + \cdots + x_n\Phi(\boldsymbol{v}_n) \\ &= [\,\Phi(\boldsymbol{v}_1)\ \Phi(\boldsymbol{v}_2)\ \cdots\ \Phi(\boldsymbol{v}_n)\,]\begin{bmatrix} x_1 \\ \vdots \\ x_n \end{bmatrix} = [\,\boldsymbol{w}_1\ \boldsymbol{w}_2\ \cdots\ \boldsymbol{w}_m\,]\,A\begin{bmatrix} x_1 \\ \vdots \\ x_n \end{bmatrix} \end{aligned} \tag{4.9}$$

一方, $\boldsymbol{y}$ は W の基底 $\{\boldsymbol{w}_1, \boldsymbol{w}_2, \cdots, \boldsymbol{w}_m\}$ の1次結合として

$$\boldsymbol{y} = y_1\boldsymbol{w}_1 + \cdots + y_m\boldsymbol{w}_m = [\,\boldsymbol{w}_1\ \boldsymbol{w}_2\ \cdots\ \boldsymbol{w}_m\,]\begin{bmatrix} y_1 \\ \vdots \\ y_m \end{bmatrix} \tag{4.10}$$

と表されている. この2つの表示 (4.9) と (4.10) において, 基底による表示の一意性 (定理3.5) により両者の係数は一致する. よって, $\begin{bmatrix} y_1 \\ \vdots \\ y_m \end{bmatrix} = A\begin{bmatrix} x_1 \\ \vdots \\ x_n \end{bmatrix}$ が示される.

例題 4.2　2次以下の多項式の空間 $\mathbb{P}_2$ 上で, 微分 $D : f(x) \mapsto Df = f'(x)$ の基底 $\{1, x, x^2\}$ に関する表現行列 A を求めよ.

[解]　基底の各元に D を作用させると, $D1 = 0$, $Dx = 1$, $Dx^2 = 2x$ より

$$[\,D1\ Dx\ Dx^2\,] = [\,0\ 1\ 2x\,] = [\,1\ x\ x^2\,]\begin{bmatrix} 0 & 1 & 0 \\ 0 & 0 & 2 \\ 0 & 0 & 0 \end{bmatrix}$$

したがって, 表現行列は $A = \begin{bmatrix} 0 & 1 & 0 \\ 0 & 0 & 2 \\ 0 & 0 & 0 \end{bmatrix}$. ∎

上の例題 4.2 において, D および A による像は次のように対応する：

$$D(a+bx+cx^2)=b+2cx+0x^2 \longleftrightarrow \begin{bmatrix}0&1&0\\0&0&2\\0&0&0\end{bmatrix}\begin{bmatrix}a\\b\\c\end{bmatrix}=\begin{bmatrix}b\\2c\\0\end{bmatrix}$$

このことは, 同型対応によって $\mathbb{P}_2$ の元である多項式をその係数に着目した形で ($\mathbb{R}^3$ の元として) 表すとき, 微分した関数の係数は D の表現行列を掛けることで得られる, ことを示している.

行列による線形変換については, その表現行列はその行列自身であることを確かめておく必要があるだろう.

定理 4.2　$m\times n$ 行列 A による線形変換 $A:\mathbb{R}^n\to\mathbb{R}^m$ については, A 自身が標準基底に関するその表現行列である.

証明　$\mathbb{R}^n,\mathbb{R}^m$ の標準基底をそれぞれ $\{\boldsymbol{e}_1^{(n)},\cdots,\boldsymbol{e}_n^{(n)}\}$, $\{\boldsymbol{e}_1^{(m)},\cdots,\boldsymbol{e}_m^{(m)}\}$ によって表すことにする. A の列ベクトル表示を $A=[\,\boldsymbol{a}_1\ \cdots\ \boldsymbol{a}_n\,]$ とすると $A\boldsymbol{e}_j^{(n)}=\boldsymbol{a}_j$ $(1\leqq j\leqq n)$ である. (4.7) のように表すと

$$[\,A\boldsymbol{e}_1^{(n)}\ \cdots\ A\boldsymbol{e}_n^{(n)}\,]=[\,\boldsymbol{a}_1\ \cdots\ \boldsymbol{a}_n\,]=A=I_mA=[\,\boldsymbol{e}_1^{(m)}\ \cdots\ \boldsymbol{e}_m^{(m)}\,]\,A$$

であることからわかる. ∎

問 4.3　線形変換 $\varPhi:\mathbb{R}^3\to\mathbb{R}^2$,　$\varPhi\left(\begin{bmatrix}x_1\\x_2\\x_3\end{bmatrix}\right)=\begin{bmatrix}2x_1+x_2+x_3\\x_2+x_3\end{bmatrix}$

について, 次の基底に関する表現行列を求めよ.

(1)　$\mathbb{R}^3:\{\boldsymbol{e}_1,\boldsymbol{e}_2,\boldsymbol{e}_3\}$,　$\mathbb{R}^2:\{\boldsymbol{e}_1,\boldsymbol{e}_2\}$　(両空間ともに標準基底)

(2)　$\mathbb{R}^3:\left\{\begin{bmatrix}1\\0\\1\end{bmatrix},\begin{bmatrix}1\\-1\\0\end{bmatrix},\begin{bmatrix}0\\1\\-1\end{bmatrix}\right\}$,　$\mathbb{R}^2:\left\{\begin{bmatrix}3\\1\end{bmatrix},\begin{bmatrix}1\\-1\end{bmatrix}\right\}$

問 4.4　$\mathbb{P}_2$ を定義域とし, 積分 $S:f(x)\mapsto Sf=\displaystyle\int_r^x f(t)\,dt$ によって定められる線形変換 $S:\mathbb{P}_2\to\mathbb{P}_3$ について, $\mathbb{P}_2$ の基底 $\{1,x,x^2\}$ と $\mathbb{P}_3$ の基底 $\{1,x,x^2,x^3\}$ に関する表現行列を次の各場合に求めよ.

(1)　$r=0$　　　(2)　r: 定数 $(\neq 0)$

(3)　基底変換と相似

線形変換 $\varPhi : V \to W$ の表現行列は V, W の基底の選び方に依存する．基底を取り換えたとき表現行列はどのように変わるかを調べよう．

基底変換と変換行列　$\{\boldsymbol{v}_1, \boldsymbol{v}_2, \cdots, \boldsymbol{v}_n\}$ と $\{\boldsymbol{v}'_1, \boldsymbol{v}'_2, \cdots, \boldsymbol{v}'_n\}$ を n 次元ベクトル空間 V の2組の基底とする．各 $\boldsymbol{v}'_j$ は $\{\boldsymbol{v}_i\}_{i=1}^n$ の1次結合で表される：

$$\boldsymbol{v}'_j = t_{1j}\boldsymbol{v}_1 + t_{2j}\boldsymbol{v}_2 + \cdots + t_{nj}\boldsymbol{v}_n \qquad (j = 1, 2, \cdots, n) \tag{4.11}$$

(4.11) を行列形式による表記法を用いて1つの式にまとめて表すと

$$[\,\boldsymbol{v}'_1\ \boldsymbol{v}'_2\ \cdots\ \boldsymbol{v}'_n\,] = [\,\boldsymbol{v}_1\ \boldsymbol{v}_2\ \cdots\ \boldsymbol{v}_n\,]\,T \tag{4.12}$$

ここで, T は (4.11) における t_{ij} を (i, j) 成分とする行列：

$$T = \begin{bmatrix} t_{11} & t_{12} & \ldots & t_{1n} \\ t_{21} & t_{22} & \ldots & t_{2n} \\ \cdots & \cdots & \cdots & \cdots \\ t_{n1} & t_{n2} & \ldots & t_{nn} \end{bmatrix} \tag{4.13}$$

であり, この T を $\{\boldsymbol{v}_1, \boldsymbol{v}_2, \cdots, \boldsymbol{v}_n\}$ から $\{\boldsymbol{v}'_1, \boldsymbol{v}'_2, \cdots, \boldsymbol{v}'_n\}$ への**基底の変換行列**あるいは単に**変換行列**という．

(4.12) について前章の性質 3.4 を適用すれば, T の列ベクトルは1次独立であることがいえ, さらに定理 3.14 により T は正則行列であることがわかる：

定理 4.3　基底の変換行列は正則である．

基底変換にともなう座標関係

定理 4.4　$\{\boldsymbol{v}_1, \boldsymbol{v}_2, \cdots, \boldsymbol{v}_n\}$ と $\{\boldsymbol{v}'_1, \boldsymbol{v}'_2, \cdots, \boldsymbol{v}'_n\}$ を n 次元ベクトル空間 V の2組の基底とし, T を基底の変換行列とする．任意の $\boldsymbol{x} (\in V)$ に対し, 各々の基底に関する座標をそれぞれ x_j, x'_j $(1 \leqq j \leqq n)$ とする：

$$\boldsymbol{x} = x_1\boldsymbol{v}_1 + \cdots + x_n\boldsymbol{v}_n = x'_1\boldsymbol{v}'_1 + \cdots + x'_n\boldsymbol{v}'_n \tag{4.14}$$

このとき, 座標間に次の関係式が成り立つ：

$$\begin{bmatrix} x'_1 \\ \vdots \\ x'_n \end{bmatrix} = T^{-1} \begin{bmatrix} x_1 \\ \vdots \\ x_n \end{bmatrix} \tag{4.15}$$

証明　(4.14) を行列形式による表記法で表し, (4.12) を代入すると

$$\boldsymbol{x} = [\,\boldsymbol{v}_1\ \boldsymbol{v}_2\ \cdots\ \boldsymbol{v}_n\,]\begin{bmatrix} x_1 \\ \vdots \\ x_n \end{bmatrix} = [\,\boldsymbol{v}'_1\ \boldsymbol{v}'_2\ \ldots\ \boldsymbol{v}'_n\,]\begin{bmatrix} x'_1 \\ \vdots \\ x'_n \end{bmatrix} = [\,\boldsymbol{v}_1\ \boldsymbol{v}_2\ \cdots\ \boldsymbol{v}_n\,]T\begin{bmatrix} x'_1 \\ \vdots \\ x'_n \end{bmatrix}$$

基底による表示の一意性 (定理 3.5) により, $T\begin{bmatrix} x'_1 \\ \vdots \\ x'_n \end{bmatrix} = \begin{bmatrix} x_1 \\ \vdots \\ x_n \end{bmatrix}$. T は正則なので (4.15) が成り立つ. ∎

表現行列の相似　線形変換 $\varPhi : V \to W$ について, V, W の 2 種類の基底に関する表現行列, 基底の変換行列を次の表記の通りとする：

	V の基底	W の基底	$\varPhi$ の表現行列
元の基底	$\{\boldsymbol{v}_1, \cdots, \boldsymbol{v}_n\}$	$\{\boldsymbol{w}_1, \cdots, \boldsymbol{w}_m\}$	A
新基底	$\{\boldsymbol{v}'_1, \cdots, \boldsymbol{v}'_n\}$	$\{\boldsymbol{w}'_1, \cdots, \boldsymbol{w}'_m\}$	B
基底の変換行列	T_V	T_W	

(4.16)

このとき, $\varPhi$ のそれぞれの表現行列 A, B について次の定理が成り立つ.

基底変換と表現行列

定理 4.5　線形変換 $\varPhi : V \to W$ について, 表現行列 A, B と基底の変換行列 T_V, T_W を (4.16) に表記の行列とするとき, 次の関係式が成り立つ：

$$B = T_W^{-1} A T_V \tag{4.17}$$

証明　表現行列と基底の変換行列の定義より

$$[\,\varPhi(\boldsymbol{v}'_1)\ \cdots\ \varPhi(\boldsymbol{v}'_n)\,] = [\,\boldsymbol{w}'_1\ \cdots\ \boldsymbol{w}'_m\,]B = [\,\boldsymbol{w}_1\ \cdots\ \boldsymbol{w}_m\,]T_W B \tag{4.18}$$

一方, $T_V = [\,\boldsymbol{t}_1\ \cdots\ \boldsymbol{t}_n\,] = [\,t_{ij}\,]$ を T_V の列ベクトル表示とすると

$$\begin{aligned} \varPhi(\boldsymbol{v}'_j) &= \varPhi(t_{1j}\boldsymbol{v}_1 + \cdots + t_{nj}\boldsymbol{v}_n) \\ &= t_{1j}\varPhi(\boldsymbol{v}_1) + \cdots + t_{nj}\varPhi(\boldsymbol{v}_n) \\ &= [\,\varPhi(\boldsymbol{v}_1)\ \cdots\ \varPhi(\boldsymbol{v}_n)\,]\boldsymbol{t}_j \\ &= \big([\,\boldsymbol{w}_1\ \boldsymbol{w}_2\ \cdots\ \boldsymbol{w}_m\,]A\big)\boldsymbol{t}_j \qquad (j = 1, 2, \cdots, n) \end{aligned}$$

したがって,

$$[\,\varPhi(\boldsymbol{v}'_1)\ \varPhi(\boldsymbol{v}'_2)\ \cdots\ \varPhi(\boldsymbol{v}'_n)\,] = \big([\,\boldsymbol{w}_1\ \boldsymbol{w}_2\ \cdots\ \boldsymbol{w}_m\,]A\big)T_V \tag{4.19}$$

(4.18), (4.19) より

$$[\,\boldsymbol{w}_1\ \boldsymbol{w}_2\ \cdots\ \boldsymbol{w}_m\,]\,T_W B = [\,\boldsymbol{w}_1\ \boldsymbol{w}_2\ \cdots\ \boldsymbol{w}_m\,]\,A\,T_V$$

$\boldsymbol{w}_1, \cdots, \boldsymbol{w}_m$ は 1 次独立なので, $T_W B = AT_V$. よって,　$B = T_W^{-1} AT_V$. ∎

基底変換と表現行列：同一空間上の線形変換の場合

系 4.6　V 上の線形変換 Φ の基底 $\{\boldsymbol{v}_1, \boldsymbol{v}_2, \cdots, \boldsymbol{v}_n\}$ に関する表現行列を A, 基底 $\{\boldsymbol{v}'_1, \boldsymbol{v}'_2, \cdots, \boldsymbol{v}'_n\}$ に関する表現行列を B とすると

$$B = T^{-1}AT \tag{4.20}$$

ここで, T は $\{\boldsymbol{v}_j\}_{j=1}^n$ から $\{\boldsymbol{v}'_j\}_{j=1}^n$ への基底の変換行列を表す.

2 つの正方行列 A, B について, $B = X^{-1}AX$ となるような正則行列 X が存在するとき, A と B は**相似**であるという. 系 4.6 により, 1 つのベクトル空間上の線形変換に対しては, その表現行列はすべて相似となる.

例題 4.3　$\mathbb{R}^2$ において, 新基底として $\left\{\boldsymbol{u}_1 = \begin{bmatrix}1\\0\end{bmatrix}, \boldsymbol{u}_2 = \begin{bmatrix}1\\1\end{bmatrix}\right\}$ をとる.

(1)　$\boldsymbol{x} = \begin{bmatrix}x_1\\x_2\end{bmatrix}$ の新基底に関する座標を求めよ.

(2)　行列 $A = \begin{bmatrix}a & b\\c & d\end{bmatrix}$ による $\mathbb{R}^2$ 上の線形変換の新基底に関する表現行列 B を求めよ.

[解]　標準基底から新基底への基底の変換行列は, $T = [\boldsymbol{u}_1\ \boldsymbol{u}_2] = \begin{bmatrix}1 & 1\\0 & 1\end{bmatrix}$ となる.

(1)　定理 4.4 を適用すれば, 新基底に関する座標を y_1, y_2 とすると

$$\begin{bmatrix}y_1\\y_2\end{bmatrix} = T^{-1}\begin{bmatrix}x_1\\x_2\end{bmatrix} = \begin{bmatrix}1 & -1\\0 & 1\end{bmatrix}\begin{bmatrix}x_1\\x_2\end{bmatrix} = \begin{bmatrix}x_1 - x_2\\x_2\end{bmatrix}$$

$\boldsymbol{x} = \begin{bmatrix}x_1\\x_2\end{bmatrix}$ は, 標準基底 $\{\boldsymbol{e}_1, \boldsymbol{e}_2\}$ に関して $\boldsymbol{x} = x_1\boldsymbol{e}_1 + x_2\boldsymbol{e}_2$ と表されるということであり, 一方, $\boldsymbol{x}$ の新基底 $\{\boldsymbol{u}_1, \boldsymbol{u}_2\}$ に関する座標が $y_1 = x_1 - x_2$, $y_2 = x_2$ であるということは, $\boldsymbol{x} = (x_1 - x_2)\boldsymbol{u}_1 + x_2\boldsymbol{u}_2$ と表されることを意味している.

(2)　系 4.6 により

$$B = T^{-1}AT = \begin{bmatrix}1 & -1\\0 & 1\end{bmatrix}\begin{bmatrix}a & b\\c & d\end{bmatrix}\begin{bmatrix}1 & 1\\0 & 1\end{bmatrix} = \begin{bmatrix}a-c & a+b-c-d\\c & c+d\end{bmatrix}$$ ∎

問 4.5　問 4.3 の線形変換 Φ について定理 4.5 を確かめよ.

2. 固有値と対角化

線形変換はその表現行列の定める線形変換と同型なので, 以下では行列による線形変換, 特に正方行列による線形変換について考察する.

(1) 対角化可能な行列と固有値, 固有ベクトル

正方行列 A と相似な行列はある基底に関する表現行列でもある (系 4.6). A が対角行列と相似となるとき, A は**対角化可能**であるという.

n 次正方行列 A に対し, 変換行列 $X = [\,\boldsymbol{x}_1\ \boldsymbol{x}_2\ \cdots\ \boldsymbol{x}_n\,]$ によって $X^{-1}AX$ が対角行列となる場合について, 次の一連の命題の等価性が成り立つ:

行列の対角化と固有値, 固有ベクトル

$$\begin{aligned} & X^{-1}AX = \mathrm{diag}\{\,\lambda_1,\ \lambda_2,\ \cdots,\ \lambda_n\,\} \\ \Longleftrightarrow^{3}\ \ & AX = X\ \mathrm{diag}\{\,\lambda_1,\ \lambda_2,\ \cdots,\ \lambda_n\,\} \\ \Longleftrightarrow\ \ & A[\,\boldsymbol{x}_1\,\boldsymbol{x}_2\ \cdots\ \boldsymbol{x}_n\,] = [\,\boldsymbol{x}_1\,\boldsymbol{x}_2\ \cdots\ \boldsymbol{x}_n\,]\ \mathrm{diag}\{\,\lambda_1,\ \lambda_2, \cdots, \lambda_n\,\} \\ \Longleftrightarrow\ \ & A\boldsymbol{x}_j = \lambda_j \boldsymbol{x}_j \qquad (j = 1, 2, \cdots, n) \end{aligned} \tag{4.21}$$

行列 A に対して $A\boldsymbol{x} = \lambda\boldsymbol{x}$ をみたす $\boldsymbol{x}\,(\neq 0)$ があるとき, λ を A の**固有値**といい, $\boldsymbol{x}$ を固有値 λ に対する (属する) **固有ベクトル**という.

(4.21) において, $X = [\,\boldsymbol{x}_1\ \boldsymbol{x}_2\ \cdots\ \boldsymbol{x}_n\,]$ が正則行列となる場合には 4 命題がすべて等価であり, X の正則条件をも考慮すると次の定理を得る.

対角化可能性

定理 4.7 n 次正方行列 A が対角化可能であるための必要十分条件は, A が n 個の 1 次独立な固有ベクトル, つまり固有ベクトルからなる $\mathbb{R}^n$ の基底 $\{\boldsymbol{x}_1, \boldsymbol{x}_2, \cdots, \boldsymbol{x}_n\}$, をもつことである.

このとき, $A\boldsymbol{x}_j = \lambda_j \boldsymbol{x}_j\ (1 \leqq j \leqq n)$, $X = [\,\boldsymbol{x}_1\ \boldsymbol{x}_2\ \cdots\ \boldsymbol{x}_n\,]$ とすると

$$X^{-1}AX = \mathrm{diag}\,\{\,\lambda_1,\ \lambda_2,\ \cdots,\ \lambda_n\,\}$$

[3] $\Longrightarrow$ はいつでも成り立つが, $\Longleftarrow$ は X が正則のときに成り立つ.

(2)　固有値, 固有ベクトルの計算

行列の固有値はどのようにして求めればよいか, については次の一連の等価な命題が鍵 (Key) になる：

固有値と固有方程式とのつながり

$$A\boldsymbol{x} = \lambda_0 \boldsymbol{x} \quad (\boldsymbol{x} \neq \mathbf{0}) \qquad (\lambda_0 \text{ は } A \text{ の固有値})$$

$$\iff (\lambda_0 I - A)\boldsymbol{x} = \mathbf{0} \quad (\boldsymbol{x} \neq \mathbf{0}) \qquad \left(\begin{array}{l}\boldsymbol{x} \text{ を未知数とする連立方} \\ \text{程式が非自明解をもつ}\end{array}\right)$$

$$\iff \lambda_0 I - A \text{ は正則ではない}$$

$$\iff |\lambda_0 I - A| = 0 \qquad (\lambda_0 \text{ は方程式}: |\lambda I - A| = 0 \text{ の解})$$

A を n 次行列とするとき, λ の n 次多項式: $\phi_A(\lambda) = |\lambda I - A|$ を A の**固有多項式**といい, 方程式: $\phi_A(\lambda) = 0$ を A の**固有方程式**という[4].

固有値と固有方程式とのつながりにより, 固有方程式の解が固有値となる：

固有値と固有方程式

定理 4.8　正方行列 A について

$$\lambda_0 \text{ が } A \text{ の固有値} \iff \lambda_0 \text{ が } |\lambda I - A| = 0 \text{ の解}$$

例題 4.4　行列 $A = \begin{bmatrix} 5 & -7 & 3 \\ 3 & -5 & 3 \\ 3 & -7 & 5 \end{bmatrix}$ について, すべての固有値と各々の固有値に属する固有ベクトルを求めよ. さらに, 対角化可能ならば変換行列 T を求めて対角化せよ.

[解]　まず, 固有多項式 $\phi_A(\lambda)$ を求める：

$$\phi_A(\lambda) = |\lambda I - A| = \begin{vmatrix} \lambda - 5 & 7 & -3 \\ -3 & \lambda + 5 & -3 \\ -3 & 7 & \lambda - 5 \end{vmatrix} \qquad \left(\begin{array}{l}\langle \text{第1行} \rangle - \langle \text{第3行} \rangle \\ \langle \text{第2行} \rangle - \langle \text{第3行} \rangle\end{array}\right)$$

[4] 英語の characteristic – を直訳した用語で, $\lambda I - A$ を特性行列, $|\lambda I - A|$ を特性多項式, $|\lambda I - A| = 0$ を特性方程式とも呼ぶ.

$$= \begin{vmatrix} \lambda-2 & 0 & -(\lambda-2) \\ 0 & \lambda-2 & -(\lambda-2) \\ -3 & 7 & \lambda-5 \end{vmatrix} = (\lambda-2)^2 \begin{vmatrix} 1 & 0 & -1 \\ 0 & 1 & -1 \\ -3 & 7 & \lambda-5 \end{vmatrix}$$

$$= (\lambda-1)(\lambda-2)^2$$

したがって, 固有値は 1 と 2 (重解).

固有値 1 の固有ベクトルを求める: 固有値と固有方程式とのつながりより, 連立方程式: $(1I-A)\boldsymbol{x}=0$ の解が固有ベクトルである. 掃き出し法を適用すると

$$1I-A = \begin{bmatrix} -4 & 7 & -3 \\ -3 & 6 & -3 \\ -3 & 7 & -4 \end{bmatrix} \sim \begin{bmatrix} 1 & 0 & -1 \\ 0 & 1 & -1 \\ 0 & 0 & 0 \end{bmatrix}$$

解を $\boldsymbol{x} = \begin{bmatrix} x_1 \\ x_2 \\ x_3 \end{bmatrix}$ とすると, $x_1 = x_2 = x_3 = c$. よって, $\boldsymbol{x} = c\begin{bmatrix} 1 \\ 1 \\ 1 \end{bmatrix}$.

同様に, 固有値 2 の固有ベクトルを求めると, $\boldsymbol{x} = c_1\begin{bmatrix} -1 \\ 0 \\ 1 \end{bmatrix} + c_2\begin{bmatrix} 7 \\ 3 \\ 0 \end{bmatrix}$.

以上 3 個の 1 次独立な固有ベクトル $\left\{\begin{bmatrix} 1 \\ 1 \\ 1 \end{bmatrix}, \begin{bmatrix} -1 \\ 0 \\ 1 \end{bmatrix}, \begin{bmatrix} 7 \\ 3 \\ 0 \end{bmatrix}\right\}$ がとれたので, 定理 4.7 により A は対角化可能であることがわかる. さらにこのとき, 変換行列 $T = \begin{bmatrix} 1 & -1 & 7 \\ 1 & 0 & 3 \\ 1 & 1 & 0 \end{bmatrix}$ によって $T^{-1}AT = \mathrm{diag}\{1,2,2\}$ と対角化される. ∎

固有空間　λ_0 が n 次正方行列 A の固有値のとき,

$$\mathrm{Ker}(\lambda_0 I - A) = \{\boldsymbol{x} \mid (\lambda_0 I - A)\,\boldsymbol{x} = \boldsymbol{0}\}$$

は λ_0 の固有ベクトル全体と $\boldsymbol{0}$ からなる $\mathbb{R}^n$ の部分空間である. これを A の固有値 λ_0 の**固有空間**という. したがって, 固有空間 $\mathrm{Ker}(\lambda_0 I - A)$ の非零元はすべて λ_0 の固有ベクトルであり, 1 つの固有ベクトルのスカラー倍も固有ベクトルどうしの和も固有ベクトルとなる.

問 4.6　次の行列について, 固有値と各々の固有値に対する固有空間を求めよ. さらに, 対角化可能ならば変換行列 T を求めて対角化せよ.

(1) $\begin{bmatrix} 1 & 4 \\ 3 & 2 \end{bmatrix}$　(2) $\begin{bmatrix} -7 & -24 & -18 \\ 2 & 7 & 6 \\ 0 & 0 & -1 \end{bmatrix}$　(3) $\begin{bmatrix} 3 & 2 & -1 \\ 0 & 3 & 0 \\ 0 & 1 & 2 \end{bmatrix}$

(3)　固有値, 固有ベクトルの性質

正方行列の固有値と固有ベクトルに関する基本的な性質を挙げる.

相似な行列の固有値

定理 4.9　2 つの正方行列 A と B が相似ならば, 両者の固有多項式は一致する. したがって, A と B は同じ固有値をもつ.

証明　$B = T^{-1}AT$ とすると

$$\phi_B(\lambda) = |\lambda I - B| = |\lambda I - T^{-1}AT| = |T^{-1}(\lambda I - A)T|$$
$$= |T^{-1}||\lambda I - A||T| = |\lambda I - A|$$

■

固有ベクトルの 1 次独立性

定理 4.10　A の相異なる固有値に属する固有ベクトルは 1 次独立である.

証明　固有ベクトルの個数 l に関する数学的帰納法で証明してみよう.

$l = 1$ のとき, 1 個の非零ベクトルは 1 次独立なので明らか.

以下の証明の本質をみるために $l = 2$ のときを示してみよう.

$\lambda_1 \neq \lambda_2, A\boldsymbol{x}_1 = \lambda_1 \boldsymbol{x}_1, A\boldsymbol{x}_2 = \lambda_2 \boldsymbol{x}_2$ とする. いま, $c_1\boldsymbol{x}_1 + c_2\boldsymbol{x}_2 = \boldsymbol{0}$ とすると

$$\boldsymbol{0} = (\lambda_2 I - A)(c_1\boldsymbol{x}_1 + c_2\boldsymbol{x}_2) = c_1(\lambda_2 I - A)\boldsymbol{x}_1 + c_2(\lambda_2 I - A)\boldsymbol{x}_2$$
$$= c_1(\lambda_2\boldsymbol{x}_1 - \lambda_1\boldsymbol{x}_1) + c_2(\lambda_2\boldsymbol{x}_2 - \lambda_2\boldsymbol{x}_2) = c_1(\lambda_2 - \lambda_1)\boldsymbol{x}_1 .$$

$\lambda_1 \neq \lambda_2$ より, $c_1 = 0$. したがって, $c_2\boldsymbol{x}_2 = \boldsymbol{0}$ となり, $c_2 = 0$.

次に $l - 1$ 個以下については成り立つと仮定して, l 個の場合を考える. 固有値, 固有ベクトルを $A\boldsymbol{x}_i = \lambda_i\boldsymbol{x}_i\ (1 \leqq i \leqq l)$,　$\lambda_i \neq \lambda_j\ (i \neq j)$ とし, いま

$$c_1\boldsymbol{x}_1 + c_2\boldsymbol{x}_2 + \cdots + c_l\boldsymbol{x}_l = \boldsymbol{0} \tag{4.22}$$

としよう. (4.22) の両辺に $\lambda_l I - A$ を作用させると

$$c_1(\lambda_l - \lambda_1)\boldsymbol{x}_1 + c_2(\lambda_l - \lambda_2)\boldsymbol{x}_2 + \cdots + c_{l-1}(\lambda_l - \lambda_{1-1})\boldsymbol{x}_{l-1} = \boldsymbol{0} .$$

帰納法の仮定より, $c_1(\lambda_l - \lambda_1) = \cdots = c_1(\lambda_l - \lambda_{1-1}) = 0$. 仮定より $\lambda_l - \lambda_i \neq 0\ (1 \leqq i \leqq l-1)$ なので, $c_1 = \cdots = c_{l-1} = 0$. これから, $c_l = 0$ も得る. ■

系 4.11　n 次正方行列 A が n 個の相異なる固有値をもつならば, A は対角化可能である.

証明　n 個の固有値の各々に対しその固有ベクトルを 1 個ずつとると, 定理 4.10 によりその n 個の固有ベクトルは 1 次独立となる. したがって, 定理 4.7 により A は対角化可能である. ■

固有値, 固有ベクトルの存在　固有値は固有方程式: $|\lambda I - A| = 0$ の解であり (定理 4.8), これは A が n 次行列のときは n 次方程式となる. このことから, 固有値の存在に関しては次の定理に依らざるを得ない:

代数学の基本定理[5](C.F.Gauss): 複素係数の n 次方程式は重複度まで入れて n 個の複素解をもつ.

固有値, 固有ベクトルの存在

定理 4.12 (1) 任意の正方行列は (複素) 固有値をもつが, 実数の範囲では必ずしも固有値をもつとは限らない.
(2) A は実行列で λ_0 が実固有値ならば, λ_0 に属する実 (各成分が実数からなる) 固有ベクトルがとれる.

証明 (1) 代数学の基本定理により複素数の範囲では固有値がある.
(2) 固有ベクトルは連立方程式: $(\lambda_0 I - A)\boldsymbol{x} = \mathbf{0}$ の解であり, 係数行列 $\lambda_0 I - A$ の各成分が実数のときには実数の範囲内の基本操作で解が求められる. ∎

例題 4.5 行列 $A = \begin{bmatrix} \cos\theta & -\sin\theta \\ \sin\theta & \cos\theta \end{bmatrix}$ について,
固有値および各固有値の固有空間を求めよ. また対角化可能性を判定し, 対角化可能ならば変換行列 T を求めて対角化せよ.

[解] 固有多項式は, $\phi_A(\lambda) = \begin{vmatrix} \lambda - \cos\theta & \sin\theta \\ -\sin\theta & \lambda - \cos\theta \end{vmatrix} = \lambda^2 - 2\lambda\cos\theta + 1$.

固有方程式: $\lambda^2 - 2\lambda\cos\theta + 1 = 0$ の解は, $\cos\theta \pm i\sin\theta$.
したがって, $\theta = k\pi$ (k: 整数) でないときには実数の範囲では固有値はなく対角化不可であるが, 複素数まで広げると固有値は存在して, $\cos\theta \pm i\sin\theta$.

このとき, $\lambda_- = \cos\theta - i\sin\theta$, $\lambda_+ = \cos\theta + i\sin\theta$ の固有空間はそれぞれ次のようになる (計算略):

$$\mathrm{Ker}(\lambda_- I - A) = \left\{ c\begin{bmatrix} 1 \\ i \end{bmatrix} \;\middle|\; c \in \mathbb{C} \right\}, \quad \mathrm{Ker}(\lambda_+ I - A) = \left\{ c\begin{bmatrix} i \\ 1 \end{bmatrix} \;\middle|\; c \in \mathbb{C} \right\}.$$

変換行列として $T = \begin{bmatrix} 1 & i \\ i & 1 \end{bmatrix}$ をとると, $T^{-1}AT = \mathrm{diag}\{\lambda_-, \lambda_+\}$ と対角化される. ∎

[5] この定理の証明は複素関数の教科書に委ねることにする.

(4)　応用：フィボナッチ数列

対角化の応用例を 1 つ示そう.

> **例題 4.6**　次の数列はフィボナッチ (**Fibonacci**) 数列と呼ばれている：
>
> $$0\ ,\ 1\ ,\ 1\ ,\ 2\ ,\ 3\ ,\ 5\ ,\ 8\ ,\ 13\ ,\ 21\ ,\cdots$$
>
> この数列の第 n 項を x_n とすると, x_n は次の漸化式に従う：
>
> $$x_0 = 0,\ x_1 = 1, \qquad x_{n+2} = x_{n+1} + x_n \qquad (n = 0, 1, 2, \cdots) \quad (4.23)$$
>
> この数列の一般項 x_n を求めよ.

[解]　(4.23) は行列を用いて次のように表すことができる：

$$\begin{bmatrix} x_{n+1} \\ x_{n+2} \end{bmatrix} = \begin{bmatrix} 0 & 1 \\ 1 & 1 \end{bmatrix} \begin{bmatrix} x_n \\ x_{n+1} \end{bmatrix}, \quad \begin{bmatrix} x_0 \\ x_1 \end{bmatrix} = \begin{bmatrix} 0 \\ 1 \end{bmatrix} \qquad (n = 0, 1, 2, \cdots) \qquad (4.24)$$

あるいは, $\boldsymbol{x}_n = \begin{bmatrix} x_n \\ x_{n+1} \end{bmatrix}$, $A = \begin{bmatrix} 0 & 1 \\ 1 & 1 \end{bmatrix}$ とおくと次式のように簡素化される.

$$\boldsymbol{x}_{n+1} = A\boldsymbol{x}_n, \quad \boldsymbol{x}_0 = \begin{bmatrix} 0 \\ 1 \end{bmatrix} \qquad (n = 0, 1, 2, \cdots) \qquad (4.25)$$

これは初項 $\boldsymbol{x}_0$, 公比 A の等比数列と同様に扱うことができ, 一般項は $\boldsymbol{x}_n = A^n\boldsymbol{x}_0$ となる.

A^n を求めるために, 対角化を利用する.

$$|\lambda I - A| = \begin{vmatrix} \lambda & -1 \\ -1 & \lambda - 1 \end{vmatrix} = \lambda^2 - \lambda - 1$$

より, A の固有値は, $\alpha = \dfrac{1 + \sqrt{5}}{2}$, $\beta = \dfrac{1 - \sqrt{5}}{2}$.

α の固有ベクトルを求める：$\alpha + \beta = 1$, $\alpha\beta = -1$ に留意して, $\alpha I - A = \begin{bmatrix} \alpha & -1 \\ -1 & \alpha - 1 \end{bmatrix}$ を階段形に誘導すると $\begin{bmatrix} 1 & \beta \\ 0 & 0 \end{bmatrix}$. これより, $\mathrm{Ker}(\alpha I - A) = \left\{ c \begin{bmatrix} -\beta \\ 1 \end{bmatrix} \;\middle|\; c \in \mathbb{R} \right\}$.

同様に, β の固有ベクトルを求めると, $\mathrm{Ker}(\beta I - A) = \left\{ c \begin{bmatrix} -\alpha \\ 1 \end{bmatrix} \;\middle|\; c \in \mathbb{R} \right\}$.

基底の変換行列として $T = \begin{bmatrix} -\beta & -\alpha \\ 1 & 1 \end{bmatrix}$ をとり対角化すると, $T^{-1}AT = \mathrm{diag}\{\,\alpha,\, \beta\,\}$.

したがって,

$$\begin{aligned} A^n &= \left(T\,\mathrm{diag}\{\,\alpha,\, \beta\,\}T^{-1}\right)^n = T\,\mathrm{diag}\{\,\alpha^n,\, \beta^n\,\}T^{-1} \\ &= \begin{bmatrix} -\beta & -\alpha \\ 1 & 1 \end{bmatrix} \begin{bmatrix} \alpha^n & 0 \\ 0 & \beta^n \end{bmatrix} \left(\frac{1}{\alpha - \beta} \begin{bmatrix} 1 & \alpha \\ -1 & -\beta \end{bmatrix} \right) \\ &= \frac{1}{\alpha - \beta} \begin{bmatrix} \alpha^{n-1} - \beta^{n-1} & \alpha^n - \beta^n \\ \alpha^n - \beta^n & \alpha^{n+1} - \beta^{n+1} \end{bmatrix} \end{aligned}$$

よって,

$$\begin{bmatrix} x_n \\ x_{n+1} \end{bmatrix} = \frac{1}{\alpha-\beta}\begin{bmatrix} \alpha^{n-1}-\beta^{n-1} & \alpha^n-\beta^n \\ \alpha^n-\beta^n & \alpha^{n+1}-\beta^{n+1} \end{bmatrix}\begin{bmatrix} 0 \\ 1 \end{bmatrix} = \frac{1}{\sqrt{5}}\begin{bmatrix} \alpha^n-\beta^n \\ \alpha^{n+1}-\beta^{n+1} \end{bmatrix}$$

これより一般項 x_n は

$$x_n = \frac{1}{\sqrt{5}}\left(\left(\frac{1+\sqrt{5}}{2}\right)^n - \left(\frac{1-\sqrt{5}}{2}\right)^n\right) \qquad (n=0,1,2,\cdots)$$

∎

問 4.7 $\alpha = \dfrac{1+\sqrt{5}}{2}$, $\beta = \dfrac{1-\sqrt{5}}{2}$ に対して, $y_n = \alpha^n + \beta^n$ $(n=0,1,2,\cdots)$ とする.

(1) 数列 $\{y_n\}_{n=0}^{\infty}$ もフィボナッチ数列と同じ漸化式 (4.23) をみたすことを示せ.

(2) $\{y_n\}_{n=0}^{15}$ を求めよ.

黄金分割 フィボナッチ数列において現れた数 $\alpha = \dfrac{1+\sqrt{5}}{2}$ は非常に美しい数であると認識され, **黄金比**と呼ばれている. 顕著な性質を挙げると

(1) 一直線上に 3 点 O,P,Q があり, P が OQ の比 $\alpha:1$ の内分点であれば, 同時に Q は OP の同じ比の外分点となっている.

(2) 縦, 横の比が $\alpha:1$ の長方形は最も均衡のとれた美しい長方形であるといわれる. この長方形から短い方の辺を 1 辺とする正方形を取り去った残りの長方形はまた縦, 横の比が $\alpha:1$ の長方形となる.

(3) 正 5 角形において任意の 2 頂点を結ぶ 2 つの線分は互いに他を $\alpha:1$ に分割する.

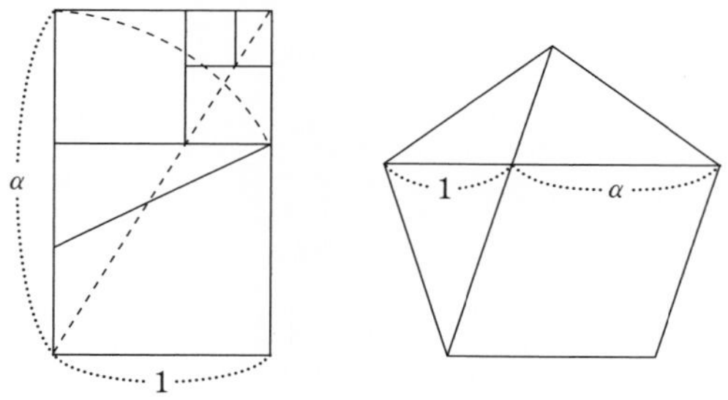

演習問題 4

1. 線形変換 $\varPhi : \mathbb{R}^3 \to \mathbb{R}^2$, $\varPhi\left(\begin{bmatrix} x_1 \\ x_2 \\ x_3 \end{bmatrix}\right) = \begin{bmatrix} x_1 + x_2 \\ 4x_1 + x_2 - x_3 \end{bmatrix}$ について, 次の基底に関する表現行列を求めよ.

(1) $\mathbb{R}^3 : \{\boldsymbol{e}_1, \boldsymbol{e}_2, \boldsymbol{e}_3\}$, $\mathbb{R}^2 : \{\boldsymbol{e}_1, \boldsymbol{e}_2\}$

(2) $\mathbb{R}^3 : \{\boldsymbol{e}_1, \boldsymbol{e}_1 + \boldsymbol{e}_2, \boldsymbol{e}_1 + \boldsymbol{e}_2 + \boldsymbol{e}_3\}$, $\mathbb{R}^2 : \{\boldsymbol{e}_1, \boldsymbol{e}_2\}$

(3) $\mathbb{R}^3 : \{\boldsymbol{e}_1, \boldsymbol{e}_2, \boldsymbol{e}_3\}$, $\mathbb{R}^2 : \{\boldsymbol{e}_1, \boldsymbol{e}_1 + \boldsymbol{e}_2\}$

2. $\mathbb{R}^3$ において, $\boldsymbol{a}_1 = \begin{bmatrix} 1 \\ 0 \\ 0 \end{bmatrix}$, $\boldsymbol{a}_2 = \begin{bmatrix} 1 \\ 1 \\ 0 \end{bmatrix}$, $\boldsymbol{a}_3 = \begin{bmatrix} 0 \\ 1 \\ 1 \end{bmatrix}$ とする.

(1) $\{\boldsymbol{a}_1, \boldsymbol{a}_2, \boldsymbol{a}_3\}$ は $\mathbb{R}^3$ の基底となることを示せ.

(2) $\varPhi(\boldsymbol{a}_1) = \boldsymbol{a}_2$, $\varPhi(\boldsymbol{a}_2) = \boldsymbol{a}_3$, $\varPhi(\boldsymbol{a}_3) = \boldsymbol{a}_1$ によって定まる $\mathbb{R}^3$ 上の線形変換 $\varPhi$ について, 基底 $\{\boldsymbol{a}_1, \boldsymbol{a}_2, \boldsymbol{a}_3\}$ に関する表現行列を求めよ.

(3) 前問 (2) で定められた $\varPhi$ の標準基底に関する表現行列を求めよ.

3. $\mathbb{T}_2 = \mathrm{span}[1, \cos x, \sin x, \cos 2x, \sin 2x]$ 上で定義された微分 (作用素) $D : f(x) \mapsto f' = \dfrac{df}{dx}$ について, 基底 $\{1, \cos x, \sin x, \cos 2x, \sin 2x\}$ に関する表現行列を求めよ.

4. 次の線形変換 $\varPhi : \mathbb{P}_2 \to \mathbb{P}_3$ について, $\mathbb{P}_2$ の基底 $\{1, x, x^2\}$ および $\mathbb{P}_3$ の基底 $\{1, x, x^2, x^3\}$ に関する表現行列を求めよ. また, $p(x) = a + bx + cx^2$ の像 $\varPhi(p(x))$ を求めよ.

(1) $\varPhi(p(x)) = p'(x) + \displaystyle\int_0^x p(x)\,dx + p(1)x$

(2) $\varPhi(p(x)) = p(2) + p'(1)x + \left(6 \displaystyle\int_0^1 p(x)\,dx\right) x^3$

5. 次の行列について, 固有値と各々の固有値に対する固有空間を求め, 対角化可能か否かを判定せよ. さらに, 対角化可能ならば変換行列 T を求めて対角化せよ.

(1) $\begin{bmatrix} -7 & -12 & 0 \\ 4 & 7 & 0 \\ -2 & -4 & -1 \end{bmatrix}$ (2) $\begin{bmatrix} 0 & -3 & 10 \\ 1 & 4 & 2 \\ -1 & -3 & -5 \end{bmatrix}$ (3) $\begin{bmatrix} 1 & -1 & 1 & -1 \\ -1 & 1 & -1 & 1 \\ 1 & -1 & 1 & -1 \\ -1 & 1 & -1 & 1 \end{bmatrix}$

6. 次の行列を A とするとき, A^n $(1 \leqq n)$ を求めよ.

(1) $\begin{bmatrix} -8 & 6 \\ -9 & 7 \end{bmatrix}$ (2) $\begin{bmatrix} 1 & 0 & -1 \\ 1 & 1 & 0 \\ -1 & 0 & 1 \end{bmatrix}$ (3) $\begin{bmatrix} 4 & -6 & -24 \\ -2 & 3 & 12 \\ 1 & -2 & -7 \end{bmatrix}$

7. 次の行列の固有値と各々の固有値に属する固有ベクトルを複素数の範囲で求めよ.

(1) $\begin{bmatrix} 1 & -1 \\ 1 & 1 \end{bmatrix}$ (2) $\begin{bmatrix} 1 & -\sqrt{3} \\ \sqrt{3} & 1 \end{bmatrix}$

(3) $\begin{bmatrix} 1 & i \\ i & 1 \end{bmatrix}$ (4) $\begin{bmatrix} 1+i & 1 \\ -1 & -1+i \end{bmatrix}$

8. 数直線上, 座標が x である点を $\mathrm{P}(x)$ で表す. $0 < \alpha < 1$ に対し, 数列 $\{x_n\}_{n=0}^{\infty}$ を帰納的に次のように定める : $x_0 = 0$, $x_1 = 1$ とし, 点 $\mathrm{P}(x_{n+1})$ を線分 $\mathrm{P}(x_{n-1})\mathrm{P}(x_n)$ 上に比 $\overline{\mathrm{P}(x_{n-1})\,\mathrm{P}(x_{n+1})} : \overline{\mathrm{P}(x_n)\,\mathrm{P}(x_{n+1})} = \alpha : 1-\alpha$ の内分点となるようにとる.

(1) 数列 $\{x_n\}$ は次の漸化式に従うことを確かめよ.

$$x_0 = 0\,,\ x_1 = 1\,, \quad x_{n+1} = \alpha x_n + (1-\alpha)x_{n-1} \quad (n = 1, 2, \cdots)$$

(2) $\boldsymbol{x}_n = \begin{bmatrix} x_{n-1} \\ x_n \end{bmatrix}$ とするとき, $\boldsymbol{x}_{n+1} = A\boldsymbol{x}_n$ となる行列 A を求めよ.

(3) A の固有値と固有ベクトルを求め, 対角化せよ.

(4) A^n を求めよ.

(5) 一般項 x_n と極限値 $\lim\limits_{n\to\infty} A^n$, $\lim\limits_{n\to\infty} x_n$ を求めよ.

9. 正方行列 A について, 次を示せ.

(1) A は正則 $\iff$ 0 が A の固有値でない

(2) A が正則のとき, λ が A の固有値 $\Longrightarrow$ $\dfrac{1}{\lambda}$ は A^{-1} の固有値

第 5 章

内 積 空 間

ベクトル空間に内積が入ると距離や直交性の概念が生じる．そのためベクトル空間というだけではできなかった詳細な解析が可能となる．標準的な内積が導入された座標平面や座標空間は, 代表的な内積空間で, ユークリッド空間と呼ばれる．一般の内積空間における諸々の概念や性質などについてもベクトル空間のときと同様にユークリッド空間でのイメージが理解を助けることになるだろう．

1. 内積

(1) 座標空間におけるベクトルの長さ, 角度

2 点 A, B の位置ベクトルがそれぞれ $\boldsymbol{a} = \begin{bmatrix} a_1 \\ a_2 \\ a_3 \end{bmatrix}$, $\boldsymbol{b} = \begin{bmatrix} b_1 \\ b_2 \\ b_3 \end{bmatrix}$ であるとき, ベクトル $\boldsymbol{a}$ の長さを $\|\boldsymbol{a}\|$ で表す (ノルムと呼ぶ):

$$\|\boldsymbol{a}\| = \sqrt{a_1^2 + a_2^2 + a_3^2} \tag{5.1}$$

また, 2 点 A, B 間の距離は

$$\overline{\mathrm{AB}} = \sqrt{(a_1 - b_1)^2 + (a_2 - b_2)^2 + (a_3 - b_3)^2} = \|\boldsymbol{a} - \boldsymbol{b}\| \tag{5.2}$$

ベクトル $\boldsymbol{a}$ と $\boldsymbol{b}$ のなす角を θ とするとき, 三角形 △OAB において余弦定理を適用する (図 5.1 (b)) と

$$\|\boldsymbol{a} - \boldsymbol{b}\|^2 = \|\boldsymbol{a}\|^2 + \|\boldsymbol{b}\|^2 - 2\|\boldsymbol{a}\|\,\|\boldsymbol{b}\| \cos\theta \tag{5.3}$$

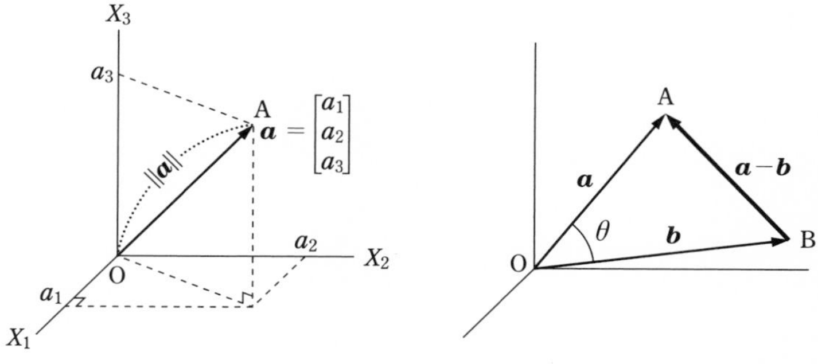

図 5.1　**座標空間** $\mathbb{R}^3$

(5.1)-(5.3) から次式が得られる：

$$\begin{aligned} \|\boldsymbol{a}\|\,\|\boldsymbol{b}\|\cos\theta &= \frac{1}{2}\big(\|\boldsymbol{a}\|^2 + \|\boldsymbol{b}\|^2 - \|\boldsymbol{a}-\boldsymbol{b}\|^2\big) \\ &= a_1b_1 + a_2b_2 + a_3b_3 \end{aligned} \tag{5.4}$$

(5.4) で定まる値を $\mathbb{R}^3$ の ($\boldsymbol{a}$ と $\boldsymbol{b}$ の) **標準内積**あるいは単に**内積**と呼び, $\langle \boldsymbol{a}, \boldsymbol{b} \rangle$ で表す. 内積とノルムは

$$\|\boldsymbol{a}\|^2 = a_1a_1 + a_2a_2 + a_3a_3 = \langle \boldsymbol{a}, \boldsymbol{a} \rangle, \tag{5.5}$$

$$\langle \boldsymbol{a}, \boldsymbol{b} \rangle = \frac{1}{2}\big(\|\boldsymbol{a}\|^2 + \|\boldsymbol{b}\|^2 - \|\boldsymbol{a}-\boldsymbol{b}\|^2\big) \tag{5.6}$$

のように, ノルムは内積から, 逆に内積はノルムから再生できる. また, 2 つのベクトル $\boldsymbol{a}$, $\boldsymbol{b}$ のなす角 θ は, (5.4) より

$$\cos\theta = \frac{\langle \boldsymbol{a}, \boldsymbol{b} \rangle}{\|\boldsymbol{a}\|\,\|\boldsymbol{b}\|} \tag{5.7}$$

と内積を用いて表される.

このように, 内積はベクトルの大きさ, ベクトル間の距離やそれらのなす角に関連する重要な概念といえる.

問 5.1　座標空間 $\mathbb{R}^3$ において, X 軸, Y 軸とのなす角がともに 60° でノルムが 1 のベクトルを求めよ.

(2)　内積：定義と例

$\mathbb{R}$ (あるいは, $\mathbb{C}$) をスカラーとする一般のベクトル空間に内積を導入しよう.

内積

ベクトル空間 V の任意の2元 $\boldsymbol{a}, \boldsymbol{b}$ に対してスカラー $\langle \boldsymbol{a}, \boldsymbol{b} \rangle$ が定まり, 以下の性質をみたすとき, $\langle \cdot, \cdot \rangle$ を**内積**という：

(N_1)　$\langle \boldsymbol{a}+\boldsymbol{b}, \boldsymbol{c} \rangle = \langle \boldsymbol{a}, \boldsymbol{c} \rangle + \langle \boldsymbol{b}, \boldsymbol{c} \rangle$

(N_2)　$\langle c\boldsymbol{a}, \boldsymbol{b} \rangle = c\langle \boldsymbol{a}, \boldsymbol{b} \rangle$

(N_3)　$\langle \boldsymbol{a}, \boldsymbol{b} \rangle = \langle \boldsymbol{b}, \boldsymbol{a} \rangle$

(複素ベクトル空間の場合は, $\langle \boldsymbol{a}, \boldsymbol{b} \rangle = \overline{\langle \boldsymbol{b}, \boldsymbol{a} \rangle}$)

(N_4)　$\langle \boldsymbol{a}, \boldsymbol{a} \rangle \geqq 0$　　特に, $\langle \boldsymbol{a}, \boldsymbol{a} \rangle = 0 \iff \boldsymbol{a} = \boldsymbol{0}$

ここで, $\boldsymbol{a}, \boldsymbol{b}, \boldsymbol{c}$ は V の任意のベクトル, c は任意のスカラーを表す.

内積が導入されたベクトル空間を**内積空間**という. 特に, スカラーが複素数のときには**複素内積空間**と呼ぶことにする.

注意 5.1　複素数は実数を包含するものであるから, 内積といえば複素内積をさすということにしておけば, 定義式の (N_3) は1つで済む. 実際, スカラーが実数の場合には $\langle \boldsymbol{a}, \boldsymbol{b} \rangle = \overline{\langle \boldsymbol{b}, \boldsymbol{a} \rangle} = \langle \boldsymbol{b}, \boldsymbol{a} \rangle$ であるから複素内積の特別な場合と思えばよい.

本章では主に実内積空間を扱うこととし, 内積空間といえば実内積空間を念頭におけば十分であるが, それは共役記号に関する気遣いを避けかつ式の簡素化を図るためであり, 本章で述べる性質は複素内積空間においてもほとんどそのまま成り立つ.

例 5.1 (標準内積)　$\mathbb{R}^n$ のベクトル $\boldsymbol{a} = \begin{bmatrix} a_1 \\ \vdots \\ a_n \end{bmatrix}$, $\boldsymbol{b} = \begin{bmatrix} b_1 \\ \vdots \\ b_n \end{bmatrix}$ に対して

$$\langle \boldsymbol{a}, \boldsymbol{b} \rangle = a_1 b_1 + \cdots + a_n b_n \tag{5.8}$$

また, $\mathbb{C}^n$ のベクトルに対しては

$$\langle \boldsymbol{a}, \boldsymbol{b} \rangle = a_1 \bar{b}_1 + \cdots + a_n \bar{b}_n, \quad (\bar{b} \text{ は } b \text{ の共役複素数を表す}) \tag{5.9}$$

によって定義すると, これは (N_1)-(N_4) をみたし, 内積となる.

(5.8), (5.9) はそれぞれ $\mathbb{R}^n$, $\mathbb{C}^n$ の**標準内積**と呼ばれる. 内積空間 $\mathbb{R}^n$ ($\mathbb{C}^n$) といえばふつうは標準内積が導入されたベクトル空間 $\mathbb{R}^n$($\mathbb{C}^n$) のことをさす. ∎

例 5.2 **($\mathbb{P}[a,b]$)**　任意に区間 $[a,b]$ を指定したとき, $f(x)$, $g(x) \in \mathbb{P}$ に対して

$$\langle f\,,\,g\rangle = \int_a^b f(x)g(x)\,dx \tag{5.10}$$

と定義すると, 内積の条件 : (N_1)-(N_4) をみたす (確かめよ (問 5.3)). この内積空間を $\mathbb{P}[a,b]$ で表す. ■

例 5.3 **(三角関数 $\mathbb{T}[-\pi,\pi]$)**　三角関数のベクトル空間 $\mathbb{T}$ において,

$$\langle f\,,\,g\rangle = \frac{1}{\pi}\int_{-\pi}^{\pi} f(x)g(x)\,dx \tag{5.11}$$

と定義すると, 内積の条件 (N_1)-(N_4) をみたす. この内積空間を $\mathbb{T}[-\pi,\pi]$ で表す. ■

ノルム　内積空間 V において, ベクトルの大きさを表す概念を

$$\|\boldsymbol{a}\| = \sqrt{\langle\boldsymbol{a}\,,\,\boldsymbol{a}\rangle} \qquad (\boldsymbol{a}\in V) \tag{5.12}$$

によって導入し, ベクトル $\boldsymbol{a}$ の**ノルム**と呼ぶ.

内積とノルムの性質

定理 5.1　内積空間 V のノルムに関して, 次が成り立つ.
任意の $\boldsymbol{a},\boldsymbol{b}\in V$, スカラー c に対し,
(1)　$\|c\,\boldsymbol{a}\| = |c|\,\|\boldsymbol{a}\|$
(2)　$|\langle\boldsymbol{a}\,,\,\boldsymbol{b}\rangle| \leqq \|\boldsymbol{a}\|\,\|\boldsymbol{b}\|$　(シュワルツの不等式)
(3)　$\|\boldsymbol{a}+\boldsymbol{b}\| \leqq \|\boldsymbol{a}\|+\|\boldsymbol{b}\|$, $\big|\,\|\boldsymbol{a}\|-\|\boldsymbol{b}\|\,\big| \leqq \|\boldsymbol{a}-\boldsymbol{b}\|$　(三角不等式)

証明 (1)　$\|c\,\boldsymbol{a}\|^2 = \langle c\boldsymbol{a}\,,\,c\boldsymbol{a}\rangle = c^2\langle\boldsymbol{a}\,,\,\boldsymbol{a}\rangle = c^2\|\boldsymbol{a}\|^2$ からわかる.
(2) $\boldsymbol{a}=\boldsymbol{0}$ のときは, $|\langle\boldsymbol{a}\,,\,\boldsymbol{b}\rangle| = 0 = \|\boldsymbol{a}\|\,\|\boldsymbol{b}\|$ となり成り立つ.
$\boldsymbol{a}\neq\boldsymbol{0}$ ならば, 任意のスカラー (実数) t に対し

$$\begin{aligned}\big\|\,t\boldsymbol{a}-\|\boldsymbol{a}\|\boldsymbol{b}\,\big\|^2 &= \langle t\boldsymbol{a}-\|\boldsymbol{a}\|\boldsymbol{b},\,t\boldsymbol{a}-\|\boldsymbol{a}\|\boldsymbol{b}\rangle\\ &= \langle t\boldsymbol{a}\,,\,t\boldsymbol{a}\rangle - \langle t\boldsymbol{a}\,,\,\|\boldsymbol{a}\|\boldsymbol{b}\rangle - \langle\,\|\boldsymbol{a}\|\boldsymbol{b},\,t\boldsymbol{a}\rangle + \langle\,\|\boldsymbol{a}\|\boldsymbol{b},\,\|\boldsymbol{a}\|\boldsymbol{b}\rangle\\ &= t^2\|\boldsymbol{a}\|^2 - t\|\boldsymbol{a}\|\langle\boldsymbol{a}\,,\,\boldsymbol{b}\rangle - t\|\boldsymbol{a}\|\langle\boldsymbol{b}\,,\,\boldsymbol{a}\rangle + \|\boldsymbol{a}\|^2\|\boldsymbol{b}\|^2\\ &= \Big(t\|\boldsymbol{a}\| - \langle\boldsymbol{a}\,,\,\boldsymbol{b}\rangle\Big)^2 + \|\boldsymbol{a}\|^2\|\boldsymbol{b}\|^2 - |\langle\boldsymbol{a}\,,\,\boldsymbol{b}\rangle|^2\end{aligned}$$

上式において $t=\dfrac{\langle \boldsymbol{a}, \boldsymbol{b}\rangle}{\|\boldsymbol{a}\|}$ とすれば次式を得る：

$$\left\| \frac{\langle \boldsymbol{a}, \boldsymbol{b}\rangle}{\|\boldsymbol{a}\|}\boldsymbol{a}-\|\boldsymbol{a}\|\boldsymbol{b}\right\|^2=\|\boldsymbol{a}\|^2\|\boldsymbol{b}\|^2-|\langle \boldsymbol{a}, \boldsymbol{b}\rangle|^2 \tag{5.13}$$

この式において "左辺" $\geqq 0$ なので，$\|\boldsymbol{a}\|^2\|\boldsymbol{b}\|^2-|\langle \boldsymbol{a}, \boldsymbol{b}\rangle|^2 \geqq 0$.

(3) 上問 (2) より，$\big(\|\boldsymbol{a}\|+\|\boldsymbol{b}\|\big)^2-\|\boldsymbol{a}+\boldsymbol{b}\|^2=2\big(\|\boldsymbol{a}\|\,\|\boldsymbol{b}\|-\langle \boldsymbol{a}, \boldsymbol{b}\rangle\big)\geqq 0$.

同様に，$\|\boldsymbol{a}-\boldsymbol{b}\|^2-\big(\|\boldsymbol{a}\|-\|\boldsymbol{b}\|\big)^2=2\big(\|\boldsymbol{a}\|\,\|\boldsymbol{b}\|-\langle \boldsymbol{a}, \boldsymbol{b}\rangle\big)\geqq 0$. ∎

例題 5.1 一般の内積空間において，次の等式が成り立つことを示せ.

$$\|\boldsymbol{a}+\boldsymbol{b}\|^2-\|\boldsymbol{a}\|^2-\|\boldsymbol{b}\|^2=\langle \boldsymbol{a}, \boldsymbol{b}\rangle+\langle \boldsymbol{b}, \boldsymbol{a}\rangle$$

[解]
$$\begin{aligned}\|\boldsymbol{a}+\boldsymbol{b}\|^2&=\langle \boldsymbol{a}+\boldsymbol{b}, \boldsymbol{a}+\boldsymbol{b}\rangle=\langle \boldsymbol{a}, \boldsymbol{a}\rangle+\langle \boldsymbol{a}, \boldsymbol{b}\rangle+\langle \boldsymbol{b}, \boldsymbol{a}\rangle+\langle \boldsymbol{b}, \boldsymbol{b}\rangle\\&=\|\boldsymbol{a}\|^2+\langle \boldsymbol{a}, \boldsymbol{b}\rangle+\langle \boldsymbol{b}, \boldsymbol{a}\rangle+\|\boldsymbol{b}\|^2\end{aligned}$$

からわかる. ∎

問 5.2 内積の条件 (N_1)-(N_3) から次が成り立つことを示せ.

(1) $\langle \boldsymbol{a}, c\boldsymbol{b}\rangle=c\langle \boldsymbol{a}, \boldsymbol{b}\rangle$

(複素内積においては，$\langle \boldsymbol{a}, c\boldsymbol{b}\rangle=\bar{c}\langle \boldsymbol{a}, \boldsymbol{b}\rangle$)

(2) $\langle \boldsymbol{a}, \boldsymbol{0}\rangle=\langle \boldsymbol{0}, \boldsymbol{b}\rangle=0$

(3) $\langle \boldsymbol{a}, \boldsymbol{b}+\boldsymbol{c}\rangle=\langle \boldsymbol{a}, \boldsymbol{b}\rangle+\langle \boldsymbol{a}, \boldsymbol{c}\rangle$

問 5.3 $\mathbb{P}[0,1]$ において

(1) (5.10) は内積の条件 (N_1)-(N_4) をみたすことを確かめよ.

(2) 次の値を求めよ.

(i) $\langle 1, x\rangle$ (ii) $\langle 1+x, 1-x\rangle$

(iii) $\|1+x\|$ (iv) $\|1-x\|$

問 5.4 (1) 定理 5.1 (2) (シュワルツの不等式) において等号が成り立つのは，$\boldsymbol{a}, \boldsymbol{b}$ が 1 次従属のときであることを示せ.

(2) 定理 5.1 (3) (三角不等式) において等号が成り立つのは，$\boldsymbol{a}=c\boldsymbol{b}$ あるいは $\boldsymbol{b}=c\boldsymbol{a}$ となるような実数 c $(\geqq 0)$ がとれるときであることを示せ.

(3) 複素内積空間においても等式 (5.13) が成り立つことを示せ.

2. 正規直交基底

(1) 直交系, 正規直交基底

直交, 直交補空間 2 つのベクトル $\boldsymbol{a}, \boldsymbol{b}$ が $\langle \boldsymbol{a}\,,\, \boldsymbol{b} \rangle = 0$ のとき, 互いに**直交**するといい, $\boldsymbol{a} \perp \boldsymbol{b}$ と表す. ベクトルの集合 S に対し, $\boldsymbol{a}$ が S のすべての元と直交する (つまり, $\boldsymbol{a} \perp \boldsymbol{u}\ (\boldsymbol{u} \in S)$) とき, $\boldsymbol{a} \perp S$ と表す. また, S のすべての元と直交するベクトルの全体を S の**直交補空間**といい, $S^{\perp}$ で表す[1] :

$$S^{\perp} = \{\boldsymbol{x} \mid \langle \boldsymbol{x}\,,\, \boldsymbol{u} \rangle = 0 \quad \forall \boldsymbol{u} \in S\}$$

直交系 ベクトルの組 $\{\boldsymbol{a}_1, \boldsymbol{a}_2, \cdots, \boldsymbol{a}_l\}$ は, この中のどの 2 つも互いに直交しているとき **直交系**という.

定理 5.2 $\{\boldsymbol{a}_1, \boldsymbol{a}_2, \cdots, \boldsymbol{a}_l\}$ が直交系ならば, 次の等式が成り立つ:

$$\|\boldsymbol{a}_1 + \cdots + \boldsymbol{a}_l\|^2 = \|\boldsymbol{a}_1\|^2 + \cdots + \|\boldsymbol{a}_l\|^2$$

証明 $\langle \boldsymbol{a}_i\,,\, \boldsymbol{a}_j \rangle = 0\ (i \neq j)$ であるから

$$\begin{aligned} \|\boldsymbol{a}_1 + \cdots + \boldsymbol{a}_l\|^2 &= \left\langle \sum_{i=1}^{l} \boldsymbol{a}_i\,,\, \sum_{j=1}^{l} \boldsymbol{a}_j \right\rangle = \sum_{i=1}^{l}\sum_{j=1}^{l} \langle \boldsymbol{a}_i\,,\, \boldsymbol{a}_j \rangle \\ &= \sum_{i=1}^{l} \langle \boldsymbol{a}_i\,,\, \boldsymbol{a}_i \rangle = \sum_{i=1}^{l} \|\boldsymbol{a}_i\|^2 \end{aligned}$$

∎

ピタゴラスの定理

系 5.3 $\boldsymbol{a} \perp \boldsymbol{b} \implies \|\boldsymbol{a} + \boldsymbol{b}\|^2 = \|\boldsymbol{a}\|^2 + \|\boldsymbol{b}\|^2$

定理 5.4 $\mathbf{0}$ でないベクトルからなる直交系は 1 次独立である.

証明 直交系を $\boldsymbol{u}_1, \boldsymbol{u}_2, \cdots, \boldsymbol{u}_l$ とし, いま $c_1\boldsymbol{u}_1 + c_2\boldsymbol{u}_2 + \cdots + c_l\boldsymbol{u}_l = \mathbf{0}$ としよう. $\boldsymbol{u}_i\ (1 \leqq i \leqq l)$ との内積をとれば,

$$\begin{aligned} 0 &= \langle c_1\boldsymbol{u}_1 + c_2\boldsymbol{u}_2 + \cdots + c_l\boldsymbol{u}_l\,,\, \boldsymbol{u}_i \rangle \\ &= c_1 \langle \boldsymbol{u}_1\,,\, \boldsymbol{u}_i \rangle + \cdots + c_l \langle \boldsymbol{u}_l\,,\, \boldsymbol{u}_i \rangle \\ &= c_i \langle \boldsymbol{u}_i\,,\, \boldsymbol{u}_i \rangle \qquad\qquad (i = 1, 2, \cdots, l) \end{aligned}$$

$\boldsymbol{u}_i \neq \mathbf{0}$ なので, $c_i = 0\ (1 \leqq i \leqq l)$. よって, $\boldsymbol{u}_1, \boldsymbol{u}_2, \cdots, \boldsymbol{u}_l$ は 1 次独立. ∎

---

[1] $\forall$ は, "任意の (Any)"とか"すべての (All)"という意味の数学記号. $\forall \boldsymbol{u} \in S$ は, "S のすべての元 (ベクトル) に対して" という意味. "すべて"を明言, 強調する意図がある.

正規直交基底　　**0** でないベクトルはそれ自身のノルムで割れば**単位ベクトル** (つまり, ノルムが 1 のベクトル) になる. この操作を**正規化**と呼ぶ. 単位ベクトルからなる直交系を**正規直交系**という.

内積空間 V の正規直交系は 1 次独立である (定理 5.4) から, 正規直交系が V を生成する場合に基底となり, **正規直交基底**という.

例 5.4　次のベクトルの組は, 各内積空間の代表的な正規直交基底である.

(1)　標準内積空間 $\mathbb{R}^n(\mathbb{C}^n)$ において, 基本ベクトル $\{\boldsymbol{e}_1, \boldsymbol{e}_2, \cdots, \boldsymbol{e}_n\}$.

(2)　内積空間 $\mathbb{T}_n[-\pi, \pi]$ において

$$\left\{ \frac{1}{\sqrt{2}}\,,\ \cos x\,,\ \sin x\,,\ \cos 2x\,,\ \sin 2x\,,\ \cdots\,,\ \cos nx\,,\ \sin nx \right\}$$

[解]　(1)　基本ベクトル $\{\boldsymbol{e}_1, \boldsymbol{e}_2, \cdots, \boldsymbol{e}_n\}$ は $\mathbb{R}^n(\mathbb{C}^n)$ の基底 (例 3.10 参照), また

$$\langle\, \boldsymbol{e}_i\,,\, \boldsymbol{e}_j \,\rangle = \delta_{ij}\,, \quad ただし,\ \delta_{ij} = \begin{cases} 0 & (i \neq j) \\ 1 & (i = j) \end{cases}$$

となることも容易にわかるので正規直交系でもある.

(2)　例 5.3 (5.11) において導入した内積の定義にしたがって計算すると

$$\|\,1\,\|^2 = \langle\, 1\,,\, 1 \,\rangle = \frac{1}{\pi}\int_{-\pi}^{\pi} 1\, dx = 2\,,$$

$$\langle\, \cos kx\,,\, \sin lx \,\rangle = \frac{1}{\pi}\int_{-\pi}^{\pi} \cos kx \sin lx\, dx = 0 \qquad (k, l = 1, 2, \cdots, n)$$

同様に,

$$\langle\, 1\,,\, \sin kx \,\rangle = \langle\, 1\,,\, \cos kx \,\rangle = 0 \qquad (k = 1, 2, \cdots, n)$$

$$\langle\, \cos kx\,,\, \cos lx \,\rangle = \langle\, \sin kx\,,\, \sin lx \,\rangle = \delta_{kl} \qquad (k, l = 1, 2, \cdots, n)$$

これより, 与えられた関数は正規直交系であることがわかる. したがって, 1 次独立 (定理 5.4). 一方, 生成系であることは明らかだから, 基底をなす. ∎

正規直交基底の性質

定理 5.5　$\{\boldsymbol{u}_1, \boldsymbol{u}_2, \cdots, \boldsymbol{u}_n\}$ は V の正規直交基底とする. このとき, 任意の $\boldsymbol{x}, \boldsymbol{y}\ (\in V)$ に対し次の等式が成り立つ:

(1)　$\boldsymbol{x} = \langle\, \boldsymbol{x}\,,\, \boldsymbol{u}_1 \,\rangle\, \boldsymbol{u}_1 + \langle\, \boldsymbol{x}\,,\, \boldsymbol{u}_2 \,\rangle\, \boldsymbol{u}_2 + \cdots + \langle\, \boldsymbol{x}\,,\, \boldsymbol{u}_n \,\rangle\, \boldsymbol{u}_n$

(2)　$\langle\, \boldsymbol{x}\,,\, \boldsymbol{y} \,\rangle = \langle\, \boldsymbol{x}\,,\, \boldsymbol{u}_1 \,\rangle \langle\, \boldsymbol{u}_1\,,\, \boldsymbol{y} \,\rangle + \cdots + \langle\, \boldsymbol{x}\,,\, \boldsymbol{u}_n \,\rangle \langle\, \boldsymbol{u}_n\,,\, \boldsymbol{y} \,\rangle$

(3)　$\|\,\boldsymbol{x}\,\|^2 = |\,\langle\, \boldsymbol{x}\,,\, \boldsymbol{u}_1 \,\rangle\,|^2 + \cdots + |\,\langle\, \boldsymbol{x}\,,\, \boldsymbol{u}_n \,\rangle\,|^2$　　(パーセバルの等式)

証明　(1)　$\{\boldsymbol{u}_1, \boldsymbol{u}_2, \cdots, \boldsymbol{u}_n\}$ は V の基底であるから，任意の $\boldsymbol{x}\,(\in V)$ は

$$\boldsymbol{x} = c_1\boldsymbol{u}_1 + \cdots + c_n\boldsymbol{u}_n$$

と一意的に表される (定理 3.5)．このとき，c_k は $\boldsymbol{u}_k$ と $\boldsymbol{x}$ の内積をとることにより，次のように定まる：

$$\langle\, \boldsymbol{x}\,,\, \boldsymbol{u}_k \,\rangle = \langle\, c_1\boldsymbol{u}_1 + \cdots + c_n\boldsymbol{u}_n\,,\, \boldsymbol{u}_k \,\rangle = c_k \qquad (k = 1, 2, \cdots, n)$$

(2)　上に示した (1) により

$$\boldsymbol{x} = \langle\, \boldsymbol{x}\,,\, \boldsymbol{u}_1 \,\rangle\, \boldsymbol{u}_1 + \langle\, \boldsymbol{x}\,,\, \boldsymbol{u}_2 \,\rangle\, \boldsymbol{u}_2 + \cdots + \langle\, \boldsymbol{x}\,,\, \boldsymbol{u}_n \,\rangle\, \boldsymbol{u}_n\,,$$

$$\boldsymbol{y} = \langle\, \boldsymbol{y}\,,\, \boldsymbol{u}_1 \,\rangle\, \boldsymbol{u}_1 + \langle\, \boldsymbol{y}\,,\, \boldsymbol{u}_2 \,\rangle\, \boldsymbol{u}_2 + \cdots + \langle\, \boldsymbol{y}\,,\, \boldsymbol{u}_n \,\rangle\, \boldsymbol{u}_n$$

と表され，両者の内積をとると

$$\begin{aligned}\langle\, \boldsymbol{x}\,,\, \boldsymbol{y} \,\rangle &= \left\langle\, \sum_{k=i}^{n} \langle\, \boldsymbol{x}\,,\, \boldsymbol{u}_i \,\rangle\, \boldsymbol{u}_i\,,\, \sum_{j=1}^{n} \langle\, \boldsymbol{y}\,,\, \boldsymbol{u}_j \,\rangle\, \boldsymbol{u}_j \,\right\rangle \\ &= \sum_{i=1}^{n}\sum_{j=1}^{n} \langle\, \boldsymbol{x}\,,\, \boldsymbol{u}_i \,\rangle \langle\, \boldsymbol{u}_j\,,\, \boldsymbol{y} \,\rangle \langle\, \boldsymbol{u}_i\,,\, \boldsymbol{u}_j \,\rangle = \sum_{i=1}^{n} \langle\, \boldsymbol{x}\,,\, \boldsymbol{u}_i \,\rangle \langle\, \boldsymbol{u}_i\,,\, \boldsymbol{y} \,\rangle\end{aligned}$$

(3)　上に示した等式 (2) の $\boldsymbol{y} = \boldsymbol{x}$ の場合である．　■

問 5.5　標準内積空間 $\mathbb{R}^3$ において，$\boldsymbol{a} = \begin{bmatrix} 1 \\ 2 \\ q \end{bmatrix}, \boldsymbol{b} = \begin{bmatrix} q \\ 1 \\ p \end{bmatrix}, \boldsymbol{c} = \begin{bmatrix} q \\ p \\ 1 \end{bmatrix}$ が直交系となるように p, q の値を定めよ．

問 5.6　任意の部分集合 S に対して $S^{\perp}$ が部分空間となることを示せ．

問 5.7　内積空間 V において次式を示せ．

(1)　$V^{\perp} = \{\boldsymbol{0}\}$

(2)　任意の部分空間 W に対し，$W \cap W^{\perp} = \{\boldsymbol{0}\}$

問 5.8　$\mathbb{R}^3$ において，$\boldsymbol{a} = \dfrac{1}{\sqrt{2}}\begin{bmatrix} 1 \\ 0 \\ -1 \end{bmatrix}, \boldsymbol{b} = \dfrac{1}{\sqrt{3}}\begin{bmatrix} 1 \\ -1 \\ 1 \end{bmatrix}, \boldsymbol{c} = \dfrac{1}{\sqrt{6}}\begin{bmatrix} 1 \\ 2 \\ 1 \end{bmatrix}$ とする．

(1)　$\{\boldsymbol{a}, \boldsymbol{b}, \boldsymbol{c}\}$ は $\mathbb{R}^3$ の正規直交基底となることを確かめよ．

(2)　次の各ベクトルを $\boldsymbol{a}$, $\boldsymbol{b}$, $\boldsymbol{c}$ の 1 次結合で表せ．

(i) $\begin{bmatrix} 1 \\ 0 \\ 0 \end{bmatrix}$　　(ii) $\begin{bmatrix} 0 \\ 3 \\ 0 \end{bmatrix}$　　(iii) $\begin{bmatrix} 1 \\ 2 \\ 3 \end{bmatrix}$

(2)　正射影とグラム・シュミットの直交化

以下においては, V は常に内積空間とする. 次の定理が本節の基礎となる.

定理 5.6　$\{\boldsymbol{u}_1, \cdots, \boldsymbol{u}_l\}$ を V の正規直交系とするとき, $\boldsymbol{x}\ (\in V)$ に対して

$$\boldsymbol{y} = \langle \boldsymbol{x}, \boldsymbol{u}_1 \rangle \boldsymbol{u}_1 + \langle \boldsymbol{x}, \boldsymbol{u}_2 \rangle \boldsymbol{u}_2 + \cdots + \langle \boldsymbol{x}, \boldsymbol{u}_l \rangle \boldsymbol{u}_l \tag{5.14}$$

によって $\boldsymbol{y}$ を定めると, $\boldsymbol{x} - \boldsymbol{y} \perp \mathrm{span}[\boldsymbol{u}_1, \boldsymbol{u}_2, \cdots, \boldsymbol{u}_l]$.

証明　$U = \mathrm{span}[\boldsymbol{u}_1, \boldsymbol{u}_2, \cdots, \boldsymbol{u}_l]$ と表すとき, 任意の $\boldsymbol{u} \in U$ に対して $\langle \boldsymbol{u}, \boldsymbol{x} - \boldsymbol{y} \rangle = 0$ となることを示せばよい. さらに, $\boldsymbol{u}$ は $\boldsymbol{u}_1, \boldsymbol{u}_2, \cdots, \boldsymbol{u}_l$ の1次結合で表されるので, $\langle \boldsymbol{u}_i, \boldsymbol{x} - \boldsymbol{y} \rangle = 0\ \ (1 \leqq i \leqq l)$ を示せば十分.

$$\begin{aligned}
\langle \boldsymbol{u}_i, \boldsymbol{x} - \boldsymbol{y} \rangle &= \langle \boldsymbol{u}_i, \boldsymbol{x} \rangle - \langle \boldsymbol{u}_i, \boldsymbol{y} \rangle \\
&= \langle \boldsymbol{u}_i, \boldsymbol{x} \rangle - \left\langle \boldsymbol{u}_i, \sum_{k=1}^{l} \langle \boldsymbol{x}, \boldsymbol{u}_k \rangle \boldsymbol{u}_k \right\rangle \\
&= \langle \boldsymbol{u}_i, \boldsymbol{x} \rangle - \sum_{k=1}^{l} \langle \boldsymbol{u}_k, \boldsymbol{x} \rangle \langle \boldsymbol{u}_i, \boldsymbol{u}_k \rangle \\
&= \langle \boldsymbol{u}_i, \boldsymbol{x} \rangle - \langle \boldsymbol{u}_i, \boldsymbol{x} \rangle = 0
\end{aligned}$$

∎

グラム・シュミットの直交化法　グラム・シュミットの直交化法は任意の1次独立なベクトル列から正規直交系を作りだす標準的な方法である.

グラム・シュミットの正規直交化

定理 5.7　内積空間 V において, $\boldsymbol{x}_1, \boldsymbol{x}_2, \cdots, \boldsymbol{x}_m$ が1次独立ならば,

$$\begin{aligned}
\boldsymbol{u}_1 &= \frac{\boldsymbol{x}_1}{\|\boldsymbol{x}_1\|}, \\
\boldsymbol{u}_l &= \frac{\boldsymbol{x}_l - \langle \boldsymbol{x}_l, \boldsymbol{u}_1 \rangle \boldsymbol{u}_1 - \cdots - \langle \boldsymbol{x}_l, \boldsymbol{u}_{l-1} \rangle \boldsymbol{u}_{l-1}}{\|\boldsymbol{x}_l - \langle \boldsymbol{x}_l, \boldsymbol{u}_1 \rangle \boldsymbol{u}_1 - \cdots - \langle \boldsymbol{x}_l, \boldsymbol{u}_{l-1} \rangle \boldsymbol{u}_{l-1}\|} \\
&\qquad (l = 2, \cdots, m)
\end{aligned} \tag{5.15}$$

は意味をもち, 次が成り立つ:

(a)　$\{\boldsymbol{u}_1, \boldsymbol{u}_2, \cdots, \boldsymbol{u}_l\}$ は正規直交系である.

(b)　$\mathrm{span}[\boldsymbol{x}_1, \boldsymbol{x}_2, \cdots, \boldsymbol{x}_l] = \mathrm{span}[\boldsymbol{u}_1, \boldsymbol{u}_2, \cdots, \boldsymbol{u}_l] \qquad (l = 1, \cdots, m)$.

証明　各 $l\ (1 \leqq l \leqq m)$ 段階において, (a), (b) をみたすことを数学的帰納法で示す. $l = 1$ のときは明らか. $l - 1$ 以下の各段階において (a), (b) が成り立つと仮定して,

第 l 段階においても (a), (b) が成り立つことを示す．いま，

$$U_{l-1} = \mathrm{span}[\boldsymbol{u}_1, \boldsymbol{u}_2, \cdots, \boldsymbol{u}_{l-1}],$$
$$\boldsymbol{y}_{l-1} = \langle \boldsymbol{x}_l , \boldsymbol{u}_1 \rangle \boldsymbol{u}_1 + \cdots + \langle \boldsymbol{x}_l , \boldsymbol{u}_{l-1} \rangle \boldsymbol{u}_{l-1}$$

とおくと，$\boldsymbol{y}_{l-1} \in U_{l-1}$ かつ $\boldsymbol{x}_l \notin \mathrm{span}[\boldsymbol{x}_1, \cdots, \boldsymbol{x}_{l-1}] = U_{l-1}$．したがって，$\boldsymbol{x}_l - \boldsymbol{y}_{l-1} \neq \boldsymbol{0}$ で, (5.15) は分母が 0 ではないので意味をもつ．さらに, 定理 5.6 より $\boldsymbol{x}_l - \boldsymbol{y}_{l-1} \perp U_{l-1}$ となることから (a) がいえる．

(b) を示そう．$c = \dfrac{1}{\|\boldsymbol{x}_l - \boldsymbol{y}_{l-1}\|}$ とおけば, (5.15) は

$$\boldsymbol{u}_l = c(\boldsymbol{x}_l - \boldsymbol{y}_{l-1}), \quad c \neq 0 \tag{5.16}$$

と表される．帰納法の仮定 (b) により $\boldsymbol{y}_{l-1} \in U_{l-1} = \mathrm{span}[\boldsymbol{x}_1, \cdots, \boldsymbol{x}_{l-1}]$ であるから, $\boldsymbol{u}_l = c(\boldsymbol{x}_l - \boldsymbol{y}_{l-1}) \in \mathrm{span}[\boldsymbol{x}_1, \cdots, \boldsymbol{x}_{l-1}, \boldsymbol{x}_l]$．したがって，

$$\mathrm{span}[\boldsymbol{u}_1, \boldsymbol{u}_2, \cdots, \boldsymbol{u}_l] \subset \mathrm{span}[\boldsymbol{x}_1, \boldsymbol{x}_2, \cdots, \boldsymbol{x}_l] \tag{5.17}$$

逆に, (5.16) を $\boldsymbol{x}_l = \dfrac{1}{c}\boldsymbol{u}_l + \boldsymbol{y}_{l-1}$ と表すと, 上と同様に次もいえる：

$$\mathrm{span}[\boldsymbol{x}_1, \boldsymbol{x}_2, \cdots, \boldsymbol{x}_l] \subset \mathrm{span}[\boldsymbol{u}_1, \boldsymbol{u}_2, \cdots, \boldsymbol{u}_l] \tag{5.18}$$

(5.17) と (5.18) より 第 l 段階においても (b) が成り立つ． ∎

この定理 5.7 により, 内積空間の任意の基底から正規直交基底を得ることができる：

系 5.8 任意の有限次元内積空間およびその部分空間には, 正規直交基底がとれる．

例題 5.2 $\mathbb{R}^3$ の基底 $\left\{ \boldsymbol{x}_1 = \begin{bmatrix} 1 \\ 1 \\ 0 \end{bmatrix}, \boldsymbol{x}_2 = \begin{bmatrix} 0 \\ 2 \\ 1 \end{bmatrix}, \boldsymbol{x}_3 = \begin{bmatrix} 1 \\ 3 \\ 4 \end{bmatrix} \right\}$ に対して

グラム・シュミットの直交化法を適用し, 正規直交基底を求めよ．

[解] 定理 5.7 に従って $\boldsymbol{u}_1, \boldsymbol{u}_2, \boldsymbol{u}_3$ を構成していく．各 l 段階における (5.15) の分子を $\boldsymbol{w}_l$ とすると

第 1 段階 $\boldsymbol{u}_1$ を求める： $\boldsymbol{u}_1 = \dfrac{\boldsymbol{x}_1}{\|\boldsymbol{x}_1\|} = \dfrac{1}{\sqrt{2}} \begin{bmatrix} 1 \\ 1 \\ 0 \end{bmatrix}$．

第 2 段階 $\boldsymbol{w}_2$ を求めると

$$\boldsymbol{w}_2 = \boldsymbol{x}_2 - \langle \boldsymbol{x}_2 , \boldsymbol{u}_1 \rangle \boldsymbol{u}_1 = \begin{bmatrix} 0 \\ 2 \\ 1 \end{bmatrix} - \left\langle \begin{bmatrix} 0 \\ 2 \\ 1 \end{bmatrix}, \frac{1}{\sqrt{2}} \begin{bmatrix} 1 \\ 1 \\ 0 \end{bmatrix} \right\rangle \frac{1}{\sqrt{2}} \begin{bmatrix} 1 \\ 1 \\ 0 \end{bmatrix} = \begin{bmatrix} -1 \\ 1 \\ 1 \end{bmatrix},$$

$\boldsymbol{u}_2$ を求める：　$\boldsymbol{u}_2 = \dfrac{\boldsymbol{w}_2}{\|\boldsymbol{w}_2\|} = \dfrac{1}{\sqrt{3}}\begin{bmatrix} -1 \\ 1 \\ 1 \end{bmatrix}.$

第3段階 $\boldsymbol{w}_3$ を求めると

$$\begin{aligned}
\boldsymbol{w}_3 &= \boldsymbol{x}_3 - \langle \boldsymbol{x}_3 , \boldsymbol{u}_1 \rangle \boldsymbol{u}_1 - \langle \boldsymbol{x}_3 , \boldsymbol{u}_2 \rangle \boldsymbol{u}_2 \\
&= \begin{bmatrix} 1 \\ 3 \\ 4 \end{bmatrix} - \left\langle \begin{bmatrix} 1 \\ 3 \\ 4 \end{bmatrix}, \frac{1}{\sqrt{2}}\begin{bmatrix} 1 \\ 1 \\ 0 \end{bmatrix} \right\rangle \frac{1}{\sqrt{2}}\begin{bmatrix} 1 \\ 1 \\ 0 \end{bmatrix} - \left\langle \begin{bmatrix} 1 \\ 3 \\ 4 \end{bmatrix}, \frac{1}{\sqrt{3}}\begin{bmatrix} -1 \\ 1 \\ 1 \end{bmatrix} \right\rangle \frac{1}{\sqrt{3}}\begin{bmatrix} -1 \\ 1 \\ 1 \end{bmatrix} \\
&= \begin{bmatrix} 1 \\ 3 \\ 4 \end{bmatrix} - \frac{1+3}{2}\begin{bmatrix} 1 \\ 1 \\ 0 \end{bmatrix} - \frac{-1+3+4}{3}\begin{bmatrix} -1 \\ 1 \\ 1 \end{bmatrix} = \begin{bmatrix} 1 \\ -1 \\ 2 \end{bmatrix},
\end{aligned}$$

$\boldsymbol{u}_2$ を求める：　$\boldsymbol{u}_3 = \dfrac{\boldsymbol{w}_3}{\|\boldsymbol{w}_3\|} = \dfrac{1}{\sqrt{6}}\begin{bmatrix} 1 \\ -1 \\ 2 \end{bmatrix}.$

以上より, 正規直交基底 $\left\{ \dfrac{1}{\sqrt{2}}\begin{bmatrix} 1 \\ 1 \\ 0 \end{bmatrix}, \dfrac{1}{\sqrt{3}}\begin{bmatrix} -1 \\ 1 \\ 1 \end{bmatrix}, \dfrac{1}{\sqrt{6}}\begin{bmatrix} 1 \\ -1 \\ 2 \end{bmatrix} \right\}$ を得る. ∎

正射影と直交分解　正射影, 直交分解は内積空間の基本的な性質であり, 幅広く使用されている.

正射影と直交分解

定理 5.9　U を V の有限次元部分空間とするとき, 任意の $\boldsymbol{x} \in V$ は

$$\boldsymbol{x} = \boldsymbol{y} + \boldsymbol{z}, \quad \boldsymbol{y} \in U,\ \boldsymbol{z} \in U^{\perp} \tag{5.19}$$

と一意的に表される. この事実を V は U と $U^{\perp}$ の**直交和**であるといい, $V = U \oplus U^{\perp}$ と表す. また, $\boldsymbol{y}$ を $\boldsymbol{x}$ の U への**正射影**という. 特に, $\{\boldsymbol{u}_1, \boldsymbol{u}_2, \cdots, \boldsymbol{u}_m\}$ が U の正規直交基底ならば $\boldsymbol{y}$ は次式で表される：

$$\boldsymbol{y} = \langle \boldsymbol{x} , \boldsymbol{u}_1 \rangle \boldsymbol{u}_1 + \langle \boldsymbol{x} , \boldsymbol{u}_2 \rangle \boldsymbol{u}_2 + \cdots + \langle \boldsymbol{x} , \boldsymbol{u}_m \rangle \boldsymbol{u}_m \tag{5.20}$$

証明　(5.20) で $\boldsymbol{y}$ を定めると, 定理 5.6 により　$\boldsymbol{y} \in U$ かつ $\boldsymbol{x} - \boldsymbol{y} \perp U$. したがって, $\boldsymbol{z} = \boldsymbol{x} - \boldsymbol{y}$ とすれば (5.19) の表示となる.

次に, 一意性を示そう. いま, 2通りの表示があったとして

$$\boldsymbol{x} = \boldsymbol{y} + \boldsymbol{z} = \boldsymbol{y}' + \boldsymbol{z}', \qquad (\boldsymbol{y}, \boldsymbol{y}' \in U,\ \boldsymbol{z}, \boldsymbol{z}' \in U^{\perp})$$

とすると $\boldsymbol{y} - \boldsymbol{y}' = \boldsymbol{z}' - \boldsymbol{z}$. ここで, $\boldsymbol{y} - \boldsymbol{y}' \in U$ かつ $\boldsymbol{z}' - \boldsymbol{z} \in U^{\perp}$. したがって, $\boldsymbol{y} - \boldsymbol{y}' = \boldsymbol{z}' - \boldsymbol{z} \in U \cap U^{\perp} = \boldsymbol{0}$ (問 5.7 参照). よって,　$\boldsymbol{y} = \boldsymbol{y}'$, $\boldsymbol{z}' = \boldsymbol{z}$. ∎

系 5.10 V の任意の有限次元部分空間 U に対して, $(U^{\perp})^{\perp} = U$.

証明 $(U^{\perp})^{\perp} \supset U$ は明らか. $(U^{\perp})^{\perp} \subset U$ を示す. 任意の $\boldsymbol{x} \in (U^{\perp})^{\perp}$ をとると, 定理 5.9 により直交分解される:

$$\boldsymbol{x} = \boldsymbol{y} + \boldsymbol{z}\,, \qquad \boldsymbol{y} \in U,\ \boldsymbol{z} \in U^{\perp}$$

$\boldsymbol{x} - \boldsymbol{y} = \boldsymbol{z} \in (U^{\perp})^{\perp} \cap U^{\perp} = \boldsymbol{0}$ より, $\boldsymbol{x} = \boldsymbol{y} \in U$. よって, $(U^{\perp})^{\perp} \subset U$.

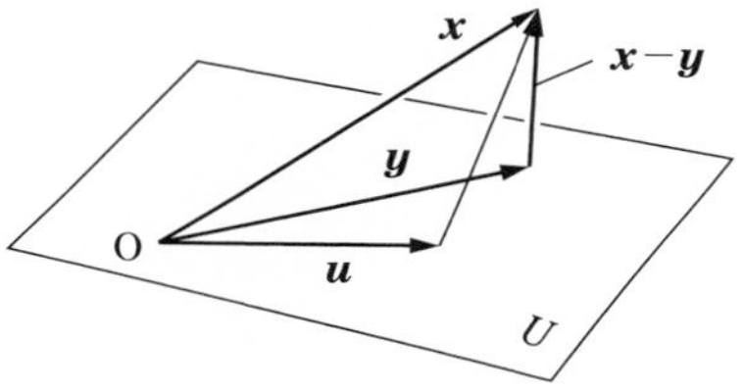

図 **5.2** $\boldsymbol{x}$ の U への正射影

定理 5.11 U を内積空間 V の有限次元部分空間とするとき, $\boldsymbol{x} \in V$ に対し (ノルムの意味で) $\boldsymbol{x}$ に最も近い U の元が $\boldsymbol{x}$ の U への正射影 $\boldsymbol{y}$ である:

$$\|\boldsymbol{x} - \boldsymbol{y}\| = \min_{\boldsymbol{u} \in U} \|\boldsymbol{x} - \boldsymbol{u}\|$$

証明 $\boldsymbol{x} - \boldsymbol{y} \perp U$, $\boldsymbol{y} \in U$ であるから, 任意の $\boldsymbol{u} \in U$ に対して $\boldsymbol{x} - \boldsymbol{y} \perp \boldsymbol{y} - \boldsymbol{u}$. ピタゴラスの定理により

$$\|\boldsymbol{x} - \boldsymbol{u}\|^2 = \|(\boldsymbol{x} - \boldsymbol{y}) + (\boldsymbol{y} - \boldsymbol{u})\|^2 = \|\boldsymbol{x} - \boldsymbol{y}\|^2 + \|\boldsymbol{y} - \boldsymbol{u}\|^2 \geqq \|\boldsymbol{x} - \boldsymbol{y}\|^2$$

が任意の $\boldsymbol{u} \in U$ に対して成り立つことからわかる. ∎

問 5.9 $\mathbb{R}^3$ において $\boldsymbol{a} = \begin{bmatrix} 1 \\ 1 \\ 3 \end{bmatrix}$ および部分空間 $U = \mathrm{span}\left[\begin{bmatrix} 1 \\ 1 \\ 0 \end{bmatrix}, \begin{bmatrix} -1 \\ 1 \\ 1 \end{bmatrix}\right]$ に対し, $\boldsymbol{a}$ の U への正射影を求めよ. また, $\boldsymbol{a}$ から U への距離を求めよ.

問 5.10 次のベクトルに対して, グラム・シュミットの直交化法を適用することにより正規直交化せよ.

(1) $\mathbb{R}^3$: $\begin{bmatrix} 1 \\ 1 \\ 2 \end{bmatrix}, \begin{bmatrix} 0 \\ 1 \\ 1 \end{bmatrix}, \begin{bmatrix} 2 \\ 1 \\ 1 \end{bmatrix}$　　(2) $\mathbb{R}^4$: $\begin{bmatrix} 1 \\ 1 \\ 1 \\ 1 \end{bmatrix}, \begin{bmatrix} 0 \\ 0 \\ 1 \\ 1 \end{bmatrix}, \begin{bmatrix} 1 \\ 0 \\ 0 \\ 1 \end{bmatrix}$

(3) $\mathbb{P}[-1,1]: 1, x, x^2$

3.　座標空間への応用

座標空間の点を位置ベクトルとして表すことにより, 座標空間は標準内積空間 $\mathbb{R}^3$ とみなしてよい. 座標空間を標準内積空間の観点から見直してみよう.

直線の方程式　　点 $\mathrm{P}_0(x_0, y_0, z_0)$ を通り, ベクトル $\boldsymbol{r} = \begin{bmatrix} l \\ m \\ n \end{bmatrix}$ $(\neq \mathbf{0})$ と平行な直線の方程式を導こう.

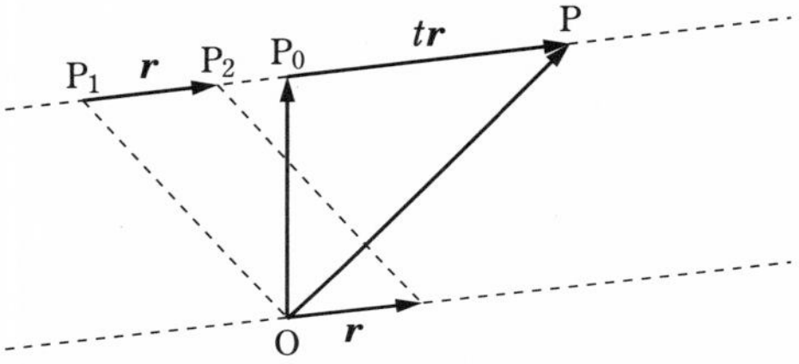

図 5.3　座標空間における直線

直線上の点 $\mathrm{P}(x, y, z)$ は位置ベクトルとして

$$\begin{bmatrix} x \\ y \\ z \end{bmatrix} = \begin{bmatrix} x_0 \\ y_0 \\ z_0 \end{bmatrix} + t \begin{bmatrix} l \\ m \\ n \end{bmatrix} \tag{5.21}$$

と表される. 成分ごとに表せば,　$x = x_0 + tl,\ y = y_0 + tm,\ z = z_0 + tn$.
これから t を消去すれば次の方程式が得られる:

$$\frac{x - x_0}{l} = \frac{y - y_0}{m} = \frac{z - z_0}{n} \tag{5.22}$$

ここで, 分母が 0 のときにはその分子も 0 とする. たとえば $n = 0$ の場合には,

$$\frac{x - x_0}{l} = \frac{y - y_0}{m}, \quad z = z_0\ (一定)$$

なる関係式をみたす直線と解釈する.

また, 2 点 $\mathrm{P}_1(x_1, y_1, z_1), \mathrm{P}_2(x_2, y_2, z_2)$ を通る直線の方程式は, (5.22) において $l = x_2 - x_1, m = y_2 - y_1, n = z_2 - z_1$ をとればよいから

$$\frac{x - x_1}{x_2 - x_1} = \frac{y - y_1}{y_2 - y_1} = \frac{z - z_1}{z_2 - z_1} \tag{5.23}$$

ここで, 分母が 0 のときには (5.22) と同様にその分子も 0 とする.

平面の方程式　点 $P_0(x_0, y_0, z_0)$ を通り，ベクトル $\boldsymbol{n} = \begin{bmatrix} a \\ b \\ c \end{bmatrix}$ $(\neq \mathbf{0})$ と垂直な平面 Π の方程式を求めてみよう．平面 Π に垂直なベクトル $\boldsymbol{n}$ を Π の**法線ベクトル**という．

平面 Π 上の任意の点を $P(x, y, z)$ とすると，$\overrightarrow{P_0P} \perp \boldsymbol{n}$ より

$$\left\langle \begin{bmatrix} x \\ y \\ z \end{bmatrix} - \begin{bmatrix} x_0 \\ y_0 \\ z_0 \end{bmatrix}, \boldsymbol{n} \right\rangle = 0 \tag{5.24}$$

したがって，平面 Π の方程式は

$$a(x - x_0) + b(y - y_0) + c(z - z_0) = 0 \tag{5.25}$$

あるいは，$d = ax_0 + by_0 + cz_0$ とおけば Π は次式で表される：

$$ax + by + cz = d \tag{5.26}$$

あらかじめ $\boldsymbol{n}$ を単位ベクトルにとると，(5.26) は $\left\langle \overrightarrow{OP}, \boldsymbol{n} \right\rangle = d$ ということであり，$\overrightarrow{OP}$ から直線：$L = \{t\boldsymbol{n} \mid t \in \mathbb{R}\}$ への正射影が $d\boldsymbol{n}$ であるような点 P からなる平面を表している．d の値を変化させると $\boldsymbol{n}$ に垂直なすべての平面の層が得られる．

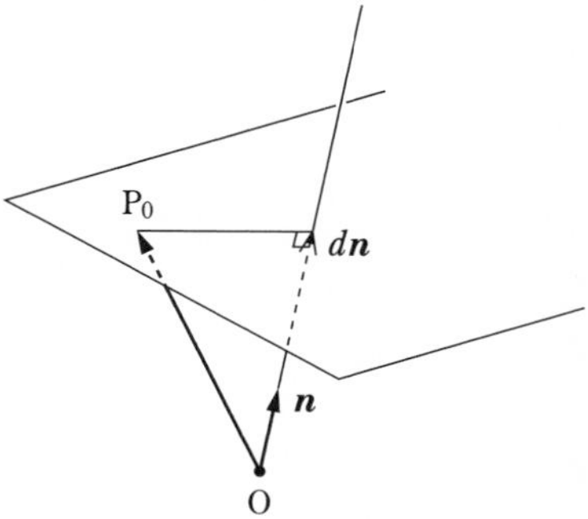

(a)　平面の方程式

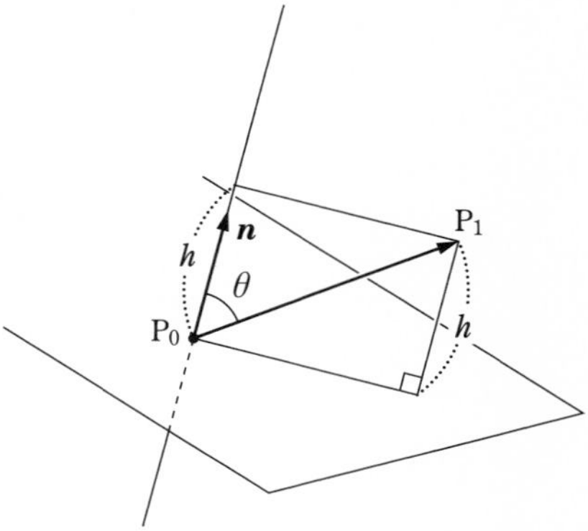

(b)　点から平面への距離

図 5.4　座標空間における平面

平面への距離　点 $\mathrm{P}_1(x_1, y_1, z_1)$ から平面 $\Pi: ax+by+cz=d$ への距離 h を求めよう．平面 Π の法線単位ベクトルは $\boldsymbol{n} = \dfrac{1}{\sqrt{a^2+b^2+c^2}}\begin{bmatrix} a \\ b \\ c \end{bmatrix}$ である．平面 Π 上の任意の点 $\mathrm{P}_0(x_0, y_0, z_0)$ をとり $\overrightarrow{\mathrm{P}_0\mathrm{P}_1}$ と $\boldsymbol{n}$ とのなす角を θ とすれば

$$
\begin{aligned}
h &= \|\overrightarrow{\mathrm{P}_0\mathrm{P}_1}\|\,|\cos\theta| = \left|\left\langle \overrightarrow{\mathrm{P}_0\mathrm{P}_1}\,,\, \boldsymbol{n} \right\rangle\right| \\
&= \left|\left\langle \begin{bmatrix} x_1-x_0 \\ y_1-y_0 \\ z_1-z_0 \end{bmatrix}\,,\, \frac{1}{\sqrt{a^2+b^2+c^2}}\begin{bmatrix} a \\ b \\ c \end{bmatrix} \right\rangle\right| \\
&= \frac{|a(x_1-x_0)+b(y_1-y_0)+c(z_1-z_0)|}{\sqrt{a^2+b^2+c^2}}
\end{aligned}
$$

この最終式において，$ax_0+by_0+cz_0=d$ なので次を得る：

点から平面までの距離

定理 5.12　点 $\mathrm{P}_1(x_1, y_1, z_1)$ から平面 : $ax+by+cz=d$ への距離 h は

$$
h = \frac{|ax_1+by_1+cz_1-d|}{\sqrt{a^2+b^2+c^2}} \tag{5.27}
$$

平行四辺形の面積と平行六面体の体積　終わりに, 平行四辺形の面積と平行六面体の体積に関する次の公式を示す.

平行四辺形の面積, 平行六面体の体積

定理 5.13　$\boldsymbol{a} = \begin{bmatrix} a_1 \\ a_2 \\ a_3 \end{bmatrix}, \boldsymbol{b} = \begin{bmatrix} b_1 \\ b_2 \\ b_3 \end{bmatrix}, \boldsymbol{c} = \begin{bmatrix} c_1 \\ c_2 \\ c_3 \end{bmatrix}$ とするとき,

(1)　$\boldsymbol{a}$, $\boldsymbol{b}$ を 2 辺とする平行四辺形の面積 S は次式で与えられる：

$$
S^2 = \begin{vmatrix} \langle \boldsymbol{a}\,,\boldsymbol{a} \rangle & \langle \boldsymbol{a}\,,\boldsymbol{b} \rangle \\ \langle \boldsymbol{b}\,,\boldsymbol{a} \rangle & \langle \boldsymbol{b}\,,\boldsymbol{b} \rangle \end{vmatrix} \tag{5.28}
$$

(2)　$\boldsymbol{a}$, $\boldsymbol{b}$, $\boldsymbol{c}$ を 3 辺とする平行六面体の体積 V は次式で与えられる：

$$
V^2 = \begin{vmatrix} \langle \boldsymbol{a}\,,\boldsymbol{a} \rangle & \langle \boldsymbol{a}\,,\boldsymbol{b} \rangle & \langle \boldsymbol{a}\,,\boldsymbol{c} \rangle \\ \langle \boldsymbol{b}\,,\boldsymbol{a} \rangle & \langle \boldsymbol{b}\,,\boldsymbol{b} \rangle & \langle \boldsymbol{b}\,,\boldsymbol{c} \rangle \\ \langle \boldsymbol{c}\,,\boldsymbol{a} \rangle & \langle \boldsymbol{c}\,,\boldsymbol{b} \rangle & \langle \boldsymbol{c}\,,\boldsymbol{c} \rangle \end{vmatrix} = \begin{vmatrix} a_1 & b_1 & c_1 \\ a_2 & b_2 & c_2 \\ a_3 & b_3 & c_3 \end{vmatrix}^2 \tag{5.29}
$$

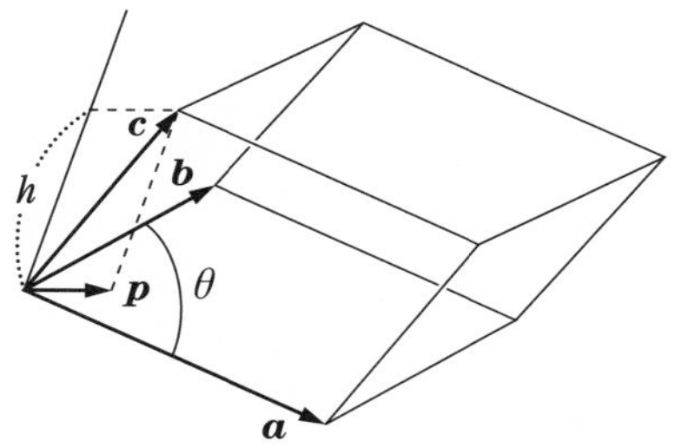

図 5.5　平行四辺形の面積, 平行六面体の体積

証明　(1)　$\boldsymbol{a}$ と $\boldsymbol{b}$ とのなす角を θ とすると, $S=\|\boldsymbol{a}\|\,\|\boldsymbol{b}\|\sin\theta$ より

$S^2=\|\boldsymbol{a}\|^2\|\boldsymbol{b}\|^2\sin^2\theta=\|\boldsymbol{a}\|^2\|\boldsymbol{b}\|^2(1-\cos^2\theta)=\langle\boldsymbol{a},\boldsymbol{a}\rangle\langle\boldsymbol{b},\boldsymbol{b}\rangle-\langle\boldsymbol{a},\boldsymbol{b}\rangle^2$

(2)　$\boldsymbol{c}$ の $\mathrm{span}[\boldsymbol{a},\boldsymbol{b}]$ への正射影を $\boldsymbol{p}=p_1\boldsymbol{a}+p_2\boldsymbol{b}$ とすると

$$\begin{vmatrix}\langle\boldsymbol{a},\boldsymbol{a}\rangle & \langle\boldsymbol{a},\boldsymbol{b}\rangle & \langle\boldsymbol{a},\boldsymbol{c}\rangle\\ \langle\boldsymbol{b},\boldsymbol{a}\rangle & \langle\boldsymbol{b},\boldsymbol{b}\rangle & \langle\boldsymbol{b},\boldsymbol{c}\rangle\\ \langle\boldsymbol{c},\boldsymbol{a}\rangle & \langle\boldsymbol{c},\boldsymbol{b}\rangle & \langle\boldsymbol{c},\boldsymbol{c}\rangle\end{vmatrix}\qquad\left(\langle\text{第 3 行}\rangle-\langle\text{第 1 行}\rangle\times p_1-\langle\text{第 2 行}\rangle\times p_2\right)$$

$$=\begin{vmatrix}\langle\boldsymbol{a},\boldsymbol{a}\rangle & \langle\boldsymbol{a},\boldsymbol{b}\rangle & \langle\boldsymbol{a},\boldsymbol{c}\rangle\\ \langle\boldsymbol{b},\boldsymbol{a}\rangle & \langle\boldsymbol{b},\boldsymbol{b}\rangle & \langle\boldsymbol{b},\boldsymbol{c}\rangle\\ \langle\boldsymbol{c}-\boldsymbol{p},\boldsymbol{a}\rangle & \langle\boldsymbol{c}-\boldsymbol{p},\boldsymbol{b}\rangle & \langle\boldsymbol{c}-\boldsymbol{p},\boldsymbol{c}\rangle\end{vmatrix}\qquad(\boldsymbol{c}-\boldsymbol{p}\perp\boldsymbol{a},\boldsymbol{b},\boldsymbol{p})$$

$$=\begin{vmatrix}\langle\boldsymbol{a},\boldsymbol{a}\rangle & \langle\boldsymbol{a},\boldsymbol{b}\rangle & \langle\boldsymbol{a},\boldsymbol{c}\rangle\\ \langle\boldsymbol{b},\boldsymbol{a}\rangle & \langle\boldsymbol{b},\boldsymbol{b}\rangle & \langle\boldsymbol{b},\boldsymbol{c}\rangle\\ 0 & 0 & \|\boldsymbol{c}-\boldsymbol{p}\|^2\end{vmatrix}\qquad\left(\begin{array}{l}\text{底面積は (5.28)},\\ \text{高さは } h=\|\boldsymbol{c}-\boldsymbol{p}\|\end{array}\right)$$

$$=\begin{vmatrix}\langle\boldsymbol{a},\boldsymbol{a}\rangle & \langle\boldsymbol{a},\boldsymbol{b}\rangle\\ \langle\boldsymbol{b},\boldsymbol{a}\rangle & \langle\boldsymbol{b},\boldsymbol{b}\rangle\end{vmatrix}\|\boldsymbol{c}-\boldsymbol{p}\|^2=V^2$$

また, 次の等式から後半の等号が得られる.

$$\begin{bmatrix}\langle\boldsymbol{a},\boldsymbol{a}\rangle & \langle\boldsymbol{a},\boldsymbol{b}\rangle & \langle\boldsymbol{a},\boldsymbol{c}\rangle\\ \langle\boldsymbol{b},\boldsymbol{a}\rangle & \langle\boldsymbol{b},\boldsymbol{b}\rangle & \langle\boldsymbol{b},\boldsymbol{c}\rangle\\ \langle\boldsymbol{c},\boldsymbol{a}\rangle & \langle\boldsymbol{c},\boldsymbol{b}\rangle & \langle\boldsymbol{c},\boldsymbol{c}\rangle\end{bmatrix}={}^t[\boldsymbol{a}\ \boldsymbol{b}\ \boldsymbol{c}]\,[\boldsymbol{a}\ \boldsymbol{b}\ \boldsymbol{c}]$$ ∎

問 5.11　座標空間の平面 $\Pi: x+2y+3z=8$ と点 $\mathrm{P}_0(5,4,3)$ に対して,

(1)　点 P_0 を通り, 平面 Π に垂直な直線の方程式を求めよ.

(2)　前問 (1) の直線と平面 Π との交点を求めよ.

問 5.12　$\boldsymbol{a}=\begin{bmatrix}1\\2\\3\end{bmatrix},\ \boldsymbol{b}=\begin{bmatrix}-1\\1\\3\end{bmatrix},\ \boldsymbol{c}=\begin{bmatrix}1\\-2\\-1\end{bmatrix}$ とするとき,

(1)　$\boldsymbol{a},\boldsymbol{b}$ を 2 辺とする平行四辺形の面積を求めよ.

(2)　$\boldsymbol{a},\boldsymbol{b},\boldsymbol{c}$ を 3 辺とする平行六面体の体積を求めよ.

演習問題 5

1.　内積空間の任意のベクトル $\boldsymbol{a}, \boldsymbol{b}$ に対して, 次の等式を示せ.

$$\|\boldsymbol{a}+\boldsymbol{b}\|^2 + \|\boldsymbol{a}-\boldsymbol{b}\|^2 = 2\left(\|\boldsymbol{a}\|^2 + \|\boldsymbol{b}\|^2\right) \qquad \text{(平行四辺形定理)}$$

2.　内積は, ノルムから次のように表示されることを示せ.

(1)　実内積空間において,

$$\langle \boldsymbol{a}, \boldsymbol{b} \rangle = \frac{1}{4}\left(\|\boldsymbol{a}+\boldsymbol{b}\|^2 - \|\boldsymbol{a}-\boldsymbol{b}\|^2\right)$$

(2)　複素内積空間においては,

$$\langle \boldsymbol{a}, \boldsymbol{b} \rangle = \frac{1}{4}\left(\|\boldsymbol{a}+\boldsymbol{b}\|^2 - \|\boldsymbol{a}-\boldsymbol{b}\|^2 + i\|\boldsymbol{a}+i\boldsymbol{b}\|^2 - i\|\boldsymbol{a}-i\boldsymbol{b}\|^2\right)$$

3.　ピタゴラスの定理 (系 5.3) の逆の命題:

$$\|\boldsymbol{a}+\boldsymbol{b}\|^2 = \|\boldsymbol{a}\|^2 + \|\boldsymbol{b}\|^2 \quad \Longrightarrow \quad \boldsymbol{a} \perp \boldsymbol{b}$$

が成り立つか否かに関して次を示せ.

(1)　実内積空間においては, 常に成り立つ.

(2)　複素内積空間においては, 成り立つとは限らない (反例を挙げることにより示せ).

4.　$\{\boldsymbol{u}_1, \boldsymbol{u}_2, \cdots, \boldsymbol{u}_l\}$ は内積空間 V の正規直交系 (基底とは限らない!) とし, 部分空間 U を $U = \mathrm{span}[\boldsymbol{u}_1, \boldsymbol{u}_2, \cdots, \boldsymbol{u}_l]$ とする. $\boldsymbol{x}, \boldsymbol{y}\ (\in V)$ に対し, U への正射影をそれぞれ $\boldsymbol{x}_U, \boldsymbol{y}_U$ とするとき, 次の等式を示せ (定理 5.5 を参照, 比較せよ).

(1)　$\langle \boldsymbol{x}_U, \boldsymbol{y}_U \rangle = \langle \boldsymbol{x}, \boldsymbol{u}_1 \rangle \langle \boldsymbol{u}_1, \boldsymbol{y} \rangle + \cdots + \langle \boldsymbol{x}, \boldsymbol{u}_l \rangle \langle \boldsymbol{u}_l, \boldsymbol{y} \rangle$

(2)　$\|\boldsymbol{x}\|^2 \geqq |\langle \boldsymbol{x}, \boldsymbol{u}_1 \rangle|^2 + \cdots + |\langle \boldsymbol{x}, \boldsymbol{u}_l \rangle|^2$　　(ベッセルの不等式)

5.　$\mathbb{R}^3$ において, $\boldsymbol{a} = \begin{bmatrix} 1 \\ 0 \\ 0 \end{bmatrix}$, $\boldsymbol{b} = \begin{bmatrix} 0 \\ 1 \\ 1 \end{bmatrix}$, $\boldsymbol{c} = \begin{bmatrix} 3 \\ -1 \\ 3 \end{bmatrix}$, $W = \mathrm{span}[\boldsymbol{a}, \boldsymbol{b}]$ とする.

(1)　$\boldsymbol{a}$ とのなす角が $45°$ である W の単位ベクトルを求めよ. また, $\boldsymbol{b}$ に対しても同様のものを求めよ.

(2)　$\|\boldsymbol{c} - t\boldsymbol{b}\|$ が最小となる t を求めよ. また, ($\boldsymbol{c}$ の代わりに) 任意の $\boldsymbol{x}$ に対して $\|\boldsymbol{x} - t\boldsymbol{b}\|$ が最小となる t を求めよ.

(3) $\boldsymbol{c}$ の W への正射影を求めよ．さらに，点 $\mathrm{C}(3,-1,3)$ から W への距離を求めよ．

6. 有限次元内積空間 V の部分集合 S, T に対し，次が成り立つことを示せ．

(1) $S \subset T \implies S^{\perp} \supset T^{\perp}$

(2) $(S^{\perp})^{\perp} = \mathrm{span}[\,S\,]$

7. 有限次元内積空間 V の任意の部分空間 U, W について，次式を示せ．

(1) $(U+W)^{\perp} = U^{\perp} \cap W^{\perp}$

(2) $(U \cap W)^{\perp} = U^{\perp} + W^{\perp}$

8. 内積空間の n 個のベクトル $\boldsymbol{v}_1, \boldsymbol{v}_2, \cdots, \boldsymbol{v}_n$ に対し，$\langle\, \boldsymbol{v}_i\,,\, \boldsymbol{v}_j \,\rangle$ を (i,j) 成分とする n 次行列 G ：

$$G(\boldsymbol{v}_1, \boldsymbol{v}_2, \cdots, \boldsymbol{v}_n) = \begin{bmatrix} \langle\, \boldsymbol{v}_1\,,\, \boldsymbol{v}_1 \,\rangle & \cdots & \langle\, \boldsymbol{v}_1\,,\, \boldsymbol{v}_n \,\rangle \\ \vdots & \ddots & \vdots \\ \langle\, \boldsymbol{v}_n\,,\, \boldsymbol{v}_1 \,\rangle & \cdots & \langle\, \boldsymbol{v}_n\,,\, \boldsymbol{v}_n \,\rangle \end{bmatrix}$$

を**グラム行列**，その行列式を**グラム行列式**という．次を示せ．

(1) スカラー $x_1, x_2, \cdots, x_n\ (\in \mathbb{R})$ に対し $\boldsymbol{x} = \begin{bmatrix} x_1 \\ \vdots \\ x_n \end{bmatrix}$ とするとき，

$$x_1\boldsymbol{v}_1 + \cdots + x_n\boldsymbol{v}_n = \boldsymbol{0} \implies G\boldsymbol{x} = \boldsymbol{0}$$

(2) $\langle\, G\boldsymbol{x}\,,\, \boldsymbol{x} \,\rangle = \| x_1\boldsymbol{v}_1 + \cdots + x_n\boldsymbol{v}_n \|^2$

(3) $\boldsymbol{v}_1, \boldsymbol{v}_2, \cdots, \boldsymbol{v}_n$ が 1 次従属 $\iff \det G = 0$

9. 座標空間 $\mathbb{R}^3$ において，$\boldsymbol{a} = \begin{bmatrix} a_1 \\ a_2 \\ a_3 \end{bmatrix}$，$\boldsymbol{b} = \begin{bmatrix} b_1 \\ b_2 \\ b_3 \end{bmatrix}$ に対し

$$\boldsymbol{a} \times \boldsymbol{b} = \begin{vmatrix} a_2 & b_2 \\ a_3 & b_3 \end{vmatrix} \boldsymbol{e}_1 - \begin{vmatrix} a_1 & b_1 \\ a_3 & b_3 \end{vmatrix} \boldsymbol{e}_2 + \begin{vmatrix} a_1 & b_1 \\ a_2 & b_2 \end{vmatrix} \boldsymbol{e}_3$$

によって定義されるベクトル $\boldsymbol{a} \times \boldsymbol{b}$ を $\boldsymbol{a}, \boldsymbol{b}$ の**外積**という．

外積について，次式が成り立つことを示せ．

(1) $\langle\, \boldsymbol{a}\,,\, \boldsymbol{a} \times \boldsymbol{b} \,\rangle = \langle\, \boldsymbol{b}\,,\, \boldsymbol{a} \times \boldsymbol{b} \,\rangle = 0$

(2) $\langle\, \boldsymbol{c}\,,\, \boldsymbol{a} \times \boldsymbol{b} \,\rangle = \det\,[\boldsymbol{c}\ \boldsymbol{a}\ \boldsymbol{b}]$

(3) $\|\boldsymbol{a} \times \boldsymbol{b}\|^2 = \det\,[\,G(\boldsymbol{a}, \boldsymbol{b})\,]$

10. 座標空間において, 平面 Π は x-軸, y-軸, z-軸の各軸との交点がそれぞれ $\mathrm{P}_1(1,0,0)$, $\mathrm{P}_2(0,2,0)$, $\mathrm{P}_3(0,0,1)$ であるとする.

(1) Π に直交する単位ベクトル $\boldsymbol{n}$ を求めよ.

(2) 平面 Π の方程式を求めよ.

(3) 原点 O から平面 Π への距離を求めよ.

(4) $\triangle \mathrm{P}_1\mathrm{P}_2\mathrm{P}_3$ の面積を求めよ.

11. 区間 $[-1,1]$ 上の**区分的に連続**な関数[2]の全体からなるベクトル空間を $\mathbb{F}[-1,1]$ で表す. 関数 $f(x), g(x)$ $(\in \mathbb{F}[-1,1])$ に対し, 内積を

$$\langle f\,,\,g\rangle = \int_{-1}^{1} f(x)g(x)\,dx$$

で定義する. 次の関数 $f(x)$ と部分空間 W に対し, $f(x)$ の W への正射影を求めよ.

(1) $f(x) = e^x$, $W = \mathrm{span}[\,1,\,x\,]$

(2) $f(x) = e^x$, $W = \mathrm{span}[\,1,\,x,\,x^2\,]$

(3) $f(x) = |x|$, $W = \mathrm{span}[\,1,\,x,\,x^2\,]$

12. $m\times n$ 行列全体の集合を $\boldsymbol{M}_{m,n}$ で表す. 正方行列 $A = [a_{ij}]_{n\times n}$ に対し, その対角成分の和を**トレース**といい, $\mathrm{tr}\,A$ と表す: $\mathrm{tr}\,A = \displaystyle\sum_{i=1}^{n} a_{ii}$.

(1) $\boldsymbol{M}_{m,n}$ はベクトル空間となることを確かめよ.

(2) $A, B \in \boldsymbol{M}_{m,n}$ に対し, $\mathrm{tr}(B^tA) = \displaystyle\sum_{i=1}^{m}\sum_{j=1}^{n} a_{ij}b_{ij}$ を示せ.

さらに, $\langle A\,,\,B\rangle = \mathrm{tr}(B^tA)$ は $\boldsymbol{M}_{m,n}$ の内積となる (つまり, (N_1)-(N_4) をみたす) ことを示せ.

(3) $\boldsymbol{M}_{n,n}$ に (2) の内積が導入された内積空間において, 次の部分空間の直交補空間を求めよ.

(i) { 対角行列全体 }　　(ii) { 対称行列全体 }

---

[2] 関数 $f(x)$ が区分的に連続とは, $f(x)$ は有限個の点を除いて連続で, $f(x)$ の不連続点を $x_1, x_2, \cdots, x_m$ とするとき各開区間 (x_i, x_{i+1}) においては内部から両端点に近づいたときの極限値が存在することである.

第 6 章

内積空間 $\mathbb{C}^n$ 上の行列による線形変換

(正方) 行列の固有値は実数の範囲では存在するとは限らないが, スカラーを複素数へ広げると常にその存在が保証され, 対角化や標準形などの理論についても完成された体系に述べることができるようになる. このような理由から, 本章および次章では主に複素内積空間, 複素行列を対象に述べる. 本章は標準内積空間 $\mathbb{C}^n$ 上の (複素) 行列による線形変換のうちで基本的でありかつ応用的にも重要ないくつかのタイプのものについて考察するが, 実内積空間や実行列についても特別な場合として含むことは勿論である.

1. 内積空間 $\mathbb{C}^n$ 上の線形変換

(1) 共役

標準内積空間 $\mathbb{C}^n$ 　はじめに, $\mathbb{C}^n$ における標準内積に関して少し復習しておこう. まず, 標準内積空間 $\mathbb{C}^n$ における内積は次式で定義される (例 5.1 (5.9)):

$$\langle \boldsymbol{x}\,,\,\boldsymbol{y}\rangle = x_1\bar{y}_1 + \cdots + x_n\bar{y}_n\,, \quad \boldsymbol{x} = \begin{bmatrix} x_1 \\ \vdots \\ x_n \end{bmatrix}, \ \boldsymbol{y} = \begin{bmatrix} y_1 \\ \vdots \\ y_n \end{bmatrix} \in \mathbb{C}^n \tag{6.1}$$

ここで, $\bar{y_i}$ は y_i の共役複素数を表す.

注意 6.1 　複素内積では, スカラー c $(\in \mathbb{C})$ に対して

$$\langle \boldsymbol{x}\,,\,c\boldsymbol{y}\rangle = \bar{c}\,\langle \boldsymbol{x}\,,\,\boldsymbol{y}\rangle \tag{6.2}$$

となるので, 内積計算の際には注意が必要である.

行列の共役　　複素行列 A に対し, A の (複素) 共役転置 ${}^t\bar{A}$, つまり各成分を共役複素数に換えた行列の転置行列を A^* で表し, A の**共役**[1]という.

例 6.1 (複素内積および共役)　$\boldsymbol{x} = \begin{bmatrix} 1+i \\ 2i \\ 3-i \end{bmatrix}$, $\boldsymbol{y} = \begin{bmatrix} 2i \\ 5 \\ -3+2i \end{bmatrix}$ $(\in \mathbb{C}^3)$ および行列 $A = \begin{bmatrix} 1+2i & 3-4i & 5 \\ 6 & 7i & 8+9i \end{bmatrix}$ に対し, 次を求めよ.

(1)　$\langle \boldsymbol{x}, \boldsymbol{y} \rangle$　　　(2)　A^*　　　(3)　$\boldsymbol{x}^*$

[解]　(1)

$$\begin{aligned}\langle \boldsymbol{x}, \boldsymbol{y} \rangle &= (1+i)\cdot\overline{2i} + 2i\cdot\bar{5} + (3-i)\cdot\overline{-3+2i} \\ &= (1+i)\cdot(-2i) + 2i\cdot 5 + (3-i)\cdot(-3-2i) = -9+5i\end{aligned}$$

(2)

$$A^* = {}^t\begin{bmatrix} \overline{1+2i} & \overline{3-4i} & \bar{5} \\ \bar{6} & \overline{7i} & \overline{8+9i} \end{bmatrix} = \begin{bmatrix} 1-2i & 6 \\ 3+4i & -7i \\ 5 & 8-9i \end{bmatrix}$$

(3)　$\boldsymbol{x}$ は 3 次列ベクトル ($\mathbb{C}^3$ の元) であると同時に 3×1 行列ともみることができ

$$\boldsymbol{x}^* = {}^t\begin{bmatrix} \overline{1+i} \\ \overline{2i} \\ \overline{3-i} \end{bmatrix} = [\,1-i \;\; -2i \;\; 3+i\,]$$ ∎

内積 (6.1) は共役を用いて次のように表すこともできる:

$$\langle \boldsymbol{x}, \boldsymbol{y} \rangle = {}^t\bar{\boldsymbol{y}}\,\boldsymbol{x} = \boldsymbol{y}^*\boldsymbol{x} \qquad (\boldsymbol{x}, \boldsymbol{y} \in \mathbb{C}^n) \tag{6.3}$$

共役に関する演算について, 次が成り立つこともその定義から容易にわかる.

性質 6.1　(1)　$(A+B)^* = A^* + B^*$,　　$(\alpha A)^* = \bar{\alpha}A^*$

(2)　$A^{**} = (A^*)^* = A$

(3)　$(AB)^* = B^*A^*$

証明　(1), (2) はほとんど明らか.

(3)　$(AB)^* = \overline{{}^t(AB)} = \overline{({}^tB\,{}^tA)} = \overline{{}^tB}\,\overline{{}^tA} = B^*A^*$ からわかる. ∎

内積および共役に関する基本性質　　ベクトル空間に内積が導入されることによって多様かつ詳細な解析が可能となることをみた (第 5 章). 内積空間 $\mathbb{C}^n$ 上の線形変換つまり行列についてもしかりである. まず, 複素内積および行列の

---

[1] **随伴**ともいう. 行列を線形変換として扱うときは共役 (作用素) といい, 行列としての形を重視するときには随伴 (行列) と呼ぶ傾向がある.

共役に関する基礎的な性質を準備しておこう.

$\mathbb{C}^n, \mathbb{C}^m$ の基本ベクトルをそれぞれ $\{\boldsymbol{e}_1^{(n)}, \cdots, \boldsymbol{e}_n^{(n)}\}, \{\boldsymbol{e}_1^{(m)}, \cdots, \boldsymbol{e}_m^{(m)}\}$ と表すと, $\boldsymbol{a} = \begin{bmatrix} a_1 \\ \vdots \\ a_n \end{bmatrix} \in \mathbb{C}^n$ および行列 $A = [\,a_{ij}\,]_{m\times n}$ の各成分はそれぞれ

$$a_i = \left\langle \boldsymbol{a}, \boldsymbol{e}_i^{(n)} \right\rangle \tag{6.4}$$

$$a_{ij} = \left\langle A\boldsymbol{e}_j^{(n)}, \boldsymbol{e}_i^{(m)} \right\rangle \tag{6.5}$$

と内積を用いて表される. 実際, (6.5) は $A = [\,\boldsymbol{a}_1 \cdots \boldsymbol{a}_n\,]$ を列ベクトル表示とすると, $\boldsymbol{a}_j = A\boldsymbol{e}_j^{(n)}$ より $a_{ij} = \left\langle \boldsymbol{a}_j, \boldsymbol{e}_i^{(m)} \right\rangle = \left\langle A\boldsymbol{e}_j^{(n)}, \boldsymbol{e}_i^{(m)} \right\rangle$ となることからわかる.

定理 6.1　$\boldsymbol{u}, \boldsymbol{v} \in \mathbb{C}^n$, $m\times n$ 行列 A, B について,

(1)　$\langle \boldsymbol{v}, \boldsymbol{x} \rangle = 0 \quad (\forall \boldsymbol{x} \in \mathbb{C}^n) \quad \Longrightarrow \quad \boldsymbol{v} = \boldsymbol{0}$

(2)　$\langle \boldsymbol{u}, \boldsymbol{x} \rangle = \langle \boldsymbol{v}, \boldsymbol{x} \rangle \quad (\forall \boldsymbol{x} \in \mathbb{C}^n) \quad \Longrightarrow \quad \boldsymbol{u} = \boldsymbol{v}$

(3)　$\langle A\boldsymbol{x}, \boldsymbol{y} \rangle = \langle B\boldsymbol{x}, \boldsymbol{y} \rangle \quad (\forall \boldsymbol{x} \in \mathbb{C}^n,\ \forall \boldsymbol{y} \in \mathbb{C}^m) \quad \Longrightarrow \quad A = B$

証明　(1)　$\boldsymbol{x}$ として $\boldsymbol{v}$ をとれば, $\langle \boldsymbol{v}, \boldsymbol{v} \rangle = 0$. 内積の条件 N_4 により $\boldsymbol{v} = \boldsymbol{0}$.

(2)　$\langle \boldsymbol{u}, \boldsymbol{x} \rangle = \langle \boldsymbol{v}, \boldsymbol{x} \rangle \Longleftrightarrow \langle \boldsymbol{u} - \boldsymbol{v}, \boldsymbol{x} \rangle = 0$ なので, (1) より $\boldsymbol{u} - \boldsymbol{v} = \boldsymbol{0}$.

(3)　$A = [\,a_{ij}\,]_{m\times n}$, $B = [\,b_{ij}\,]_{m\times n}$ とする. いま $\boldsymbol{x} = \boldsymbol{e}_j^{(n)}$, $\boldsymbol{y} = \boldsymbol{e}_i^{(m)}$ とすると (6.5) によって

$$a_{ij} = \left\langle A\boldsymbol{e}_j^{(n)}, \boldsymbol{e}_i^{(m)} \right\rangle = \left\langle B\boldsymbol{e}_j^{(n)}, \boldsymbol{e}_i^{(m)} \right\rangle = b_{ij} \quad (1 \leqq i \leqq m,\ 1 \leqq j \leqq n)$$ ∎

共役の基本性質

定理 6.2　$m \times n$ 行列 $A = [\,a_{ij}\,]$ について, 次式が成り立つ:

(1)　$\langle A\boldsymbol{x}, \boldsymbol{y} \rangle = \langle \boldsymbol{x}, A^*\boldsymbol{y} \rangle \qquad (\boldsymbol{x} \in \mathbb{C}^n,\ \boldsymbol{y} \in \mathbb{C}^m)$

(2)　$[\mathrm{Ran}\,A]^\perp = \mathrm{Ker}\,A^*$

証明　(1)　(6.3) および性質 6.1 を適用すると

$$\langle \boldsymbol{x}, A^*\boldsymbol{y} \rangle = (A^*\boldsymbol{y})^*\boldsymbol{x} = (\boldsymbol{y}^*A^{**})\boldsymbol{x} = (\boldsymbol{y}^*A)\boldsymbol{x} = \boldsymbol{y}^*(A\boldsymbol{x}) = \langle A\boldsymbol{x}, \boldsymbol{y} \rangle$$

(2)　次の一連の等価な関係からわかる:

$$\boldsymbol{v} \perp \mathrm{Ran}\,A \iff \langle \boldsymbol{v}, A\boldsymbol{x} \rangle = 0 \quad (\forall \boldsymbol{x}) \iff \langle A^*\boldsymbol{v}, \boldsymbol{x} \rangle = 0 \quad (\forall \boldsymbol{x})$$
$$\iff A^*\boldsymbol{v} = 0 \iff \boldsymbol{v} \in \mathrm{Ker}\,A^*$$ ∎

(2)　ユニタリ行列, エルミート行列, 正規行列および射影行列

正方行列による $\mathbb{C}^n$ 上の線形変換のうち, 特に重要なものを考察していく.

エルミート行列と対称行列　$A^* = A$ のとき, A は**自己共役**であるという[2]. 複素行列 A が自己共役となるのは ${}^t\bar{A} = A$ のときであり, **エルミート行列**とも呼ばれる. また, 実行列の場合は**対称行列**が自己共役となる.

自己共役な行列の固有値

定理 6.3　自己共役な行列の固有値はすべて実数である.

証明　A を自己共役な行列とし, (複素数) α を A の固有値, その固有ベクトルを $\boldsymbol{x}$ とする. $\boldsymbol{x}$ は正規化し, $\|\boldsymbol{x}\| = 1$ としておくと

$$\alpha = \alpha\,\|\boldsymbol{x}\|^2 = \langle\, \alpha\boldsymbol{x}\,,\, \boldsymbol{x}\,\rangle = \langle\, A\boldsymbol{x}\,,\, \boldsymbol{x}\,\rangle = \langle\, \boldsymbol{x}\,,\, A^*\boldsymbol{x}\,\rangle = \langle\, \boldsymbol{x}\,,\, A\boldsymbol{x}\,\rangle = \langle\, \boldsymbol{x}\,,\, \alpha\boldsymbol{x}\,\rangle = \bar{\alpha}$$

したがって, $\alpha = \bar{\alpha}$ となり, α は実数であることがわかる. ∎

ユニタリ行列と直交行列　行列 U が次の定理 6.4 の性質をもつとき, **ユニタリ行列**という. U が実行列のときには特に, **直交行列**ともいう.

ユニタリ行列, 直交行列

定理 6.4　n 次行列 U がユニタリ行列となる条件として, 次は同値:

(1)　$U^* = U^{-1}$

(2)　$U^*U = I$

(3)　$\langle\, U\boldsymbol{x}\,,\, U\boldsymbol{y}\,\rangle = \langle\, \boldsymbol{x}\,,\, \boldsymbol{y}\,\rangle$　　$(\boldsymbol{x}, \boldsymbol{y} \in \mathbb{C}^n)$

(4)　$U = [\,\boldsymbol{u}_1\ \boldsymbol{u}_2\ \cdots\ \boldsymbol{u}_n\,]$ を列ベクトル表示とすると, $\{\boldsymbol{u}_1, \boldsymbol{u}_2, \cdots, \boldsymbol{u}_n\}$ は $\mathbb{C}^n(\mathbb{R}^n)$ の正規直交基底をなす.

証明　(1)⇔(2) は明らか. 以下, (2)⇒(3)⇒(4)⇒(2) の順に示す.

(2)⇒(3)　定理 6.2 (1) より,　$\langle\, U\boldsymbol{x}\,,\, U\boldsymbol{y}\,\rangle = \langle\, \boldsymbol{x}\,,\, U^*U\boldsymbol{y}\,\rangle = \langle\, \boldsymbol{x}\,,\, \boldsymbol{y}\,\rangle$.

(3)⇒(4) 標準基底 $\{\boldsymbol{e}_1, \cdots, \boldsymbol{e}_n\}$ に対して, $\boldsymbol{u}_j = U\boldsymbol{e}_j\ (1 \leqq j \leqq n)$ より

$$\langle\, \boldsymbol{u}_j\,,\, \boldsymbol{u}_i\,\rangle = \langle\, U\boldsymbol{e}_j\,,\, U\boldsymbol{e}_i\,\rangle = \langle\, \boldsymbol{e}_j\,,\, \boldsymbol{e}_i\,\rangle = \delta_{ij}\,.$$

(4)⇒(2)　U^*U の (i,j) 成分は ${}^t\bar{\boldsymbol{u}}_i\boldsymbol{u}_j = \langle\, \boldsymbol{u}_j\,,\, \boldsymbol{u}_i\,\rangle = \delta_{ij}$ より,　$U^*U = I$. ∎

---

[2] 自己共役という用語は, (必ずしも $\mathbb{C}^n$ 上には限らない) 一般の内積空間上の線形変換に対して用いられる. すなわち, 一般の内積空間上の線形変換 A について, $\langle\, A\boldsymbol{x}\,,\, \boldsymbol{y}\,\rangle = \langle\, \boldsymbol{x}\,,\, B\boldsymbol{y}\,\rangle$　$(\forall\boldsymbol{x}, \boldsymbol{y})$ をみたす線形変換 B のことを A の共役と呼び, A^* で表す.

ユニタリ行列 U によって $B = U^*AU\,(= U^{-1}AU\,)$ となるとき, B は A と(相似よりも強い関係を強調して) **ユニタリ同値**であるという.

行列 A による線形変換の表現行列は, 標準基底から正規直交基底 $\{\boldsymbol{u}_1, \cdots, \boldsymbol{u}_n\}$ へ換えると $B = U^{-1}AU$ となる (系 4.6 (4.20)). このときの基底変換行列 $U = [\,\boldsymbol{u}_1 \cdots \boldsymbol{u}_n\,]$ は, 定理 6.4 (4) よりユニタリ行列なので, A と B はユニタリ同値である.

正規行列　$N^*N = NN^*$ をみたす行列 N を**正規行列**という.

正規行列のクラスは, エルミート行列 (対称行列), 反対称行列, ユニタリ行列 (直交行列) の各クラスを含む.

定理 6.5　正規行列となるための条件として, 次は同値:

(1)　N は正規行列, つまり $N^*N = NN^*$

(2)　$\|N^*\boldsymbol{x}\| = \|N\boldsymbol{x}\| \qquad (\boldsymbol{x} \in \mathbb{C}^n)$

証明　(1)⇒(2)

$$\begin{aligned}\|N\boldsymbol{x}\|^2 &= \langle N\boldsymbol{x}, N\boldsymbol{x}\rangle = \langle N^*N\boldsymbol{x}, \boldsymbol{x}\rangle \\ &= \langle NN^*\boldsymbol{x}, \boldsymbol{x}\rangle = \langle N^*\boldsymbol{x}, N^*\boldsymbol{x}\rangle = \|N^*\boldsymbol{x}\|^2\end{aligned}$$

((2)⇒(1) の証明には準備が必要なので, 演習問題 6.1-7 に委ねる)　∎

正規行列の基本性質

定理 6.6　正規行列 N について, 次の性質が成り立つ.

(1)　$\operatorname{Ker} N = \operatorname{Ker} N^* = [\operatorname{Ran} N]^{\perp}$

(2)　$N\boldsymbol{x} = \lambda\boldsymbol{x} \iff N^*\boldsymbol{x} = \bar{\lambda}\boldsymbol{x}$

(3)　N の相異なる固有値に対する固有空間は互いに直交する.

証明　(1)　定理 6.5 により

$$\boldsymbol{v} \in \operatorname{Ker} N \iff \|N\boldsymbol{v}\| = 0 \iff \|N^*\boldsymbol{v}\| = 0 \iff \boldsymbol{v} \in \operatorname{Ker} N^*$$

したがって, $\operatorname{Ker} N^* = \operatorname{Ker} N$. さらに, 定理 6.2 (1) により $[\operatorname{Ran} A]^{\perp} = \operatorname{Ker} N^*$.

(2)　N が正規ならば, $\lambda I - N$ も正規である. したがって (1) より,

$$\operatorname{Ker}(\lambda I - N) = \operatorname{Ker}(\lambda I - N)^* = \operatorname{Ker}(\bar{\lambda} I - N^*)$$

(3)　$\lambda_1 \neq \lambda_2$ に対し $N\boldsymbol{x}_1 = \lambda_1\boldsymbol{x}_1, N\boldsymbol{x}_2 = \lambda_2\boldsymbol{x}_2$ とすると, (2) より

$$\begin{aligned}\lambda_1\langle \boldsymbol{x}_1, \boldsymbol{x}_2\rangle &= \langle \lambda_1\boldsymbol{x}_1, \boldsymbol{x}_2\rangle = \langle N\boldsymbol{x}_1, \boldsymbol{x}_2\rangle \\ &= \langle \boldsymbol{x}_1, N^*\boldsymbol{x}_2\rangle = \langle \boldsymbol{x}_1, \bar{\lambda}_2\boldsymbol{x}_2\rangle = \lambda_2\langle \boldsymbol{x}_1, \boldsymbol{x}_2\rangle\end{aligned}$$

したがって, 仮定 $\lambda_1 \neq \lambda_2$ より $\langle \boldsymbol{x}_1, \boldsymbol{x}_2\rangle = 0$.　∎

正射影　前章において正射影の定義を与えた (定理 5.9). 再掲すると,

$\mathbb{U}$ を $\mathbb{C}^n$ の部分空間とするとき, $\boldsymbol{x} \in \mathbb{C}^n$ に対し

$$\boldsymbol{x} = \boldsymbol{y} \oplus (\boldsymbol{x} - \boldsymbol{y}) \quad , \quad \boldsymbol{y} \in \mathbb{U},\ \boldsymbol{x} - \boldsymbol{y} \in \mathbb{U}^{\perp} \tag{6.6}$$

をみたす $\boldsymbol{y}$ が一意的に定まる. ここで, $\oplus$ は直交和であることを意味する. 特に, $\{\boldsymbol{u}_1, \boldsymbol{u}_2, \cdots, \boldsymbol{u}_l\}$ が $\mathbb{U}$ の任意の正規直交基底ならば, $\boldsymbol{y}$ は次式で表される:

$$\boldsymbol{y} = \langle\, \boldsymbol{x}\,,\, \boldsymbol{u}_1 \,\rangle\, \boldsymbol{u}_1 + \langle\, \boldsymbol{x}\,,\, \boldsymbol{u}_2 \,\rangle\, \boldsymbol{u}_2 + \cdots + \langle\, \boldsymbol{x}\,,\, \boldsymbol{u}_l \,\rangle\, \boldsymbol{u}_l \tag{6.7}$$

この $\boldsymbol{y}$ を $\boldsymbol{x}$ の $\mathbb{U}$ への正射影という. さらに, $\mathbb{C}^n$ の各元に対してその $\mathbb{U}$ への正射影を対応させる写像 $P : \boldsymbol{x} \mapsto P\boldsymbol{x} = \boldsymbol{y}$ を $\mathbb{U}$ への**正射影** (行列, 作用素) あるいは**直交射影** (行列, 作用素) という.

次の定理は, 正射影を表す行列を求める方法を示す.

正射影の求め方

定理 6.7　$\mathbb{U}$ を $\mathbb{C}^n(\mathbb{R}^n)$ の部分空間とし, $\{\boldsymbol{u}_1, \cdots, \boldsymbol{u}_l\}$ を $\mathbb{U}$ の任意の正規直交基底とする. $n \times l$ 行列 U を $U = [\,\boldsymbol{u}_1 \ \cdots \ \boldsymbol{u}_l\,]$ と定義すると, $P = UU^*$ は $\mathbb{U}$ への正射影である.

証明　$\boldsymbol{x} \in \mathbb{C}^n$ に対し,

$$P\boldsymbol{x} = (UU^*)\,\boldsymbol{x} = U(U^*\boldsymbol{x}) = [\,\boldsymbol{u}_1 \ \cdots \ \boldsymbol{u}_l\,] \begin{bmatrix} \boldsymbol{u}_1^*\boldsymbol{x} \\ \vdots \\ \boldsymbol{u}_l^*\boldsymbol{x} \end{bmatrix} = [\,\boldsymbol{u}_1 \ \cdots \ \boldsymbol{u}_l\,] \begin{bmatrix} \langle\, \boldsymbol{x}\,,\, \boldsymbol{u}_1 \,\rangle \\ \vdots \\ \langle\, \boldsymbol{x}\,,\, \boldsymbol{u}_l \,\rangle \end{bmatrix}$$

$$= \langle\, \boldsymbol{x}\,,\, \boldsymbol{u}_1 \,\rangle\, \boldsymbol{u}_1 + \langle\, \boldsymbol{x}\,,\, \boldsymbol{u}_2 \,\rangle\, \boldsymbol{u}_2 + \cdots + \langle\, \boldsymbol{x}\,,\, \boldsymbol{u}_l \,\rangle\, \boldsymbol{u}_l$$

(6.7) より, P は $\mathbb{U}$ への射影であることがわかる. ∎

注意 6.2　定理 6.7 は, 正射影は行列で表される (線形変換である) こと, さらに $\mathbb{U}$ の任意の正規直交基底の選び方によらない, つまりどんな正規直交基底をとっても定理の UU^* は同じ行列となることをも暗に示している.

正射影の条件

定理 6.8　行列 P による線形変換が正射影ならば, 次の (a),(b) をみたす:

(a)　$P^2 = P$　(べき等)　　　　(b)　$P^* = P$　(自己共役)

逆に, 行列 P が (a),(b) をみたすならば, P は $\mathrm{Ran}\, P$ への正射影である.

証明 P は部分空間 $\mathbb{U}$ への正射影とすると, 任意の $\boldsymbol{x} \in \mathbb{C}^n$ に対し $P\boldsymbol{x} \in \mathbb{U}$, また $\boldsymbol{y} \in \mathbb{U}$ に対しては $P\boldsymbol{y} = \boldsymbol{y}$ であるから

$$P^2\boldsymbol{x} = P(P\boldsymbol{x}) = P\boldsymbol{x} \qquad (\boldsymbol{x} \in \mathbb{C}^n).$$

したがって, $P^2 = P$. また, 定理 6.7 により $P = UU^*$ と表されるので,

$$P^* = (UU^*)^* = (U^*)^*U^* = UU^* = P$$

逆に, P は (a),(b) をみたすとすると, 任意の $\boldsymbol{x} \in \mathbb{C}^n$ に対し $\boldsymbol{x} = P\boldsymbol{x} + (\boldsymbol{x} - P\boldsymbol{x})$ と表すとき, $\boldsymbol{x} - P\boldsymbol{x} \perp \operatorname{Ran} P$ となる. 実際, $\operatorname{Ran} P$ の任意の元は $P\boldsymbol{v}$ と表されるから

$$\begin{aligned}\langle P\boldsymbol{v}, \boldsymbol{x} - P\boldsymbol{x} \rangle &= \langle \boldsymbol{v}, P(\boldsymbol{x} - P\boldsymbol{x}) \rangle = \left\langle \boldsymbol{v}, P\boldsymbol{x} - P^2\boldsymbol{x} \right\rangle \\ &= \langle \boldsymbol{v}, P\boldsymbol{x} - P\boldsymbol{x} \rangle = 0 \qquad (\boldsymbol{v} \in \mathbb{C}^n)\end{aligned}$$

したがって, $\boldsymbol{x} = P\boldsymbol{x} \oplus (\boldsymbol{x} - P\boldsymbol{x})$, $P\boldsymbol{x} \in \operatorname{Ran} P$, $\boldsymbol{x} - P\boldsymbol{x} \in [\operatorname{Ran} P]^{\perp}$. これは (6.6) の表示であり, P は $\operatorname{Ran} P$ への射影であることがわかる. ∎

例題 6.1 $\mathbb{R}^3$ の部分空間 : $\mathbb{U} = \operatorname{span}\left[\begin{bmatrix} 1 \\ 1 \\ 0 \end{bmatrix}, \begin{bmatrix} -1 \\ 1 \\ 1 \end{bmatrix}\right]$ への正射影を求めよ.

[解] グラム・シュミットの直交化により $\mathbb{U}$ の正規直交基底を求めると

$$\boldsymbol{u}_1 = \frac{1}{\sqrt{2}}\begin{bmatrix} 1 \\ 1 \\ 0 \end{bmatrix}, \ \boldsymbol{u}_2 = \frac{1}{\sqrt{3}}\begin{bmatrix} -1 \\ 1 \\ 1 \end{bmatrix}$$

定理 6.7 により, 部分空間 $\mathbb{U}$ への正射影は $U = [\,\boldsymbol{u}_1\ \boldsymbol{u}_2\,]$ を用いて次のように求められる :

$$P = UU^* = \begin{bmatrix} \frac{1}{\sqrt{2}} & -\frac{1}{\sqrt{3}} \\ \frac{1}{\sqrt{2}} & \frac{1}{\sqrt{3}} \\ 0 & \frac{1}{\sqrt{3}} \end{bmatrix} \begin{bmatrix} \frac{1}{\sqrt{2}} & \frac{1}{\sqrt{2}} & 0 \\ -\frac{1}{\sqrt{3}} & \frac{1}{\sqrt{3}} & \frac{1}{\sqrt{3}} \end{bmatrix} = \frac{1}{6}\begin{bmatrix} 5 & 1 & -2 \\ 1 & 5 & 2 \\ -2 & 2 & 2 \end{bmatrix}$$ ∎

本節において挙げた行列のクラス間の包含関係を表すと次のようになる :

$$\left\{\text{正射影}\right\} \subset \left\{\begin{array}{l}\text{エルミート} \\ \text{(実) 対称}\end{array}\right\} \subset \left\{\text{正規}\right\}, \qquad \left\{\begin{array}{l}\text{ユニタリ} \\ \text{(実) 直交}\end{array}\right\} \subset \left\{\text{正規}\right\}$$

問 6.1　次の複素行列はユニタリか, 正規か, どちらでもないかを判定せよ.

(1) $\dfrac{1}{\sqrt{2}}\begin{bmatrix}1 & i\\ i & 1\end{bmatrix}$　　(2) $\dfrac{1}{\sqrt{2}}\begin{bmatrix}i & i\\ i & 1\end{bmatrix}$

(3) $\dfrac{1}{\sqrt{6}}\begin{bmatrix}2+i & i\\ i & 2+i\end{bmatrix}$　　(4) $\dfrac{1}{\sqrt{6}}\begin{bmatrix}2+i & i\\ i & 2-i\end{bmatrix}$

問 6.2　$A=\begin{bmatrix}\frac{1}{2} & p\\ q & \frac{1}{2}\end{bmatrix}$ について,

(1) A が正規行列となるための複素数 p, q の条件を求めよ.

(2) A がユニタリ行列となるための複素数 p, q の条件を求めよ. また, 直交行列となる場合の実数 p, q を求めよ.

(3) A が正射影行列となるような実数 p, q を求めよ.

問 6.3　次が成り立つことを示せ.

(1) 対角行列は正規である. また, どのような対角行列がエルミートとなるか.

(2) U, V: 直交 (ユニタリ) 行列 $\Longrightarrow$ 積 UV も直交 (ユニタリ) 行列.

(3) A: (実) 対称行列 $\Longrightarrow$ 任意の直交行列 R に対して $R^{-1}AR$ も対称.

(4) 正規, エルミート, 正射影行列とユニタリ同値な行列は, またそれぞれ正規, エルミート, 正射影である.

問 6.4　次を示せ. ただし, det は行列式を, $|\quad|$ は絶対値を表す.

(1) 任意の正方行列 A に対して,　$\det A^* = \overline{\det A}$.

(2) U がユニタリ行列ならば,　$|\det U| = 1$.

問 6.5　$\mathbb{R}^2$ において, 部分空間 $\mathbb{U} = \mathrm{span}\left[\begin{bmatrix}1\\1\end{bmatrix}\right]$ への正射影 (行列) P を求めよ. さらに, 点 $\mathrm{Q}(x_1, x_2)$ から $\mathbb{U}$ への距離を求めよ.

問 6.6　$\mathbb{R}^3$ において, 与えられたベクトルによって生成される部分空間への正射影 (行列) P を求めよ.

(1) $\begin{bmatrix}1\\2\\2\end{bmatrix}, \begin{bmatrix}2\\1\\-2\end{bmatrix}$　　(2) $\begin{bmatrix}1\\1\\0\end{bmatrix}, \begin{bmatrix}1\\-1\\-4\end{bmatrix}$　　(3) $\begin{bmatrix}0\\1\\2\end{bmatrix}, \begin{bmatrix}5\\4\\-2\end{bmatrix}$

2. ユニタリ行列による対角化とスペクトル分解

(1) ユニタリ行列による三角化および対角化

第4章においては, 行列が対角行列と相似になる場合について考察した. 本節では, 対角行列とユニタリ同値になるのはどのような行列かを考察しよう.

ユニタリ行列による三角化　はじめに, 次の性質を示そう.

三角行列にユニタリ同値

定理 6.9　任意の正方行列はその固有値を対角成分にもつある三角行列にユニタリ同値である.

証明　行列の次数 n に関する帰納法によって証明する. $n=1$ のときは自明である. $n-1$ 次の行列については定理が成り立つと仮定し, いま A は n 次行列とする. A の任意の固有値とその固有ベクトルをとり, $\lambda_1, \boldsymbol{u}_1$ ($\|\boldsymbol{u}_1\|=1$ としてよい) とする. 次に, $\boldsymbol{v}_2, \cdots, \boldsymbol{v}_n$ を $V=[\,\boldsymbol{u}_1\ \boldsymbol{v}_2\ \cdots\ \boldsymbol{v}_n\,]$ がユニタリ行列となるようにとる (定理6.4より $\{\boldsymbol{u}_1, \boldsymbol{v}_2, \cdots, \boldsymbol{v}_n\}$ が $\mathbb{C}^n$ の正規直交基底をなすようにとればよい). このとき, V^*AV は (特に, 第1列は) 次のようになる:

$$V^*AV = \left[\begin{array}{c|c} \lambda_1 & * \\ \hline 0 & \\ \vdots & A_{n-1} \\ 0 & \end{array}\right] \tag{6.8}$$

実際, $V^*AV = B = [\,\boldsymbol{b}_1 \cdots \boldsymbol{b}_n\,] = [\,b_{ij}\,]$ とすると $AV = VB$. この左辺 AV の第1列は $A\boldsymbol{u}_1 = \lambda_1\boldsymbol{u}_1$ であり, 一方, 右辺 VB の第1列は

$$[\,\boldsymbol{u}_1\ \boldsymbol{v}_2\ \cdots\ \boldsymbol{v}_n\,]\boldsymbol{b}_1 = b_{11}\boldsymbol{u}_1 + b_{21}\boldsymbol{v}_2 + \cdots + b_{n1}\boldsymbol{v}_n$$

この両者が等しいことから, $b_{11}=\lambda_1$, $b_{21}=\cdots=b_{n1}=0$ でなければならない.

(6.8) において, A_{n-1} は $n-1$ 次行列であるから, 帰納法の仮定により $n-1$ 次ユニタリ行列 Q_{n-1} がとれて三角行列にできる:

$$Q_{n-1}^*A_{n-1}Q_{n-1} = \begin{bmatrix} \lambda_2 & & * \\ & \ddots & \\ O & & \lambda_n \end{bmatrix}.$$

次に, $W = \left[\begin{array}{c|c} 1 & 0 \cdots 0 \\ \hline 0 & \\ \vdots & Q_{n-1} \\ 0 & \end{array}\right]$, $U = VW$ とおけば, W も U もユニタリ行列であり,

かつ U^*AU は三角行列になる．実際，

$$
\begin{aligned}
U^*AU &= (VW)^*A(VW) = W^*(V^*AV)W \\
&= \left[\begin{array}{c|c} 1 & 0\cdots 0 \\ \hline 0 & \\ \vdots & Q_{n-1}^* \\ 0 & \end{array}\right]
\left[\begin{array}{c|c} \lambda_1 & * \\ \hline 0 & \\ \vdots & A_{n-1} \\ 0 & \end{array}\right]
\left[\begin{array}{c|c} 1 & 0\cdots 0 \\ \hline 0 & \\ \vdots & Q_{n-1} \\ 0 & \end{array}\right] \\
&= \left[\begin{array}{c|c} \lambda_1 & * \\ \hline 0 & \\ \vdots & Q_{n-1}^*A_{n-1}Q_{n-1} \\ 0 & \end{array}\right]
= \left[\begin{array}{c|ccc} \lambda_1 & & * & \\ \hline 0 & \lambda_2 & & * \\ \vdots & & \ddots & \\ 0 & O & & \lambda_n \end{array}\right]
\end{aligned}
$$

となる．このとき，A と U^*AU の固有値は重複度もこめて完全に一致している (定理 4.9) ので，三角行列 U^*AU の対角成分には A の固有値がすべて現れていることもわかる． ∎

A が実行列で固有値がすべて実数のときは上記の証明に現れるベクトル，行列はすべて実数を成分にもつようにとることができる．したがって，

系 6.10　実正方行列の固有値がすべて実数ならば，直交行列によって三角化可能である．

正規行列のユニタリ行列による対角化　　次の補題を準備する．

補題 6.11　正規三角行列は対角行列だけである．

証明　$A = [\,a_{ij}\,]$ は n 次上三角行列とすると，$a_{ij} = 0\ (i > j)$．A は正規であるから $A^*A = AA^*$，つまり

$$
\begin{bmatrix} \bar{a}_{11} & & O \\ \vdots & \ddots & \\ \bar{a}_{1n} & \cdots & \bar{a}_{nn} \end{bmatrix}
\begin{bmatrix} a_{11} & \cdots & a_{1n} \\ & \ddots & \vdots \\ O & & a_{nn} \end{bmatrix}
=
\begin{bmatrix} a_{11} & \cdots & a_{1n} \\ & \ddots & \vdots \\ O & & a_{nn} \end{bmatrix}
\begin{bmatrix} \bar{a}_{11} & & O \\ \vdots & \ddots & \\ \bar{a}_{1n} & \cdots & \bar{a}_{nn} \end{bmatrix}.
$$

この両辺における $(1,1)$ 成分を見ると

$$|a_{11}|^2 = |a_{11}|^2 + |a_{12}|^2 + \cdots + |a_{1n}|^2$$

より，$a_{12} = \cdots = a_{1n} = 0$．これを考慮に入れて $(2,2)$ 成分を見ると

$$|a_{22}|^2 = |a_{22}|^2 + |a_{23}|^2 + \cdots + |a_{2n}|^2$$

より，$a_{23} = \cdots = a_{2n} = 0$．以下同様に続けると $a_{ij} = 0\ (i < j)$ でなければならないことが示される． ∎

正規行列のユニタリ対角化

定理 6.12 n 次正方行列 A について,

$$A \text{ は正規行列} \iff A \text{ は対角行列にユニタリ同値}$$

このとき, A の固有値を (重複度もこめて) $\lambda_1, \cdots, \lambda_n$ とすると, 対応する固有ベクトルからなるユニタリ行列 $U = [\, \boldsymbol{u}_1 \ \cdots \ \boldsymbol{u}_n \,]$ によって,

$$U^* A U = \mathrm{diag}\{\lambda_1, \cdots, \lambda_n\}$$

と対角化される.

証明 ($\Rightarrow$) 定理 6.9 によりユニタリ行列 U を選び U^*AU が三角行列とできる. このとき, A が正規ならば U^*AU も正規であるから, 上記補題により U^*AU は対角行列である.

($\Leftarrow$) ユニタリ行列 U によって $D = U^*AU$ が対角行列になるとする. 対角行列 D は正規であるから, D とユニタリ同値な A も正規である (問 6.3 参照).

このとき, 対角成分が固有値からなることおよび U の列ベクトルが各固有値に対応する固有ベクトルであることは, $AU = UD$ の両辺の各列ベクトルを比べてみればわかる (定理 4.7 および (4.21) 参照). ∎

実正規行列については, 系 6.10 から次の結果が得られる.

系 6.13 実正規行列の固有値がすべて実数ならば, 直交行列によって対角化可能である.

特に, 実対称行列は正規であり, かつ固有値はすべて実数である. したがって

実対称行列の直交行列による対角化

系 6.14 n 次実正方行列 A について,

$$A \text{ は対称行列} \iff A \text{ は直交行列によって 対角化可能}$$

このとき, A の固有値を (重複度もこめて) $\lambda_1, \cdots, \lambda_n$ とすると, 対応する (実) 固有ベクトルからなる直交行列 $U = [\, \boldsymbol{u}_1 \cdots \boldsymbol{u}_n \,]$ によって

$${}^tUAU = \mathrm{diag}\{\lambda_1, \cdots, \lambda_n\}$$

と対角化される.

(2)　正規および対称行列のスペクトル分解

n 次行列 A が正規ならば, ユニタリ行列により対角化できる (定理 6.12). このときのユニタリ行列 U についてもう少し詳しく調べてみよう.

U の各列ベクトルは A の固有ベクトルであり, 同じ固有値ごとにまとめられて並んでいるとしてよい. このとき, A の相異なる固有値を λ_i $(i = 1, 2, \cdots, l)$ とすると, U はブロック行列で

$$U = [\, U_1 \; U_2 \; \cdots \; U_l \,]$$

と表され, 各 j $(1 \leqq j \leqq l)$ について次の事実が成り立つ:

$(\star)$　U_j の列ベクトルは, 固有空間 : $\mathrm{Ker}(\lambda_j I - A)$ の正規直交基底をなす.

実際, $\mathrm{span}[\, U_j \,] \subset \mathrm{Ker}(\lambda_j I - A)$, $\mathrm{Ker}(\lambda_i I - A) \perp \mathrm{Ker}(\lambda_j I - A)$ $(i \neq j)$ かつ $\mathrm{span}[U_1, \cdots, U_l] = \mathbb{C}^n$ であることを考慮すると

$$\mathrm{span}[\, U_j \,] = \mathrm{Ker}(\lambda_j I - A) \qquad (\, 1 \leqq j \leqq l \,)$$

となっていなければならないからである.

この U によって A は次のように対角化される:

$$U^* A U = \begin{bmatrix} \lambda_1 I_{m_1} & & O \\ & \ddots & \\ O & & \lambda_l I_{m_l} \end{bmatrix} = \mathrm{diag}\{\lambda_1 I_{m_1}, \cdots, \lambda_l I_{m_l}\} \tag{6.9}$$

ここで, $m_j = \langle \lambda_j \text{の重複度} \rangle = \dim(\mathrm{Ker}(\lambda_j I - A))$ $(1 \leqq j \leqq l)$.

(6.9) より, A は次のように表される:

$$\begin{aligned} A &= U \,\mathrm{diag}\{\lambda_1 I_{m_1}, \cdots, \lambda_l I_{m_l}\}\, U^* \\ &= \left[\, U_1 \; \cdots \; U_l \,\right] \begin{bmatrix} \lambda_1 I_{m_1} & & O \\ & \ddots & \\ O & & \lambda_l I_{m_l} \end{bmatrix} \begin{bmatrix} U_1^* \\ \vdots \\ U_l^* \end{bmatrix} \\ &= \lambda_1 U_1 U_1^* + \lambda_2 U_2 U_2^* + \cdots + \lambda_l U_l U_l^* \\ &= \lambda_1 P_1 + \lambda_2 P_2 + \cdots + \lambda_l P_l \end{aligned}$$

ここで, $P_j = U_j U_j^*$ $(1 \leqq j \leqq l)$ とする. $(\star)$ より P_j は $\mathrm{Ker}(\lambda_j I - A)$ への正射影である (定理 6.7).

以上のことから次の定理が得られる．

スペクトル分解

定理 6.15 n 次行列 A は正規であるとする．A の相異なる固有値を λ_j $(1 \leqq j \leqq l)$, 各固有空間への正射影を P_j とするとき, A は

$$A = \lambda_1 P_1 + \lambda_2 P_2 + \cdots + \lambda_l P_l \tag{6.10}$$

と表される．このとき, 正射影 P_j $(1 \leqq j \leqq l)$ は次の性質をみたす：

$$I_n = P_1 + P_2 + \cdots + P_l, \tag{6.11}$$

$$P_i P_j = O_n \qquad (1 \leqq i, j \leqq l, i \neq j) \tag{6.12}$$

この表示を A の**スペクトル分解**という．

証明 (6.10) はすでに示したので, (6.11), (6.12) を示そう．
U がユニタリ行列であることから

$$\begin{aligned} I_n = UU^* &= [U_1 \cdots U_l] \begin{bmatrix} U_1^* \\ \vdots \\ U_l^* \end{bmatrix} \\ &= U_1 U_1^* + U_2 U_2^* + \cdots + U_l U_l^* \\ &= P_1 + P_2 + \cdots + P_l \end{aligned}$$

また, 各固有空間 $\mathrm{Ker}(\lambda_i I - A)$ $(1 \leqq i \leqq l)$ は直交する (定理 6.6 (3)) ことから

$$P_i P_j = (U_i U_i^*)(U_j U_j^*) = U_i (U_i^* U_j) U_j^* = O_n \quad (i \neq j)$$
∎

例題 6.2 実対称行列 $A = \begin{bmatrix} 1 & 2 & -1 \\ 2 & -2 & 2 \\ -1 & 2 & 1 \end{bmatrix}$ に対して,

(1) 直交行列 U を求めて対角化せよ．

(2) スペクトル分解の形で表せ．

[解] 固有多項式は,

$$\phi_A(\lambda) = \begin{vmatrix} \lambda - 1 & -2 & 1 \\ -2 & \lambda + 2 & -2 \\ 1 & -2 & \lambda - 1 \end{vmatrix} = (\lambda - 2)^2 (\lambda + 4)$$

したがって, 固有値は 2 (重解) と -4 .

各固有空間の正規直交基底を求めると

$$2\ :\ \left\{\boldsymbol{u}_1=\frac{1}{\sqrt{5}}\begin{bmatrix}2\\1\\0\end{bmatrix},\boldsymbol{u}_2=\frac{1}{\sqrt{30}}\begin{bmatrix}-1\\2\\5\end{bmatrix}\right\},\quad -4\ :\ \left\{\boldsymbol{u}_3=\frac{1}{\sqrt{6}}\begin{bmatrix}1\\-2\\1\end{bmatrix}\right\}.$$

(1)　直交行列 $U=[\,\boldsymbol{u}_1\ \boldsymbol{u}_2\ \boldsymbol{u}_3\,]=\begin{bmatrix}\frac{2}{\sqrt{5}} & -\frac{1}{\sqrt{30}} & \frac{1}{\sqrt{6}}\\ \frac{1}{\sqrt{5}} & \frac{2}{\sqrt{30}} & -\frac{2}{\sqrt{6}}\\ 0 & \frac{5}{\sqrt{30}} & \frac{1}{\sqrt{6}}\end{bmatrix}$ により

$$^tUAU=\mathrm{diag}\{2,2,-4\}=\begin{bmatrix}2 & & O\\ & 2 & \\ O & & -4\end{bmatrix}$$

と対角化される.

(2)　固有空間 $\mathrm{Ker}(2I_3-A)$ への正射影を P_1, $\mathrm{Ker}(-4I_3-A)$ への正射影を P_2 とすると, P_1, P_2 はそれぞれ次の行列で表される (定理 6.7):

$$P_1=[\,\boldsymbol{u}_1\ \boldsymbol{u}_2\,][\,\boldsymbol{u}_1\ \boldsymbol{u}_2\,]^*=\frac{1}{6}\begin{bmatrix}5 & 2 & -1\\ 2 & 2 & 2\\ -1 & 2 & 5\end{bmatrix},$$

$$P_2=[\,\boldsymbol{u}_3\,][\,\boldsymbol{u}_3\,]^*=\frac{1}{6}\begin{bmatrix}1 & -2 & 1\\ -2 & 4 & -2\\ 1 & -2 & 1\end{bmatrix}$$

したがって, A のスペクトル分解は (6.10) より　　$A=2P_1-4P_2$.

念のために, (6.11), (6.12) についても確かめておこう.

$$P_1+P_2=\frac{1}{6}\begin{bmatrix}5 & 2 & -1\\ 2 & 2 & 2\\ -1 & 2 & 5\end{bmatrix}+\frac{1}{6}\begin{bmatrix}1 & -2 & 1\\ -2 & 4 & -2\\ 1 & -2 & 1\end{bmatrix}=I_3,$$

$$P_1P_2=\frac{1}{36}\begin{bmatrix}5 & 2 & -1\\ 2 & 2 & 2\\ -1 & 2 & 5\end{bmatrix}\begin{bmatrix}1 & -2 & 1\\ -2 & 4 & -2\\ 1 & -2 & 1\end{bmatrix}=O_3$$

∎

問 6.7　下の対称行列について

(i)　直交行列 U を求めて対角化せよ.

(ii)　スペクトル分解の形で表せ.

(1) $\begin{bmatrix}2 & 3\\ 3 & 2\end{bmatrix}$　　(2) $\begin{bmatrix}a & b\\ b & a\end{bmatrix}$　　(3) $\begin{bmatrix}0 & 1 & 0\\ 1 & 0 & 1\\ 0 & 1 & 0\end{bmatrix}$　　(4) $\begin{bmatrix}0 & 0 & 1\\ 0 & 1 & 0\\ 1 & 0 & 0\end{bmatrix}$

演習問題 6

1. 次の 2 次正方行列は直交行列であることを確かめよ．逆に 2 次直交行列はこの形のもので尽くされることを示せ．

$$\begin{bmatrix} \cos\theta & -\sin\theta \\ \sin\theta & \cos\theta \end{bmatrix}, \quad \begin{bmatrix} \cos\theta & \sin\theta \\ \sin\theta & -\cos\theta \end{bmatrix} \qquad (0 \leqq \theta < 2\pi)$$

2. 次の 2 次正方行列は正射影であることを確かめよ．逆に $\mathbb{R}^2$ 上の正射影はこの形のもので尽くされることを示せ．また, $\mathbb{C}^2$ 上の正射影ならばどうか．

$$\begin{bmatrix} a & \sqrt{a(1-a)} \\ \sqrt{a(1-a)} & 1-a \end{bmatrix}, \quad \begin{bmatrix} a & -\sqrt{a(1-a)} \\ -\sqrt{a(1-a)} & 1-a \end{bmatrix}$$

ここで, a は $0 \leqq a \leqq 1$ をみたす実数．

3. 次の行列は直交行列で対角化可能か, ユニタリ行列で対角化可能かを判定し, 可能ならばその行列によって対角化せよ．対角化できないものは三角化せよ．

(1) $\begin{bmatrix} 2 & 1 & 1 \\ 1 & 2 & 1 \\ 1 & 1 & 2 \end{bmatrix}$　(2) $\begin{bmatrix} 1 & 0 & 0 \\ 0 & 0 & 1 \\ 0 & -1 & 0 \end{bmatrix}$　(3) $\begin{bmatrix} 0 & 0 & 1 \\ 0 & 2 & 0 \\ 4 & 0 & 0 \end{bmatrix}$　(4) $\begin{bmatrix} 2 & 1 & 1 \\ 1 & 2 & 1 \\ 0 & 0 & 2 \end{bmatrix}$

4. 座標空間 $\mathbb{R}^3$ において, 原点 O と点 P(1,1,0), P(0,1,1) を含む平面を $\mathbb{U}$ とする．点 $\mathrm{P}(x_1, x_2, x_3)$ から最短距離にある $\mathbb{U}$ の点を $\mathrm{P}(y_1, y_2, y_3)$ とするとき, 写像: $\boldsymbol{x} = \begin{bmatrix} x_1 \\ x_2 \\ x_3 \end{bmatrix} \mapsto \begin{bmatrix} y_1 \\ y_2 \\ y_3 \end{bmatrix} = P_{\mathbb{U}}\boldsymbol{x}$ を与える (射影) 行列 $P_{\mathbb{U}}$ を求めよ．さらに, そのときの最短距離 $\|\boldsymbol{x} - \boldsymbol{y}\|$ を求めよ (x_1, x_2, x_3 を用いて表せ)．

5. 複素内積空間 $\mathbb{C}^n$ 上の線形作用素 A について次を示せ．

(1) 任意の $\boldsymbol{x}, \boldsymbol{y} \in \mathbb{C}^n$ に対して次式が成り立つ:

$$\langle A\boldsymbol{x}, \boldsymbol{y} \rangle = \frac{1}{4}\Big(\langle A(\boldsymbol{x}+\boldsymbol{y}), \boldsymbol{x}+\boldsymbol{y} \rangle - \langle A(\boldsymbol{x}-\boldsymbol{y}), \boldsymbol{x}-\boldsymbol{y} \rangle + i\,\langle A(\boldsymbol{x}+i\boldsymbol{y}), \boldsymbol{x}+i\boldsymbol{y} \rangle - i\,\langle A(\boldsymbol{x}-i\boldsymbol{y}), \boldsymbol{x}-i\boldsymbol{y} \rangle \Big)$$

(2)　$\langle A\boldsymbol{x}, \boldsymbol{x} \rangle = 0 \ \ (\forall \boldsymbol{x} \in \mathbb{C}^n) \quad \Longleftrightarrow \quad A = O$

(3)　$\langle A\boldsymbol{x}, \boldsymbol{x} \rangle$ が実数 $(\forall \boldsymbol{x} \in \mathbb{C}^n) \quad \Longleftrightarrow \quad A = A^*$

6.　実内積空間 $\mathbb{R}^n$ 上の線形作用素 A について次を示せ.

(1)　任意の $\boldsymbol{x}, \boldsymbol{y} \in \mathbb{R}^n$ に対して次式が成り立つ:

$$\langle (A + A^*)\boldsymbol{x}, \boldsymbol{y} \rangle = \frac{1}{2}\Big(\langle A(\boldsymbol{x}+\boldsymbol{y}), \boldsymbol{x}+\boldsymbol{y} \rangle - \langle A(\boldsymbol{x}-\boldsymbol{y}), \boldsymbol{x}-\boldsymbol{y} \rangle \Big)$$

(2)　$\langle A\boldsymbol{x}, \boldsymbol{x} \rangle = 0 \ \ (\forall \boldsymbol{x} \in \mathbb{R}^n) \quad \Longleftrightarrow \quad A = -A^*$

(3)　$\langle A\boldsymbol{x}, \boldsymbol{x} \rangle = 0 \ \ (\forall \boldsymbol{x} \in \mathbb{R}^n)$ かつ $A = A^* \quad \Longleftrightarrow \quad A = O$

7.　正規行列の次の同値条件 (定理 6.5) に関して, (2)⇒(1) を示せ.

(1)　N は正規行列, つまり $N^*N = NN^*$

(2)　$\| N^*\boldsymbol{x} \| = \| N\boldsymbol{x} \| \qquad (\forall \boldsymbol{x} \in \mathbb{C}^n)$

8.　ユニタリ行列 (実直交行列) の固有値はすべて, その絶対値が 1 であることを示せ.

9.　n 次エルミート行列 (実対称行列) A について, 次の同値性を示せ.

$\langle A\boldsymbol{x}, \boldsymbol{x} \rangle > 0 \quad (\forall \boldsymbol{x} \in \mathbb{C}^n(\mathbb{R}^n)) \Longleftrightarrow A$ の固有値がすべて正

付章 A

行列の標準形

正方行列が対角化できないような場合には, 対角行列に準ずるどのような形の行列と相似になるだろうか, 応用に便利で都合のよい形があるだろうか. このような場合によく用いられる典型としては, Jordan 標準形とコンパニオン標準形がある. 以下では, 行列をこれらの標準形へと導く過程についてその概要を述べる[1].

1. λ 行列の基本変形と Smith 標準形

λ の多項式を各成分にもつ行列を **λ 行列**という. λ 行列は $A(\lambda), B(\lambda), P(\lambda)$ などのように表す.

λ 行列の基本変形　λ 行列に対する次の操作を**基本変形**という:

λ 行列の基本変形

I. ある行 (あるいは列) を $c(\neq 0)$ 倍する.

II. ある行 (列) に多項式を掛けたものを他の行 (列) にを加える.

III. 2 つの行 (列) を入れ換える.

注意 A.1 (1) λ 行列の基本変形では, 行に関する操作だけでなく列に関する同様の操作も許される.

(2) 基本変形 III は, I と II から得られるのでなくてもよいが, 便宜上含めておく.

[1] 本節に限って, ほとんどの定理についてはその証明を省略し, 例題を中心に展開する. その理由としては紙面の都合もあるが, 本節の定理のいくつか (特に主定理) は証明が冗長で長い上, 定理の内容の本質を把握するためにもそれほど有効とは思えないからである. 証明やさらに詳しい内容については, 文献 [4],[5],[6] などを参照されたい.

Smith の標準形　$A(\lambda)$ に対して基本変形を数回繰り返し $B(\lambda)$ となるとき, $A(\lambda)$ は $B(\lambda)$ と**等価**であるといい, $A(\lambda) \sim B(\lambda)$ と表す. このとき, 各基本変形はどれも同じ形の変形で元に戻せるから逆に $B(\lambda)$ から $A(\lambda)$ へも移せる.

第 1 章では行基本変形によって, その標準形である階段形へ導いた. λ 行列の場合は **Smith の標準形**と呼ばれる次の形の行列が相当する:

$$\mathrm{diag}\{\, f_1(\lambda), f_2(\lambda), \cdots, f_n(\lambda)\,\} = \begin{bmatrix} f_1(\lambda) & & & O \\ & f_2(\lambda) & & \\ & & \ddots & \\ O & & & f_n(\lambda) \end{bmatrix}, \qquad \text{(A.1)}$$

$$f_i(\lambda) \mid f_{i+1}(\lambda) \qquad (i = 1, 2, \cdots, n-1)$$

ただし, (A.1) においては

(i)　各多項式 $f_i(\lambda)$ は, 0 でなければ最高次の係数が 1 となるようにとる.

(ii)　$f_i(\lambda) \mid f_{i+1}(\lambda)$ は, $f_i(\lambda)$ が $f_{i+1}(\lambda)$ を割り切ることを意味する.
このとき, 1 (定数関数) は最小次の多項式であり任意の多項式の公約式となる. 一方, 0 は任意の多項式の公倍式と考える.

Smith の標準形へ一意性

定理 A.1　任意の λ 行列はある Smith の標準形へ一意的に等価である.
すなわち, $A(\lambda)$, $B(\lambda)$ の Smith の標準形を $\tilde{A}(\lambda)$, $\tilde{B}(\lambda)$ とするとき,

$$A(\lambda) \sim B(\lambda) \iff \tilde{A}(\lambda) = \tilde{B}(\lambda)$$

不変因子, 単因子　$A(\lambda)$ の Smith の標準形は一般に,

$$\mathrm{diag}\,\{\, 1, \cdots, 1, f_q(\lambda), f_{q+1}(\lambda), \cdots, f_r(\lambda), 0, \cdots, 0\,\} \qquad \text{(A.2)}$$

のような形態をしている. つまり (A.1) において

$$f_1(\lambda) = \cdots = f_{q-1}(\lambda) = 1\,,\ f_{r+1}(\lambda) = \cdots = f_n(\lambda) = 0$$

となる場合に相当する. このうち, 0 でない $f_i(\lambda)$ を $A(\lambda)$ の**不変因子**と呼ぶ. (A.2) においては, $\{\, 1, \cdots, 1, f_q(\lambda), \cdots, f_r(\lambda)\,\}$ が不変因子ということになる.

また, 0 でない最高次の不変因子 $f_r(\lambda)$ の素因子分解が

$$f_r(\lambda) = (\lambda - \lambda_1)^{r_1} (\lambda - \lambda_2)^{r_2} \cdots (\lambda - \lambda_l)^{r_l}$$

であるとするとき，$f_k(\lambda) \mid f_r(\lambda) \ \ (1 \leqq k \leqq r)$ なので，各 $f_k(\lambda)$ は

$$f_k(\lambda) = (\lambda - \lambda_1)^{k_1} (\lambda - \lambda_2)^{k_2} \cdots (\lambda - \lambda_l)^{k_l}$$

ただし，$0 \leqq k_1 \leqq r_1, \cdots, 0 \leqq k_l \leqq r_l$

の形に表される．これらのうち 1 でない各因子，つまり $(\lambda - \lambda_i)^{k_i} \ \ (0 < k_i)$ を $A(\lambda)$ の**単因子**と呼ぶ[2]．

特性行列と相似　行列 A に対し，$\lambda I - A$ を A の**特性行列**という．次の定理は行列の相似を特性行列の (λ 行列としての) 等価に帰着させるもので，この性質により行列の各種の標準形を得ることができる．

主定理

定理 A.2　2 つの正方行列 A, B について，

$$A \text{ と } B \text{ が相似} \quad \Longleftrightarrow \quad \lambda I - A \sim \lambda I - B$$

さらに，次の条件とも等価

$\Longleftrightarrow$　$\lambda I - A$ と $\lambda I - B$ の Smith 標準形は等しい．

$\Longleftrightarrow$　$\lambda I - A$ と $\lambda I - B$ の単因子が同じ．

特性行列の Smith 標準形および単因子の具体例　いくつかの基本的な行列について，実際にその特性行列の Smith 標準形と単因子を求めてみよう．

例題 A.1 (2 次行列)　次の行列 A に対し，特性行列 $\lambda I - A$ の Smith 標準形および単因子を求めよ．

(1)　$A = \begin{bmatrix} a & 0 \\ 0 & a \end{bmatrix}$　　(2)　$A = \begin{bmatrix} a & 0 \\ 0 & b \end{bmatrix}$　$(a \neq b)$　　(3)　$A = \begin{bmatrix} a & 1 \\ 0 & a \end{bmatrix}$

[解]　(1)　$\lambda I - A = \begin{bmatrix} \lambda - a & 0 \\ 0 & \lambda - a \end{bmatrix}$ であり，これ自身が Smith 標準形となっている．

したがって，不変因子は $\lambda - a, \lambda - a$，単因子は $\lambda - a, \lambda - a$ の 2 個．

---

[2] テキストによっては本書の不変因子を単因子といい，本書の単因子を単純単因子と呼ぶものもある．

(2) 基本変形の方針は, まずすべての成分の最大公約式を左上に作る[3]:

$\lambda I - A = \begin{bmatrix} \lambda - a & 0 \\ 0 & \lambda - b \end{bmatrix}$ において, $f_1(\lambda) = \lambda - a$ と $f_2(\lambda) = \lambda - b$ の最大公約式は 1 で, この最大公約式は $f_1(\lambda)$, $f_2(\lambda)$ から次のように算出される[4]:

$$-\frac{1}{a-b} f_1(\lambda) + \frac{1}{a-b} f_2(\lambda) = \frac{1}{a-b}\left(-(\lambda - a) + (\lambda - b)\right) = 1$$

したがって, いま $p_1(\lambda) = -\dfrac{1}{a-b}$, $p_2(\lambda) = \dfrac{1}{a-b}$ として, ⟨第1列⟩ $\times p_1(\lambda)$ を第 2 列に, ⟨第2行⟩ $\times p_2(\lambda)$ を第 1 行にそれぞれ加えると

$$\lambda I - A = \begin{bmatrix} \lambda - a & 0 \\ 0 & \lambda - b \end{bmatrix}$$

$$\sim \begin{bmatrix} \lambda - a & p_1(\lambda)(\lambda - a) + p_2(\lambda)(\lambda - b) \\ 0 & \lambda - b \end{bmatrix} = \begin{bmatrix} \lambda - a & 1 \\ 0 & \lambda - b \end{bmatrix}$$

第 1 列と第 2 列を入れ換えると

$$\sim \begin{bmatrix} 1 & \lambda - a \\ \lambda - b & 0 \end{bmatrix}$$

次に, いま求めた左上の成分 1 をピボットとしてその行と列を掃きだす (第 1 行と第 1 列について, (1,1) 成分以外の成分を 0 にする):

$$\sim \begin{bmatrix} 1 & \lambda - a \\ 0 & -(\lambda - a)(\lambda - b) \end{bmatrix} \sim \begin{bmatrix} 1 & 0 \\ 0 & (\lambda - a)(\lambda - b) \end{bmatrix}$$

これより, 不変因子は 1, $(\lambda - a)(\lambda - b)$, 単因子は $\lambda - a$, $\lambda - b$ の 2 個.

(3) (2) と同様の方針で

$$\lambda I - A = \begin{bmatrix} \lambda - a & -1 \\ 0 & \lambda - a \end{bmatrix}$$

$$\sim \begin{bmatrix} 1 & \lambda - a \\ -(\lambda - a) & 0 \end{bmatrix} \sim \begin{bmatrix} 1 & \lambda - a \\ 0 & (\lambda - a)^2 \end{bmatrix} \sim \begin{bmatrix} 1 & 0 \\ 0 & (\lambda - a)^2 \end{bmatrix}$$

これより, 不変因子は 1, $(\lambda - a)^2$, 単因子は $(\lambda - a)^2$. ∎

---

[3] 最大公約式を得るためには, 代数学でよく知られている次の定理を繰り返し適用する:

最大公約式の算出

定理 多項式 $f_1(\lambda)$ と $f_2(\lambda)$ の最大公約式を $d(\lambda)$ とすると,

$$p_1(\lambda) f_2(\lambda) + p_2(\lambda) f_2(\lambda) = d(\lambda)$$

となるような多項式 $p_1(\lambda)$, $p_2(\lambda)$ がとれる.

[4] このことは, 定理 (最大公約式の算出) の運用において $p_1(\lambda) = -\dfrac{1}{a-b}$, $p_2(\lambda) = \dfrac{1}{a-b}$ ととれることである.

任意の 2×2 行列 A に対し, $\lambda I - A$ の Smith 標準形は例題 A.1 のいずれかの形をもつ. したがって定理 A.2 により, 特性行列の単因子に応じて次のいずれかの形の行列 (標準形) と相似になる:

2 次行列の形 (標準形)	(1) $\begin{bmatrix} a & 0 \\ 0 & a \end{bmatrix}$	(2) $\begin{bmatrix} a & 0 \\ 0 & b \end{bmatrix}$ $(a \neq b)$	(3) $\begin{bmatrix} a & 1 \\ 0 & a \end{bmatrix}$
Smith 標準形	$\begin{bmatrix} \lambda - a & 0 \\ 0 & \lambda - a \end{bmatrix}$	$\begin{bmatrix} 1 & 0 \\ 0 & (\lambda - a)(\lambda - b) \end{bmatrix}$	$\begin{bmatrix} 1 & 0 \\ 0 & (\lambda - a)^2 \end{bmatrix}$
単因子	$\lambda - a, \lambda - a$	$\lambda - a, \lambda - b$	$(\lambda - a)^2$

この表において, (1) と (2) の形に相似となる場合は対角化可能であり, 一方 (3) の形に相似となる行列は対角化不可能である.

次に, 3 次以上の行列の場合を調べよう. 2 つの正方行列 A_1, A_2 を対角ブロックとするブロック行列を $A_1 \oplus A_2$ と表す. つまり, $A_1 \oplus A_2 = \begin{bmatrix} A_1 & O \\ O & A_2 \end{bmatrix}$. 3 個以上の場合にも $A_1 \oplus A_2 \oplus \cdots \oplus A_l$ のように表す. このような行列を**ブロック対角行列**と呼ぶ.

$\lambda I - A_i \ \ (1 \leqq i \leqq l)$ について, その Smith 標準形を $\tilde{A}_i(\lambda)$ とするならば, ブロック対角行列についても $(\lambda I - A_1) \oplus \cdots \oplus (\lambda I - A_l) \sim \tilde{A}_1(\lambda) \oplus \cdots \oplus \tilde{A}_l(\lambda)$ となることは容易にわかるが, さらに強く次の定理が成り立つ.

ブロック対角行列の単因子

定理 A.3 ブロック対角行列 $A_1 \oplus A_2 \oplus \cdots \oplus A_l$ に対し, その特性行列の単因子の全体の集合は, 各 $\lambda I - A_i \ \ (1 \leqq i \leqq l)$ の単因子の和集合である.

この定理が成り立つことは, 次の例からもある程度は推察できるであろう.

例題 A.2 次の行列 A に対し, $\lambda I - A$ の Smith 標準形と単因子を求めよ.

(1) $A = A_1$ (2) $A = A_1 \oplus A_2$ (3) $A = A_1 \oplus B$

ここで, $A_1 = \begin{bmatrix} a & 1 & 0 \\ 0 & a & 1 \\ 0 & 0 & a \end{bmatrix}$, $A_2 = \begin{bmatrix} a & 1 \\ 0 & a \end{bmatrix}$, $B = \begin{bmatrix} b & 1 \\ 0 & b \end{bmatrix}$. ただし, $a \neq b$.

[解]　(1) λ 行列の基本変形により, 全成分の最大公約式である 1 を左上に作る:

$$\lambda I - A = \begin{bmatrix} \lambda - a & -1 & 0 \\ 0 & \lambda - a & -1 \\ 0 & 0 & \lambda - a \end{bmatrix} \sim \begin{bmatrix} 1 & 0 & \lambda - a \\ -(\lambda - a) & 1 & 0 \\ 0 & -(\lambda - a) & 0 \end{bmatrix}$$

次に, 第 1 行と第 1 列について, (1,1) 成分以外の成分を 0 にする:

$$\sim \begin{bmatrix} 1 & 0 & \lambda - a \\ 0 & 1 & (\lambda - a)^2 \\ 0 & -(\lambda - a) & 0 \end{bmatrix} \sim \begin{bmatrix} 1 & 0 & 0 \\ 0 & 1 & (\lambda - a)^2 \\ 0 & -(\lambda - a) & 0 \end{bmatrix}$$

次に, これまでと同様の操作を第 2 行, 第 2 列以降の部分について行う:

$$\sim \begin{bmatrix} 1 & 0 & 0 \\ 0 & 1 & (\lambda - a)^2 \\ 0 & 0 & (\lambda - a)^3 \end{bmatrix} \sim \begin{bmatrix} 1 & 0 & 0 \\ 0 & 1 & 0 \\ 0 & 0 & (\lambda - a)^3 \end{bmatrix}$$

これより, 不変因子は 1 , 1 , $(\lambda - a)^3$, 単因子は $(\lambda - a)^3$.

(2)　(1) と前の例 A.1 (3) より

$$\begin{aligned} \lambda I - A &= (\lambda I - A_1) \oplus (\lambda I - A_2) \\ &\sim \begin{bmatrix} 1 & 0 & 0 \\ 0 & 1 & 0 \\ 0 & 0 & (\lambda - a)^3 \end{bmatrix} \oplus \begin{bmatrix} 1 & 0 \\ 0 & (\lambda - a)^2 \end{bmatrix} \\ &\sim \operatorname{diag}\{1, 1, 1, (\lambda - a)^2, (\lambda - a)^3\} \end{aligned}$$

これより, 不変因子は $1, 1, 1, (\lambda - a)^2$, $(\lambda - a)^3$, 単因子は $(\lambda - a)^2$, $(\lambda - a)^3$.

(3)　(1) と前の例 A.1 (3) より

$$\lambda I - A = (\lambda I - A_1) \oplus (\lambda I - B)$$

$$\sim \begin{bmatrix} 1 & 0 & 0 \\ 0 & 1 & 0 \\ 0 & 0 & (\lambda - a)^3 \end{bmatrix} \oplus \begin{bmatrix} 1 & 0 \\ 0 & (\lambda - b)^2 \end{bmatrix}$$

$$\sim \begin{bmatrix} 1 & 0 & 0 & 0 & 0 \\ 0 & 1 & 0 & 0 & 0 \\ 0 & 0 & 1 & 0 & 0 \\ 0 & 0 & 0 & (\lambda - a)^3 & \boxed{1} \\ 0 & 0 & 0 & 0 & (\lambda - b)^2 \end{bmatrix} \sim \begin{bmatrix} 1 & 0 & 0 & 0 & 0 \\ 0 & 1 & 0 & 0 & 0 \\ 0 & 0 & 1 & 0 & 0 \\ 0 & 0 & 0 & 1 & (\lambda - a)^3 \\ 0 & 0 & 0 & (\lambda - b)^2 & 0 \end{bmatrix}$$

$$\sim \operatorname{diag}\{1, 1, 1, 1, (\lambda - a)^3 (\lambda - b)^2\}$$

ここで, $\boxed{1}$ は $f_1(\lambda) = (\lambda - a)^3$, $f_2(\lambda) = (\lambda - b)^2$ に対して最大公約式算出の定理 (p.130 の脚注) を適用することにより得られた最大公約式 1 を表す.

よって, 不変因子は $1, 1, 1, 1, (\lambda - a)^3 (\lambda - b)^2$, 単因子は $(\lambda - a)^3$, $(\lambda - b)^2$. ∎

2. Jordan 標準形, コンパニオン標準形

Jordan 標準形　前節の例題からも類推されるように, n 次行列:

$$J_n(a) = \begin{bmatrix} a & 1 & & & \\ & a & 1 & & O \\ & & \ddots & \ddots & \\ & O & & \ddots & 1 \\ & & & & a \end{bmatrix} \tag{A.3}$$

に対する特性行列の単因子は $(\lambda - a)^n$ のみであり, $J_n(a)$ を単因子 $(\lambda - a)^n$ に対応する **Jordan ブロック**という.

定理 A.2 と定理 A.3 から次がわかる:

Jordan 標準形

定理 A.4　行列 A の特性行列 $\lambda I - A$ の単因子全体が $(\lambda - a_1)^{n_1}, (\lambda - a_2)^{n_2}, \cdots, (\lambda - a_l)^{n_l}$ とするとき, A は

$$J = J_{n_1}(a_1) \oplus J_{n_2}(a_2) \oplus \cdots \oplus J_{n_l}(a_l) \tag{A.4}$$

に相似である. すなわち, ある正則行列 T によって $J = T^{-1}AT$ となる. この行列 J を A の **Jordan 標準形**と呼ぶ.

A の Jordan 標準形においては Jordan ブロックの並べ方は自由であるがそこに現れるブロックの集合は一意的に定まる.

例題 A.3　行列 $A = \begin{bmatrix} 0 & -3 & 10 \\ 1 & 4 & 2 \\ -1 & -3 & -5 \end{bmatrix}$ の Jordan 標準形とそのときの変換行列を求めよ.

[解]　特性行列 $\lambda I - A$ の Smith 標準形を求めると

$$\lambda I - A = \begin{bmatrix} \lambda & 3 & -10 \\ -1 & \lambda - 4 & -2 \\ 1 & 3 & \lambda + 5 \end{bmatrix} \sim \begin{bmatrix} 1 & 0 & 0 \\ 0 & 1 & 0 \\ 0 & 0 & (\lambda - 1)(\lambda + 1)^2 \end{bmatrix}$$

これより, 単因子は $\lambda - 1$, $(\lambda + 1)^2$. よって, A の Jordan 標準形を J_A とすると

$$J_A = [1] \oplus \begin{bmatrix} -1 & 1 \\ 0 & -1 \end{bmatrix}$$

次に，このときの変換行列 X を求めてみよう．$X = [\,\boldsymbol{x}_1\ \boldsymbol{x}_2\ \boldsymbol{x}_3\,]$ とすると

$$
\begin{aligned}
J_A = X^{-1}AX \quad &\Longleftrightarrow \quad AX = XJ_A \\
&\Longleftrightarrow \quad A[\,\boldsymbol{x}_1\ \boldsymbol{x}_2\ \boldsymbol{x}_3\,] = [\,\boldsymbol{x}_1\ \boldsymbol{x}_2\ \boldsymbol{x}_3\,]\begin{bmatrix} 1 & 0 & 0 \\ 0 & -1 & 1 \\ 0 & 0 & -1 \end{bmatrix} \\
&\Longleftrightarrow \quad \begin{cases} A\boldsymbol{x}_1 = \boldsymbol{x}_1 \\ A\boldsymbol{x}_2 = -\boldsymbol{x}_2 \\ A\boldsymbol{x}_3 = \boldsymbol{x}_2 - \boldsymbol{x}_3 \end{cases}
\end{aligned}
$$

したがって，最後の 3 つの等式をみたす $\boldsymbol{x}_1, \boldsymbol{x}_2, \boldsymbol{x}_3$ を順次求めればよい．$\boldsymbol{x}_1, \boldsymbol{x}_2$ はそれぞれ固有値 1 と -1 の固有ベクトルであり，また $\boldsymbol{x}_3$ は $\boldsymbol{x}_2$ を求めてから求めると，たとえば

$$
\boldsymbol{x}_1 = \begin{bmatrix} -3 \\ 1 \\ 0 \end{bmatrix},\ \boldsymbol{x}_2 = \begin{bmatrix} 7 \\ -1 \\ -1 \end{bmatrix},\ \boldsymbol{x}_3 = \begin{bmatrix} -3 \\ 0 \\ 1 \end{bmatrix},\ X = \begin{bmatrix} -3 & 7 & -3 \\ 1 & -1 & 0 \\ 0 & -1 & 1 \end{bmatrix}
$$
を得る．∎

注意 A.2　複素数の範囲では，任意の多項式は 1 次式のべき乗の積に因子分解可能であるから，必ずある Jordan 標準形と相似となる．しかし，実行列であっても固有値がすべて実数でなければ実数の範囲では相似な Jordan 標準形は存在しない．

コンパニオン標準形　λ の多項式 $g(\lambda) = \lambda^n + a_{n-1}\lambda^{n-1} + \cdots + a_1\lambda + a_0$ に対して

$$
C(g) = \begin{bmatrix} 0 & 1 & 0 & \cdots & 0 \\ 0 & 0 & 1 & \ddots & \vdots \\ \vdots & \ddots & \ddots & \ddots & 0 \\ 0 & \cdots & 0 & 0 & 1 \\ -a_0 & -a_1 & & \ldots & -a_{n-1} \end{bmatrix} \tag{A.5}
$$

を $g(\lambda)$ の**コンパニオン行列**という．

例題 A.4　(A.5) のコンパニオン行列 $C(g)$ に対し，$\lambda I - C(g)$ の Smith 標準形を求めよ．

[解]　$g(\lambda) = \lambda^4 + a_3\lambda^3 + a_2\lambda^2 + a_1\lambda + a_0$ について求めるが，一般の場合も同様である．

$$
\lambda I - C(g) = \begin{bmatrix} \lambda & -1 & 0 & 0 \\ 0 & \lambda & -1 & 0 \\ 0 & 0 & \lambda & -1 \\ a_0 & a_1 & a_2 & \lambda + a_3 \end{bmatrix}
$$

$\langle$第 2 列$\rangle \times \lambda$，$\langle$第 3 列$\rangle \times \lambda^2$，$\langle$第 4 列$\rangle \times \lambda^3$ をそれぞれ第 1 列に加えると

$$\sim \begin{bmatrix} 0 & -1 & 0 & 0 \\ 0 & \lambda & -1 & 0 \\ 0 & 0 & \lambda & -1 \\ g(\lambda) & a_1 & a_2 & \lambda + a_3 \end{bmatrix}$$

第 1 列を順次, 第 2 列, 第 3 列, 第 4 列と入れ換えると

$$\sim \begin{bmatrix} -1 & 0 & 0 & 0 \\ \lambda & -1 & 0 & 0 \\ 0 & \lambda & -1 & 0 \\ a_1 & a_2 & \lambda + a_3 & g(\lambda) \end{bmatrix} \sim \begin{bmatrix} 1 & 0 & 0 & 0 \\ 0 & 1 & 0 & 0 \\ 0 & 0 & 1 & 0 \\ 0 & 0 & 0 & g(\lambda) \end{bmatrix}$$ ∎

一般に, λ の多項式 $g(\lambda)$ のコンパニオン行列 $C(g)$ に対し, $\lambda I - C(g)$ の不変因子は $1, \cdots, 1,\ g(\lambda)$ である. したがって, 次の標準形も得る:

コンパニオン標準形

定理 A.5 行列 A は, その特性行列 $\lambda I - A$ の不変因子が

$$\overbrace{1, \cdots, 1}^{r-1},\ f_r(\lambda), f_{r+1}(\lambda), \cdots, f_n(\lambda),\ \text{ただし, } f_k(\lambda) \neq 1\ (r \leqq k \leqq n)$$

ならば, A は $C = C(f_r) \oplus C(f_{r+1}) \oplus \cdots \oplus C(f_n)$ と相似である.
C は A の**コンパニオン標準形**と呼ばれる.

コンパニオン標準形においても Jordan 標準形と同様, 各コンパニオン行列の並べ方は自由であるがそこに現れるブロックの集合は皆同じである.

例題 A.5 行列 $A = \begin{bmatrix} 1 & 0 & 0 \\ 0 & 1 & 0 \\ 1 & -3 & 1 \end{bmatrix}$ のコンパニオン標準形を求めよ.

[解] 特性行列 $\lambda I - A$ の Smith 標準形を求めると

$$\lambda I - A = \begin{bmatrix} \lambda - 1 & 0 & 0 \\ 0 & \lambda - 1 & 0 \\ -1 & 3 & \lambda - 1 \end{bmatrix} \sim \begin{bmatrix} -1 & 3 & \lambda - 1 \\ 0 & \lambda - 1 & 0 \\ 0 & 3(\lambda - 1) & (\lambda - 1)^2 \end{bmatrix}$$

$$\sim \begin{bmatrix} 1 & 0 & 0 \\ 0 & \lambda - 1 & 0 \\ 0 & 3(\lambda - 1) & (\lambda - 1)^2 \end{bmatrix} \sim \begin{bmatrix} 1 & 0 & 0 \\ 0 & \lambda - 1 & 0 \\ 0 & 0 & (\lambda - 1)^2 \end{bmatrix}$$

これより, 不変因子は $1, \lambda - 1,\ (\lambda - 1)^2$. よって, A のコンパニオン標準形 C は

$$A \sim C = C(\lambda - 1) \oplus C((\lambda - 1)^2) = [\,1\,] \oplus \begin{bmatrix} 0 & 1 \\ -1 & 2 \end{bmatrix} = \begin{bmatrix} 1 & 0 & 0 \\ 0 & 0 & 1 \\ 0 & -1 & 2 \end{bmatrix}$$ ∎

3.　最小多項式と Cayley-Hamilton の定理

Jordan 標準形を適用することにより, Cayley-Hamilton の定理が成り立つ理由が容易にわかる.

正方行列 A と多項式 $f(\lambda) = \lambda^m + a_{m-1}\lambda^{m-1} + \cdots + a_1\lambda + a_0$ に対して, $f(A)$ を

$$f(A) = A^m + a_{m-1}A^{m-1} + \cdots + a_1 A + a_0 I$$

と定義する. A に対し, $f(A) = O$ (零行列) をみたすあらゆる多項式の中で最小次の多項式を A の**最小多項式**という.

多項式 $f(\lambda)$ は複素数の範囲で 1 次因子のべき乗の積に分解できる :

$$f(\lambda) = (\lambda - a_1)^{n_1}(\lambda - a_2)^{n_2}\cdots(\lambda - a_l)^{n_l}$$

このとき, $f(A) = (A - a_1 I)^{n_1}(A - a_2 I)^{n_2}\cdots(A - a_l I)^{n_l}$ である.

例題 A.6　次の $f(\lambda)$ に対して, $f(J_3(a))$ を計算せよ. ただし, $b \neq a$.

(1) $f(\lambda) = (\lambda - a)^2$　(2) $f(\lambda) = (\lambda - a)^3$　(3) $f(\lambda) = (\lambda - b)^2$

[解]　(1)　$f(J_3(a)) = (J_3(a) - aI_3)^2 = \begin{bmatrix} 0 & 1 & 0 \\ 0 & 0 & 1 \\ 0 & 0 & 0 \end{bmatrix}^2 = \begin{bmatrix} 0 & 0 & 1 \\ 0 & 0 & 0 \\ 0 & 0 & 0 \end{bmatrix}$

(2)　$f(J_3(a)) = (J_3(a) - aI_3)^3 = \begin{bmatrix} 0 & 0 & 1 \\ 0 & 0 & 0 \\ 0 & 0 & 0 \end{bmatrix}\begin{bmatrix} 0 & 1 & 0 \\ 0 & 0 & 1 \\ 0 & 0 & 0 \end{bmatrix} = O$

(3)　$f(J_3(a)) = (J_3(a) - bI_3)^2 = \begin{bmatrix} a-b & 1 & 0 \\ 0 & a-b & 1 \\ 0 & 0 & a-b \end{bmatrix}^2$

$$= \begin{bmatrix} (a-b)^2 & 2(a-b) & 1 \\ 0 & (a-b)^2 & 2(a-b) \\ 0 & 0 & (a-b)^2 \end{bmatrix}$$ ∎

次の定理が成り立つことは, 例題 A.6 から容易に推察できるであろう.

Jordan ブロックの最小多項式

定理 A.6　Jordan ブロック $J_n(a)$ の最小多項式は, $(\lambda - a)^n$.

最小多項式 = 最高次の不変因子

系 A.7 n 次正方行列 A について, $\lambda I - A$ の Smith 標準形を

$$\mathrm{diag}\{1, 1, \cdots, 1, f_r(\lambda), f_{r+1}(\lambda), \cdots, f_n(\lambda)\} \tag{A.6}$$

とすると, 最高次の不変因子 $f_n(\lambda)$ が A の最小多項式である.

証明 $\lambda I - A$ の単因子全体を $\{q_j(\lambda) \mid 1 \leqq j \leqq m\}$, 各単因子に対応する Jordan ブロックを J_j $(1 \leqq j \leqq m)$ とするとき, 一般に次の事実 (i)-(ii) が成り立つ:

(i) A の Jordan 標準形は $J = J_1 \oplus \cdots \oplus J_m$ であり, 正則行列 T によって $A = TJT^{-1}$ とできる.

(ii) 非負の整数 k に対して

$$A^k = (T\,J\,T^{-1})^k = T\,J^k\,T^{-1} = T\big\{J_1^k \oplus \cdots \oplus J_m^k\big\}T^{-1}$$

さらに, 任意の多項式 $f(\lambda)$ に対して

$$f(A) = f(TJT^{-1}) = Tf(J)T^{-1} = T\big\{f(J_1) \oplus \cdots \oplus f(J_m)\big\}T^{-1}$$

いま, $f_n(\lambda)$ の素因子分解を $f(\lambda) = (\lambda - a_1)^{n_1}(\lambda - a_2)^{n_2}\cdots(\lambda - a_l)^{n_l}$ とする. f_n の各単因子に対応する Jordan ブロック $J_{n_i}(a_i)$ については, 定理 A.6 より $f_n(J_{n_i}(a_i)) = O_{n_i}$ $(1 \leqq i \leqq l)$ がわかる. 任意の単因子 q_j についても $q_j \mid f_n$ より同様で, すべての Jordan ブロック J_j に対して $f_n(J_j) = O$ $(1 \leqq j \leqq m)$ がいえる.

したがって

$$\begin{aligned} f_n(A) &= f_n(TJT^{-1}) = T\,f_n(J)\,T^{-1} \\ &= T\big\{f_n(J_1) \oplus \cdots \oplus f_n(J_m)\big\}T^{-1} \\ &= T\big\{O \oplus \cdots \oplus O\big\}T^{-1} = O \end{aligned}$$

$f_n(\lambda)$ が最小次数であることは, $f_n(\lambda)$ の各単因子 $(\lambda - a_i)^{n_i}$ $(1 \leqq i \leqq l)$ に対応する Jordan ブロックは $(\lambda - a_i)^{n_i}$ を因数に含まなければ O にはならないことからわかる. ∎

Cayley-Hamilton の定理

系 A.8 A の固有多項式 $\phi_A(\lambda) = |\lambda I - A|$ に対し, $\phi_A(A) = O$.

証明 λ 行列の行列式は, 基本変形によって高々スカラー倍の違いだけしか起こらない. したがって, A の固有多項式 $\phi_A(\lambda)$ は $\lambda I - A$ の Smith 標準形の行列式と等しく, さらに, それはすべての不変因子の積である. したがって, いま $\lambda I - A$ の Smith 標準形が (A.6) に表されるものとすると $f_n(\lambda) \mid \phi_A(\lambda)$ であり, また系 A.7 により $f_n(A) = O$ であるから, $\phi_A(A) = O$ がいえる. ∎

演習問題A

1. 次の各行列について, Jordan 標準形, コンパニオン標準形, 特性多項式[5]および最小多項式を求めよ.

(1) $\begin{bmatrix} 1 & 0 & -1 \\ 2 & 2 & 2 \\ 2 & 1 & 2 \end{bmatrix}$　(2) $\begin{bmatrix} 2 & -1 & 1 \\ 1 & 0 & 2 \\ 1 & -1 & 3 \end{bmatrix}$

(3) $\begin{bmatrix} 2 & -1 & 7 & 1 \\ 0 & -1 & 4 & 0 \\ 0 & -1 & 3 & 0 \\ -1 & 6 & -17 & 0 \end{bmatrix}$

2. Jordan ブロック $J_2(a)$, $J_3(a)$ について, 次式を示せ.

(1) $\begin{bmatrix} a & 1 \\ 0 & a \end{bmatrix}^n = \begin{bmatrix} a^n & na^{n-1} \\ 0 & a^n \end{bmatrix}$

(2) $\begin{bmatrix} a & 1 & 0 \\ 0 & a & 1 \\ 0 & 0 & a \end{bmatrix}^n = \begin{bmatrix} a^n & na^{n-1} & \dfrac{n(n-1)}{2}a^{n-2} \\ 0 & a^n & na^{n-1} \\ 0 & 0 & a^n \end{bmatrix}$

3. 行列 $A = \begin{bmatrix} 2 & -1 & 1 \\ 1 & 0 & 2 \\ 1 & -1 & 3 \end{bmatrix}$ に対して, A^n を求めよ.

4. 任意の正方行列はその転置行列と相似であることを示せ.

---

[5] 固有多項式と同じ (p.84 脚注参照).

解答とヒント

第 1 章

問 1.1 $A_1+B_1=\begin{bmatrix}4&0&2\\5&1&5\end{bmatrix}$, $A_1B_2=\begin{bmatrix}12&-4&-4\\6&-2&-1\end{bmatrix}$,

$A_2B_1=\begin{bmatrix}7&-2&11\\-5&-2&-9\\7&4&13\end{bmatrix}$, $A_3B_1=\begin{bmatrix}7&-2&11\\2&2&4\end{bmatrix}$, $A_4B_3=\begin{bmatrix}2&0&1\\4&0&2\\6&0&3\end{bmatrix}$,

$B_1A_2=\begin{bmatrix}-3&9\\-7&21\end{bmatrix}$, $B_1A_4=\begin{bmatrix}0\\18\end{bmatrix}$, $B_2A_2=\begin{bmatrix}5&3\\-4&7\\9&-3\end{bmatrix}$, $B_2A_4=\begin{bmatrix}0\\-1\\-6\end{bmatrix}$,

$B_3A_2=[0\ \ 7]$, $B_3A_4=[\,5\,]$

問 1.2 ${}^tA\,A=\begin{bmatrix}13&8&3\\8&5&2\\3&2&1\end{bmatrix}$, $A\,{}^tA=\begin{bmatrix}14&8\\8&5\end{bmatrix}$

問 1.3 (1) $AB=\begin{bmatrix}0&1&-2\\-3&5&-7\\-1&2&-3\end{bmatrix}$, $BA=\begin{bmatrix}1&0&-1\\-2&4&-6\\-1&2&-3\end{bmatrix}$,

$AC=CA=\begin{bmatrix}-3&4&-5\\-10&12&-14\\-3&4&-5\end{bmatrix}$ (2) $A^2-2AB+B^2=\begin{bmatrix}-1&0&2\\-3&0&5\\-1&-1&4\end{bmatrix}$

(3) $(A-B)^2=\begin{bmatrix}-2&1&1\\-4&1&4\\-1&-1&4\end{bmatrix}$ (4)(5) $A^2-2AC+C^2=(A-C)^2=\begin{bmatrix}0&-1&3\\-1&-2&7\\-1&-1&4\end{bmatrix}$

問 1.4 $A^2-2AB+B^2-(A-B)^2=BA-AB$ からいえる.

問 1.5 (1) $A=[a_{ip}]_{m\times r}$, $B=[b_{pq}]_{r\times s}$, $C=[c_{qj}]_{s\times n}$ とするとき, 両辺の各行列の (i,j) 成分を計算比較する. (2) も同様.

問 1.6 (1) $\left[\begin{array}{cc|c|cc}1&7&21&8&9\\0&2&-2&-8&-9\\\hline 0&0&7&8&9\end{array}\right]$ (2) $\left[\begin{array}{c|c|c}1&7&21\\0&2&-2\\0&0&7\end{array}\right]$

(3) $\begin{bmatrix}1\\0\\0\end{bmatrix}\times 1+\begin{bmatrix}2\\1\\0\end{bmatrix}\times 0+\begin{bmatrix}1\\-1\\1\end{bmatrix}\times 0=\begin{bmatrix}1\\0\\0\end{bmatrix}$

(4) $1\cdot[1\ \ 3\ \ 4]+2\cdot[0\ \ 2\ \ 5]+1\cdot[0\ \ 0\ \ 7]=[1\ \ 7\ \ 21]$

(5) $\left[\begin{array}{c|c} \begin{bmatrix}1\\0\\0\end{bmatrix}\times 1+\begin{bmatrix}2\\1\\0\end{bmatrix}\times 0 & \begin{bmatrix}1\\0\\0\end{bmatrix}\times 3+\begin{bmatrix}2\\1\\0\end{bmatrix}\times 2 \end{array}\right]=\left[\begin{array}{c|c}1&7\\0&2\\0&0\end{array}\right]$

演習問題 1.1

1.　$PA=\begin{bmatrix}a_{11}&a_{12}\\ca_{21}&ca_{22}\end{bmatrix}$, $AP=\begin{bmatrix}a_{11}&ca_{12}&0\\a_{21}&ca_{22}&0\\a_{31}&ca_{32}&0\end{bmatrix}$, $QA=\begin{bmatrix}a_{11}+ca_{21}&a_{12}+ca_{22}\\a_{21}&a_{22}\end{bmatrix}$,

$AQ=\begin{bmatrix}a_{11}&ca_{11}+a_{12}&0\\a_{21}&ca_{21}+a_{22}&0\\a_{31}&ca_{31}+a_{32}&0\end{bmatrix}$, $AR=\begin{bmatrix}a_{12}&a_{11}\\a_{22}&a_{21}\\a_{32}&a_{31}\end{bmatrix}$, $RB=\begin{bmatrix}b_{21}&b_{22}&b_{23}\\b_{11}&b_{12}&b_{13}\end{bmatrix}$,

$SA=\begin{bmatrix}a_{21}&a_{22}\\a_{11}&a_{12}\\a_{31}&a_{32}\end{bmatrix}$, $BS=\begin{bmatrix}b_{12}&b_{11}&b_{13}\\b_{22}&b_{21}&b_{23}\end{bmatrix}$

2.　(1)　三角関数の加法定理を利用する.　(2)　まず 2 乗を計算してみよ.

3.　$A=\begin{bmatrix}X&Z\\O&Y\end{bmatrix}$ とブロック行列で表すと, $A^2=\begin{bmatrix}X^2&XZ+ZY\\O&Y^2\end{bmatrix}=\begin{bmatrix}I_2&T\\O&-I_2\end{bmatrix}$,
ここで, $T=\begin{bmatrix}p-q&p+q\\-r-s&r-s\end{bmatrix}$. $A^3=\begin{bmatrix}X&W\\O&-Y\end{bmatrix}$, ここで, $W=\begin{bmatrix}-q&p\\s&-r\end{bmatrix}$. $A^5=A$.
以下循環する.

4.　(1) $A\,{}^tA=I_2$, ${}^tAA=\begin{bmatrix}\frac{1}{2}&\frac{1}{2}&0\\\frac{1}{2}&\frac{1}{2}&0\\0&0&1\end{bmatrix}$ (2) $F^2=\begin{bmatrix}{}^tAA&O\\O&A\,{}^tA\end{bmatrix}=\begin{bmatrix}\frac{1}{2}&\frac{1}{2}&0&0&0\\\frac{1}{2}&\frac{1}{2}&0&0&0\\0&0&1&0&0\\0&0&0&1&0\\0&0&0&0&1\end{bmatrix}$,
$F^3=F$. したがって, $F^{2k-1}=F$, $F^{2k}=F^2$.
(3) $G^n=\begin{bmatrix}I&O\\nA&I\end{bmatrix}$ (4) $H^2=\begin{bmatrix}I_3-{}^tAA&-2{}^tA\\2A&O\end{bmatrix}$, $H^3=\begin{bmatrix}I_3-3{}^tAA&-2{}^tA\\2A&-2I_2\end{bmatrix}$,
$H^4=\begin{bmatrix}I_3-5{}^tAA&O\\O&-4I_2\end{bmatrix}$.

5.　(1) ${}^t(A+{}^tA)={}^tA+{}^t({}^tA)={}^tA+A$. 他方も同様. (2) $S=\dfrac{1}{2}(A+{}^tA)$,
$T=\dfrac{1}{2}(A-{}^tA)$ ととればよい. 一意性を示すためには, $A=S+T$ と表されたとして,
S,T がそれぞれ前記の行列でなければならないことをいえばよい.

問 1.7　i 行と j 行とを入れ換えるには, たとえば, (I) $-1\times\langle i$ 行$\rangle$ を $\langle j$ 行$\rangle$ に加える. (II) $\langle j$ 行$\rangle$ を $\langle i$ 行$\rangle$ に加える. (III) $-1\times\langle i$ 行$\rangle$ を $\langle j$ 行$\rangle$ に加える. (IV) $\langle j$ 行$\rangle$ を -1 倍する.

問 1.8　拡大係数行列の階段形と解を示す.　(1) $\begin{bmatrix}1&0&\frac{4}{3}\\0&1&-\frac{1}{3}\end{bmatrix}$, $\begin{bmatrix}x\\y\end{bmatrix}=\begin{bmatrix}\frac{4}{3}\\-\frac{1}{3}\end{bmatrix}$.

(2) $\begin{bmatrix}1&2&0&0\\0&0&1&0\end{bmatrix}$, $\begin{bmatrix}x\\y\\z\end{bmatrix}=c\begin{bmatrix}-2\\1\\0\end{bmatrix}$　(3) $\begin{bmatrix}1&0&0&-1\\0&1&0&0\\0&0&1&1\end{bmatrix}$, $\begin{bmatrix}x\\y\\z\end{bmatrix}=\begin{bmatrix}-1\\0\\1\end{bmatrix}$.

(4) $\begin{bmatrix} 1 & 0 & 5 & 4 \\ 0 & 1 & -3 & -3 \\ 0 & 0 & 0 & 0 \end{bmatrix}$, $\begin{bmatrix} x \\ y \\ z \end{bmatrix} = \begin{bmatrix} 4 \\ -3 \\ 0 \end{bmatrix} + c \begin{bmatrix} -5 \\ 3 \\ 1 \end{bmatrix}$　(5) $\begin{bmatrix} 1 & 2 & 3 & 3 \\ 0 & 0 & 1 & 1 \\ 0 & 0 & 0 & 3 \end{bmatrix}$, 解なし.

問 1.9 (1) $\begin{bmatrix} 2 & \frac{1}{2} & -2 \\ 0 & -\frac{1}{2} & 1 \\ -1 & \frac{1}{2} & 0 \end{bmatrix}$　(2) 正則でない.　(3) $\dfrac{1}{2}\begin{bmatrix} -1 & 1 & 1 & 1 \\ 1 & 1 & 1 & -1 \\ 1 & 1 & 5 & 1 \\ 1 & -1 & 1 & 1 \end{bmatrix}$

演習問題 1.2

1. (1) $\begin{bmatrix} 1 & -2 & 0 & 3 \\ 0 & 1 & -2 & -1 \\ 1 & 1 & -6 & 0 \end{bmatrix} \sim \begin{bmatrix} 1 & 0 & -4 & 1 \\ 0 & 1 & -2 & -1 \\ 0 & 0 & 0 & 0 \end{bmatrix}$, $\begin{bmatrix} x \\ y \\ z \end{bmatrix} = \begin{bmatrix} 1 \\ -1 \\ 0 \end{bmatrix} + c \begin{bmatrix} 4 \\ 2 \\ 1 \end{bmatrix}$

(2) $\begin{bmatrix} 2 & 2 & 1 & 1 \\ 1 & -1 & 2 & 0 \\ 1 & -5 & 5 & -1 \end{bmatrix} \sim \begin{bmatrix} 1 & 0 & \frac{5}{4} & \frac{1}{4} \\ 0 & 1 & -\frac{3}{4} & \frac{1}{4} \\ 0 & 0 & 0 & 0 \end{bmatrix}$, $\begin{bmatrix} x \\ y \\ z \end{bmatrix} = \begin{bmatrix} \frac{1}{4} \\ \frac{1}{4} \\ 0 \end{bmatrix} + c \begin{bmatrix} -5 \\ 3 \\ 4 \end{bmatrix}$

2. (1) $a \neq -1$ のとき, 解なし.　$a = -1$ のとき, $\begin{bmatrix} x_1 \\ x_2 \\ x_3 \end{bmatrix} = \begin{bmatrix} -3 \\ 2 \\ 0 \end{bmatrix} + c \begin{bmatrix} 1 \\ -2 \\ 1 \end{bmatrix}$.

(2) $a \neq 4$ のとき, 解なし. $a = 4$ のとき, $\begin{bmatrix} x_1 \\ x_2 \\ x_3 \\ x_4 \end{bmatrix} = \begin{bmatrix} 1 \\ 0 \\ 1 \\ 0 \end{bmatrix} + c_1 \begin{bmatrix} -2 \\ 1 \\ 0 \\ 0 \end{bmatrix} + c_2 \begin{bmatrix} -1 \\ 0 \\ -1 \\ 1 \end{bmatrix}$.

(3) $a \neq 8$ のとき, 解なし.　$a = 8$ のとき, $\begin{bmatrix} x_1 \\ x_2 \\ x_3 \\ x_4 \end{bmatrix} = \begin{bmatrix} -2 \\ 0 \\ 3 \\ -1 \end{bmatrix} + c \begin{bmatrix} 2 \\ 1 \\ 0 \\ 0 \end{bmatrix}$.

(4) $a \neq 4$ のとき, $\begin{bmatrix} x_1 \\ x_2 \\ x_3 \end{bmatrix} = \begin{bmatrix} 3 \\ -3 \\ 1 \end{bmatrix}$.　$a = 4$ のとき, $\begin{bmatrix} x_1 \\ x_2 \\ x_3 \end{bmatrix} = \begin{bmatrix} 2 \\ -1 \\ 0 \end{bmatrix} + c \begin{bmatrix} 1 \\ -2 \\ 1 \end{bmatrix}$.

(5) $a = 1$ のとき, 解なし.　$a = 0$ のとき, $\begin{bmatrix} x_1 \\ x_2 \\ x_3 \end{bmatrix} = \begin{bmatrix} 2 \\ -1 \\ 0 \end{bmatrix} + c \begin{bmatrix} -1 \\ -1 \\ 1 \end{bmatrix}$.

$a \neq 0, 1$ のとき, $\begin{bmatrix} x_1 \\ x_2 \\ x_3 \end{bmatrix} = \dfrac{1}{a-1}\begin{bmatrix} 2a-1 \\ a^2 - a + 2 \\ -1 \end{bmatrix}$ (一意解).

3. (1) $\begin{bmatrix} 0 & 0 & 1 & -\frac{2}{3} \\ 0 & 1 & -2 & 1 \\ 1 & -2 & 1 & 0 \\ -1 & 1 & 0 & 0 \end{bmatrix}$　(2) $\begin{bmatrix} -3 & 2 & 0 & 0 \\ 2 & -1 & 0 & 0 \\ 5 & -4 & 1 & 0 \\ -4 & 3 & -\frac{2}{3} & \frac{1}{3} \end{bmatrix}$

(3) $\dfrac{1}{15}\begin{bmatrix} -1 & 8 & -4 & 2 \\ 2 & -1 & 8 & -4 \\ -4 & 2 & -1 & 8 \\ 8 & -4 & 2 & -1 \end{bmatrix}$　(4) $\begin{bmatrix} 1 & 0 & 0 & 0 & 0 \\ -1 & 0 & -1 & -1 & -1 \\ 0 & 0 & 1 & 0 & 0 \\ 0 & 1 & 0 & 0 & 0 \\ 0 & 0 & 0 & 0 & 1 \end{bmatrix}$

(5) $\begin{bmatrix} 1 & 0 & 0 & \ldots & 0 \\ -a & 1 & 0 & \ldots & 0 \\ 0 & -a & 1 & & \\ \vdots & & \ddots & \ddots & \vdots \\ 0 & 0 & \ldots & -a & 1 \end{bmatrix}$

4. (1) $a \neq 0$ のとき, 正則. 逆行列は $\dfrac{1}{a}\begin{bmatrix} 1 & a-1 & -a & 1 \\ a-1 & 1-a & a & -1 \\ -a & a & 0 & 0 \\ 1 & -1 & 0 & 1 \end{bmatrix}$. (2) $a^4-1 \neq 0$ (実数の範囲では $a \neq \pm 1$, 複素数の範囲では $a \neq \pm 1$, $\pm i$) のとき正則. 逆行列は

$$\frac{1}{a^4-1}\begin{bmatrix} a^3 & 1 & a & a^2 \\ a^2 & a^3 & 1 & a \\ a & a^2 & a^3 & 1 \\ 1 & a & a^2 & a^3 \end{bmatrix}.$$

5. (1) $(AB)(B^{-1}A^{-1}) = A(BB^{-1})A^{-1} = AIA^{-1} = AA^{-1} = I$ より.
(2) 演算公式 III (2) により, ${}^tA\,{}^t(A^{-1}) = {}^t(A^{-1}A) = {}^tI = I$.
6. 全問 5(2) を適用する.

第 2 章

演 習 問 題 2.1

1. (1) $\begin{pmatrix} 1 & 2 & 3 & 4 & 5 \\ 2 & 3 & 1 & 5 & 4 \end{pmatrix}$ (2) $\begin{pmatrix} 1 & 2 & 3 \\ 1 & 3 & 2 \end{pmatrix}$ (3) $(3\ 4)$ (4) $\begin{pmatrix} 1 & 2 & 3 & 4 \\ 3 & 1 & 4 & 2 \end{pmatrix}$
2. (1) (i) $(1\ 5)\,(3\ 6\ 4)$ (ii) $(1\ 5)\,(3\ 4)\,(3\ 6)$ (iii) $\mathrm{sgn}(\sigma) = -1$
(2) (i) $(1\ 4\ 6\ 2)$ (ii) $(1\ 2)\,(1\ 6)\,(1\ 4)$ (iii) $\mathrm{sgn}(\sigma) = -1$
(3) (i) $(1\ 9\ 3\ 6\ 5)\,(2\ 8\ 7\ 4)$ (ii) $(2\ 4)\,(2\ 7)\,(2\ 8)\,(1\ 5)\,(1\ 6)\,(1\ 3)\,(1\ 9)$
(iii) $\mathrm{sgn}(\sigma) = -1$
3. (1) S_2 の偶置換は, ι (恒等置換). 奇置換は, $(1\ 2)$.
(2) S_3 の偶置換は, ι, $(1\ 2\ 3)$, $(1\ 3\ 2)$. 奇置換は, $(1\ 2)$, $(1\ 3)$, $(2\ 3)$. (3) $n!$ 個
4. (1) $\sigma = \begin{pmatrix} 1 & 2 & 3 & 4 & 5 \\ 3 & 4 & 2 & 5 & 1 \end{pmatrix}$ を互換の積で表す. (2) $\sigma = \begin{pmatrix} 1 & 7 & 2 & 6 & 3 & 5 & 4 \\ 2 & 4 & 5 & 1 & 7 & 6 & 3 \end{pmatrix}$ を互換の積で表す.
5. (1) $(\sigma\tau)^{-1}(q) = p$ とすると, $q = (\sigma\tau)(p) = \sigma(\tau(p))$. つまり, $p \xrightarrow{\tau} \tau(p) \xrightarrow{\sigma} q$. これを逆にたどれば, $p = \tau^{-1}(\sigma^{-1}(q)) = (\tau^{-1}\sigma^{-1})(q)$.
[別解] $(\tau^{-1}\sigma^{-1})(\sigma\tau) = \tau^{-1}(\sigma^{-1}\sigma)\tau = \tau^{-1}(\iota)\tau = \iota$.
(2) $\sigma = \tau_1\tau_2\cdots\tau_l$ と互換の積で表されるとすると, (1) より $\sigma^{-1} = \tau_l\tau_{l-1}\cdots\tau_1$.
(3) σ が s 個の互換の積で表されるとき, $\mathrm{sgn}(\sigma) = (-1)^s$. さらに τ が t 個の互換の積で表されるとすると, $\sigma\tau$ は $s+t$ 個の互換の積で表される. したがって
$\mathrm{sgn}(\sigma\tau) = (-1)^{s+t} = (-1)^s(-1)^t = \mathrm{sgn}(\sigma)\,\mathrm{sgn}(\tau)$.
6. (1) $(\Rightarrow)$ もし, $\tau\sigma_1 = \tau\sigma_2$ とすると, $\sigma_1 = \tau^{-1}(\tau\sigma_1) = \tau^{-1}(\tau\sigma_2) = \sigma_2$ となっていなければならない.
(2) S_n における偶置換の全体を A_n とし, その個数を p, 奇置換の数を $q\,(= n! - p)$ とする. 任意の互換 τ に対して, $\tau(A_n) = \{\tau\sigma \mid \sigma \in A_n\}$ は奇置換だけからなり, (1) よ

り $\tau(A_n)$ の個数も p. したがって, $p \leqq q$. 奇置換の全体についても同様に $q \leqq p$.

問 2.4 (1)　-48　　(2)　6300　　(3)　-8　　(4)　-2　　(5)　-3

問 2.5 (1)　24　　(2) 56

問 2.6 (1)　$(a+b+c)(a^2+b^2+c^2-ab-bc-ca)$　　(2)　-48

(3)　$12\,(x+2)(x+1)(x-2)$　　(4)　ax^3-bx^2+cx-d

問 2.7 三角関数の公式: $\cos 2\theta = 2\cos^2\theta - 1$ を使う.

問 2.8 (1)　$\begin{bmatrix} \cos\theta & -\sin\theta \\ \sin\theta & \cos\theta \end{bmatrix}$　　(2)　$-\dfrac{1}{10}\begin{bmatrix} 20 & -10 & 0 \\ -15 & 5 & 0 \\ 8 & -2 & -2 \end{bmatrix}$

問 2.9 (1)　$x=-1\,,\, y=0\,,\, z=2$　　(2)　$x=-\dfrac{7}{4}\,,\, y=-\dfrac{25}{4}\,,\, z=-\dfrac{19}{4}$

演 習 問 題 2.2

1.　(1)　-1000　　(2)　$9\cdot 10\cdot 999\cdot 1001 = 89999910$　　(3)　$3\cdot 111^3$

(4)　-60　　(5)　-36　　(6)　-16

2.　(1)　$2(a-b)(b-c)(c-a)(a+b+c)$　　(2)　$(a-z)\,(b-y)\,(c-x)$

(3)　$a^2+b^2+c^2+d^2+1$ (第 1 列から a, 第 2 列から b, 第 3 列から c 第 4 列から d をくくり出し, それぞれ第 1 行から第 4 行へと返してやる)

(4)　$(x+y+z)(x-y+z)\big((x-z)^2+y^2\big)$

3.　(1)　$x=-2\,,\,-3\,,\,4$

(2)　左辺 $=(x-1)(x+3)\big((x-1)^2+4\big)$ より, $x=1\,,\,-3\,,\,1\pm 2i$.

4.　(1)　$\dfrac{1}{3}\begin{bmatrix} 4 & -8 & -1 \\ 1 & 1 & -1 \\ -1 & 2 & 1 \end{bmatrix}$　　(2)　$\begin{bmatrix} 1 & -1 & 0 & 0 \\ 0 & 1 & -1 & 0 \\ 0 & 0 & 1 & -1 \\ 0 & 0 & 0 & 1 \end{bmatrix}$

5.　(1)　$x=\dfrac{9}{7}\,,\, y=\dfrac{1}{7}$　　(2)　$x=-\dfrac{1}{2}\,,\, y=2\,,\, z=-\dfrac{1}{2}$

6.　(1)　$B=\begin{bmatrix} 0 & b & a \\ b & 0 & c \\ a & c & 0 \end{bmatrix}$　　(2)　$|A| = 4(abc)^2$

7.　(1)　$B=\begin{bmatrix} 0 & c & c \\ b & b & 0 \\ a & 0 & a \end{bmatrix},\ \begin{bmatrix} a & 0 & a \\ b & b & 0 \\ 0 & c & c \end{bmatrix}$ など　　(2)　$|A| = 4(abc)^2$

9.　(1) A の i 行を取り去った行列を A' とし, 列ベクトル表示を $A' = [\boldsymbol{a}'_1 \ldots \boldsymbol{a}'_n]$ とすると, 任意の r, s $(r<s)$ に対し,

$$\alpha_{ir} = (-1)^{i+r}|\boldsymbol{a}'_1 \overset{\overset{r}{\vee}}{\cdots}\ \boldsymbol{a}'_s \cdots \boldsymbol{a}'_n| = (-1)^{i+r}|\boldsymbol{a}'_1 \overset{\overset{r}{\vee}}{\cdots}\ \overset{\overset{s}{\smile}}{-\sum_{k\neq s}\boldsymbol{a}'_k} \cdots \boldsymbol{a}'_n|$$

$$= (-1)^{i+r+1}|\boldsymbol{a}'_1 \overset{\overset{r}{\vee}}{\cdots}\ \overset{\overset{s}{\smile}}{\boldsymbol{a}'_r} \cdots \boldsymbol{a}'_n| = (-1)^{i+r+1+s-r-1}|\boldsymbol{a}'_1 \cdots \overset{\overset{r}{\smile}}{\boldsymbol{a}'_r} \overset{\overset{s}{\vee}}{\cdots}\ \boldsymbol{a}'_n| = \alpha_{is}$$

ここで, $\overset{r}{\vee}$ は r 列を除くことを表し, $\overset{s}{\smile}$ は s 列であることを表す.

(2) ${}^tA$ に対して (1) を適用すればよい.

10.　(1) a, b, c は連立方程式: $a + p_i b + p_i^2 c = q_i$ $(i=1,2,3)$ をみたすことから,

クラメルの公式より $a=\dfrac{1}{\Delta}\begin{vmatrix} q_1 & p_1 & p_1^2 \\ q_2 & p_2 & p_2^2 \\ q_3 & p_3 & p_3^2 \end{vmatrix}$, $b=\dfrac{1}{\Delta}\begin{vmatrix} 1 & q_1 & p_1^2 \\ 1 & q_2 & p_2^2 \\ 1 & q_3 & p_3^2 \end{vmatrix}$, $c=\dfrac{1}{\Delta}\begin{vmatrix} 1 & p_1 & q_1 \\ 1 & p_2 & q_2 \\ 1 & p_3 & q_3 \end{vmatrix}$.

ここで, $\Delta=(p_2-p_1)(p_3-p_1)(p_3-p_2)$.

(2) (1) で定まる a, b, c に対して $a+pb+p^2c=q$ をみたすことと与式の第 1 行に関する余因子展開が 0 とは等価であることを示す.

(3) 平面上の任意の $n+1$ 点 $\mathrm{P}_i(p_i,q_i)$ $(1\leq i\leq n+1)$ (ただし, $p_i\neq p_j(i\neq j)$) に対し, これらのすべての点を通る n 次関数が一意的に存在する.

第 3 章

問 3.1 (1) (3) (4) は部分空間とはならない.　(2) は部分空間.

問 3.2 (1) 生成しない　(2) 生成しない　(3) 生成

問 3.3 (1) $A\mathbf{0}=\mathbf{0}$ より $\mathbf{0}\in\operatorname{Ker}A$ なので, $\operatorname{Ker}A\neq\emptyset$. 次に, 部分空間の条件 (i) と (ii) をみたすことを示す. $A\boldsymbol{x}=A\boldsymbol{y}=\mathbf{0}$ とすると, (行列の分配法則により) $A(\boldsymbol{x}+\boldsymbol{y})=A\boldsymbol{x}+A\boldsymbol{y}=\mathbf{0}+\mathbf{0}=\mathbf{0}$ となることから $\boldsymbol{x}+\boldsymbol{y}$ も解となる. 任意の $c\in\mathbb{R}$ に対して $c\boldsymbol{x}$ が解となることも行列の演算公式からいえる.

(2) 部分空間は必ず $\mathbf{0}$ を含むが, $\mathbf{0}$ は $A\boldsymbol{x}=\boldsymbol{b}$ の解とはならない.

問 3.4 (1) $\begin{bmatrix} 2 \\ 2 \\ 1 \end{bmatrix}=\dfrac{3}{2}\begin{bmatrix} 1 \\ 1 \\ 1 \end{bmatrix}-\dfrac{1}{2}\begin{bmatrix} -1 \\ -1 \\ 1 \end{bmatrix}$　(2) 1 次独立　(3) $[0\ 0]=0[1\ 2]$

(4) $[0\ 0\ 1]=\dfrac{1}{2}[1\ 1\ 1]+\dfrac{1}{2}[-1\ -1\ 1]$

問 3.5 (2) $\boldsymbol{u}_1-\boldsymbol{u}_2-2\boldsymbol{u}_3=-\begin{bmatrix} 2 \\ 4 \\ 7 \end{bmatrix}$　(3) 性質 3.4 を適用. 1 次従属.

問 3.6 (1) 性質 3.4 を適用.　(2) $[1,x,x^2]=[f_1,f_2,f_3]\begin{bmatrix} 0 & 1 & -1 \\ -\frac{1}{2} & \frac{1}{2} & 0 \\ \frac{1}{2} & -\frac{1}{2} & 1 \end{bmatrix}$ より,

$1=-\dfrac{1}{2}f_2+\dfrac{1}{2}f_3$, $x=f_1+\dfrac{1}{2}f_2-\dfrac{1}{2}f_3$, $x^2=-f_1+f_3$.

問 3.7　$\mathbb{R}^3$ の基底は常に 3 個のベクトルからなる (定理 3.8) から, 4 個のベクトルのうちの 3 個を選んだ各組について 1 次独立となるかを判定する. 基底となるのは, $\{\boldsymbol{a}_1,\boldsymbol{a}_2,\boldsymbol{a}_3\}$, $\{\boldsymbol{a}_1,\boldsymbol{a}_3,\boldsymbol{a}_4\}$, $\{\boldsymbol{a}_2,\boldsymbol{a}_3,\boldsymbol{a}_4\}$.

問 3.8　性質 3.4 より $[f_i\ f_j\ f_k]=[1\ x\ x^2]A$ と表したとき, A の列ベクトルが 1 次独立となるか否かの判定をする. 基底となるのは, (ii), (iv), (v), (vii).

問 3.9 (1) (i) $\begin{bmatrix} -1 \\ -1 \\ 1 \end{bmatrix}$, 1 次元　(ii) $\begin{bmatrix} 0 \\ 1 \\ 2 \end{bmatrix}$, $\begin{bmatrix} 1 \\ 1 \\ 1 \end{bmatrix}$　(iii) $\operatorname{rank}A=2$

(2) (i) $\begin{bmatrix} -1 \\ -1 \\ 1 \\ 0 \\ 0 \end{bmatrix}$, $\begin{bmatrix} 1 \\ -2 \\ 0 \\ 1 \\ 0 \end{bmatrix}$, 2 次元　(ii) $\begin{bmatrix} 0 \\ 1 \\ 2 \end{bmatrix}$, $\begin{bmatrix} 1 \\ 1 \\ 1 \end{bmatrix}$, $\begin{bmatrix} 2 \\ 2 \\ 1 \end{bmatrix}$　(iii) $\operatorname{rank}A=3$

ただし, 基底は 1 例を挙げたものである.

問 3.10　$\dim(\mathrm{Ran}\,A)$ は A の簡約階段形 A' の主成分の個数であり, 一方, $\dim(\mathrm{Ker}\,A)$ は A' の主成分以外の列に対応する未知数の個数である.

演習問題 3

1.　(1) $[\boldsymbol{a}\,\boldsymbol{b}\,\boldsymbol{c}] \sim \begin{bmatrix} 1 & 0 & 2-p \\ 0 & 1 & p-1 \\ 0 & 0 & -(p+1)(p-3) \end{bmatrix}$ より, $p=-1$ のとき $\boldsymbol{c}=3\boldsymbol{a}-2\boldsymbol{b}$. $p=3$ のとき, $\boldsymbol{c}=-\boldsymbol{a}+2\boldsymbol{b}$.　(2) $p=0$ のとき, $\boldsymbol{c}=\dfrac{3}{2}\boldsymbol{b}$. $p=3$ のとき, $\boldsymbol{c}=-3\boldsymbol{a}+3\boldsymbol{b}$.

2.　(1) (i) 1 次独立　(ii) 基底　(iii) いずれでもない　(iv) 基底　(v) 生成
(2) (i) 基底　(ii) 生成　(iii) いずれでもない

3.　(1) $\left\{\begin{bmatrix}1\\1\\0\end{bmatrix}, \begin{bmatrix}0\\0\\1\end{bmatrix}\right\}$ (2) $\left\{\begin{bmatrix}-1\\1\\0\end{bmatrix}, \begin{bmatrix}-1\\0\\1\end{bmatrix}\right\}$ (3) $\{-1+x, -1+x^2\}$ (4) $\{1, x^2\}$
すべて, 2 次元.

4.　与えられた行列を A とする. (1) (i) $\begin{bmatrix}1\\0\\0\\0\end{bmatrix}, \begin{bmatrix}0\\0\\1\\0\end{bmatrix}, \begin{bmatrix}0\\-1\\0\\1\end{bmatrix}$ (ii) $[1]$ (iii) $\mathrm{rank}\,A=1$

(2) (i) $\begin{bmatrix}-1\\1\end{bmatrix}$　(ii) $\dfrac{1}{2}\begin{bmatrix}1\\1\end{bmatrix}$ (iii) $\mathrm{rank}\,A=1$

(3) (i) $\begin{bmatrix}1\\-2\\1\\0\end{bmatrix}, \begin{bmatrix}2\\-3\\0\\1\end{bmatrix}$ (ii) $\begin{bmatrix}0\\3\\-1\end{bmatrix}, \begin{bmatrix}1\\2\\0\end{bmatrix}$ (iii) $\mathrm{rank}\,A=2$.

5.　(4) 定理 3.5 の証明と同じ. (5) 一意性を示せばよい. $\boldsymbol{w}=\boldsymbol{w}_1+\boldsymbol{w}_2=\boldsymbol{w}_1'+\boldsymbol{w}_2'$ $(\boldsymbol{w}_1, \boldsymbol{w}_1' \in W_1, \boldsymbol{w}_2, \boldsymbol{w}_2' \in W_2)$ と 2 通りに表されたとすると, $\boldsymbol{w}_1-\boldsymbol{w}_1'=\boldsymbol{w}_2'-\boldsymbol{w}_2 \in W_1 \cap W_2=\{\boldsymbol{0}\}$ より $\boldsymbol{w}_1-\boldsymbol{w}_1'=\boldsymbol{w}_2'-\boldsymbol{w}_2=\boldsymbol{0}$. ゆえに $\boldsymbol{w}_1=\boldsymbol{w}_1'$, $\boldsymbol{w}_2'=\boldsymbol{w}_2$.

6.　(1) 設問 (2) の $n=2$ の場合である. (2) 仮定より, $\displaystyle\sum_{j\neq r} c_j\boldsymbol{a}_j=\boldsymbol{0}$ をみたすようなすべてが 0 ではないスカラーがとれる. このとき特に $c_{n+1}\neq 0$ より $\boldsymbol{a}_{n+1}=\displaystyle\sum_{j\neq r,n+1} b_j\boldsymbol{a}_j$ と表される. s に対しても同様に, $\boldsymbol{a}_{n+1}=\displaystyle\sum_{j\neq s,n+1} d_j\boldsymbol{a}_j$. したがって, $\boldsymbol{a}_{n+1}=\displaystyle\sum_{j=1,j\neq r}^{n} b_j\boldsymbol{a}_j=\sum_{j=1,j\neq s}^{n} d_j\boldsymbol{a}_j$ と 2 通りの表示をもつ. この表示は一意的だから (前問 5 (4)), $b_j=d_j$ $(1\leqq j\leqq n)$. 特に, $b_s=d_r=0$ なので $\boldsymbol{a}_{n+1}$ は $\boldsymbol{a}_r$, $\boldsymbol{a}_s$ を除いた $n-2$ 個のベクトルの 1 次結合で表される.

7.　簡明のため $m=3$ の場合を示すが一般の m についても同様である. いま, $c_1f_1(x)+c_2f_2(x)+c_3f_3(x)=0$ とする. 微分すると

$$c_1f_1'(x)+c_2f_2'(x)+c_3f_3'(x)=0,\ c_1f_1''(x)+c_2f_2''(x)+c_3f_3''(x)=0$$

特に $x=x_0$ においても成り立つから, $\begin{bmatrix} f_1(x_0) & f_2(x_0) & f_3(x_0) \\ f_1'(x_0) & f_2'(x_0) & f_3'(x_0) \\ f_1''(x_0) & f_2''(x_0) & f_3''(x_0) \end{bmatrix} \begin{bmatrix} c_1 \\ c_2 \\ c_3 \end{bmatrix} = \begin{bmatrix} 0 \\ 0 \\ 0 \end{bmatrix}$.

左辺の係数行列は仮定より正則行列だから $c_1=c_2=c_3=0$ でなければならない.

8.* (1) A の任意の l 次の正方部分行列をとり, A_l とする. たとえばそれを最初の l 行 l 列からなる部分行列とする. 仮定より, A のある列, たとえば第 l 列が $\boldsymbol{a}_l = c_1\boldsymbol{a}_1 + \cdots + c_{l-1}\boldsymbol{a}_{l-1}$ とほかの 1 次結合で表されるとすると A_l の列についても同じ関係式が成り立つので, $\det A_l = 0$ がいえる.

(2) 列の交換での最初の r 列ベクトルからなる部分行列のある小行列式が 0 でないとしてよい. いま簡単のために, この左上の r 次小行列 A_r が $|A_r| \neq 0$ とする. このとき, A_r の列ベクトルは 1 次独立であるから, A の対応する r 個の列ベクトルが 1 次独立となる. 次に, A_r に残りの列の任意の 1 つ (第 q 列) と任意の行 (第 p 行) を付け加えた $r+1$ 次小行列を考え, 第 p 行に関して余因子展開すると, 仮定より

$$0 = \begin{vmatrix} a_{11} & a_{12} & \cdots & a_{1r} & a_{1q} \\ \vdots & \vdots & & \vdots & \vdots \\ a_{r1} & a_{r2} & \cdots & a_{rr} & a_{r,q} \\ a_{p1} & a_{p2} & \cdots & a_{pr} & a_{pq} \end{vmatrix} = \sum_{k=1}^{r} \gamma_k a_{pk} + \Delta a_{pq} \quad (p = 1, 2, \cdots, m),$$

ここで, γ_k は $(r+1, k)$ 余因子を, Δ は $(r+1, r+1)$ 余因子 : $\Delta = |A_r|$ を表す.

γ_k は p に依存しないから, $\displaystyle\sum_{k=1}^{r} \gamma_k \boldsymbol{a}_k + \Delta \boldsymbol{a}_q = 0$ となり, $\Delta \neq 0$ である. したがって, $\boldsymbol{a}_1, \cdots, \boldsymbol{a}_r, \boldsymbol{a}_q$ $(r+1 \leqq q \leqq n)$ は 1 次従属であることが示される.

9.* (1)⇔(2) はすでに証明済み (定理 3.13) なので (2)⇔(3)⇔(4) を示す.

(3)⇒(2) 前問 (2) からいえる. (2)⇒(3) 前問 (1) から A の任意の $l (> r)$ 次の小行列式の値は 0. もし, その値が 0 でない小行列式の最大次数が s $(< r)$ とすると前問 (2) より列ベクトルの 1 次独立な最大個数も s $(< r)$ となり仮定に反する. よって, 0 でない r 次の小行列式がある.

(3)⇔(4) 転置行列 ${}^tA$ に対してすでに示した同値性 (2)⇔(3) を適用すればよい.

第 4 章

問 4.1 (1) 線形　(2) 非線形　(3) 非線形　(4) 線形

問 4.3 (1) $\begin{bmatrix} 2 & 1 & 1 \\ 0 & 1 & 1 \end{bmatrix}$　(2) $\begin{bmatrix} 1 & 0 & 0 \\ 0 & 1 & 0 \end{bmatrix}$

問 4.4 (1) $\begin{bmatrix} 0 & 0 & 0 \\ 1 & 0 & 0 \\ 0 & \frac{1}{2} & 0 \\ 0 & 0 & \frac{1}{3} \end{bmatrix}$　(2) $\begin{bmatrix} -r & -\frac{r^2}{2} & -\frac{r^3}{3} \\ 1 & 0 & 0 \\ 0 & \frac{1}{2} & 0 \\ 0 & 0 & \frac{1}{3} \end{bmatrix}$

問 4.6 (1) 固有多項式 : $\phi(\lambda) = (\lambda-5)(\lambda+2)$. 固有値 : 5, 固有空間 : $\mathrm{Ker}(5I - A) = \left\{ c \begin{bmatrix} 1 \\ 1 \end{bmatrix} \right\}$. 固有値 : -2, 固有空間 : $\mathrm{Ker}(-2I - A) = \left\{ b \begin{bmatrix} -4 \\ 3 \end{bmatrix} \right\}$. 変換行列

$X = \begin{bmatrix} 1 & -4 \\ 1 & 3 \end{bmatrix}$ により対角化可能で, $X^{-1}AX = \mathrm{diag}\{5, -2\}$.

(2) 固有多項式: $\phi(\lambda) = (\lambda-1)(\lambda+1)^2$. 固有値: 1, 固有空間: $\mathrm{Ker}(I-A) = \left\{ c \begin{bmatrix} -3 \\ 1 \\ 0 \end{bmatrix} \right\}$. 固有値: -1 (重解), 固有空間: $\mathrm{Ker}(-I-A) = \left\{ b \begin{bmatrix} -7 \\ 1 \\ 1 \end{bmatrix} + c \begin{bmatrix} -3 \\ 0 \\ 1 \end{bmatrix} \right\}$.

変換行列 $X = \begin{bmatrix} -3 & -7 & -3 \\ 1 & 1 & 0 \\ 0 & 1 & 1 \end{bmatrix}$ により対角化可能で, $X^{-1}AX = \mathrm{diag}\{1, -1, -1\}$.

(3) 固有多項式: $\phi(\lambda) = (\lambda-2)(\lambda-3)^2$. 固有値: 2, 固有空間: $\mathrm{Ker}(2I-A) = \left\{ c \begin{bmatrix} 1 \\ 0 \\ 1 \end{bmatrix} \right\}$. 固有値: 3 (重解), 固有空間: $\mathrm{Ker}(3I-A) = \left\{ b \begin{bmatrix} 1 \\ 0 \\ 0 \end{bmatrix} \right\}$. 1 次独立な固有ベクトルの最大数は 2 個なので, 対角化不可能.

問 4.7 (1) $\alpha+\beta = 1, \alpha\beta = -1$ より, $y_{n+1}+y_n = \alpha^{n+1}+\beta^{n+1}+\alpha^n+\beta^n = \alpha^{n+1}+\beta^{n+1}+\alpha^n(-\alpha\beta)+\beta^n(-\alpha\beta) = \alpha^{n+1}(1-\beta)+\beta^{n+1}(1-\alpha) = \alpha^{n+2}+\beta^{n+2} = y_{n+2}$.
(2) $\{2, 1, 3, 4, 7, 11, 18, 29, 47, 76, 123, 199, 322, 521, 843\}$

演習問題 4

1. (1) $\begin{bmatrix} 1 & 1 & 0 \\ 4 & 1 & -1 \end{bmatrix}$　(2) $\begin{bmatrix} 1 & 2 & 2 \\ 4 & 5 & 4 \end{bmatrix}$　(3) $\begin{bmatrix} -3 & 0 & 1 \\ 4 & 1 & -1 \end{bmatrix}$

2. (2) $\begin{bmatrix} 0 & 0 & 1 \\ 1 & 0 & 0 \\ 0 & 1 & 0 \end{bmatrix}$　(3) $\begin{bmatrix} 1 & -1 & 2 \\ 1 & 0 & 0 \\ 0 & 1 & -1 \end{bmatrix}$

3. 表現行列を A とすると, A は

$$[\,D1\ D\cos x\ D\sin x\ D\cos 2x\ D\sin 2x\,] = [\,1\ \cos x\ \sin x\ \cos 2x\ \sin 2x\,]\,A$$

をみたす行列であるから, $A = \begin{bmatrix} 0 & 0 & 0 & 0 & 0 \\ 0 & 0 & 1 & 0 & 0 \\ 0 & -1 & 0 & 0 & 0 \\ 0 & 0 & 0 & 0 & 2 \\ 0 & 0 & 0 & -2 & 0 \end{bmatrix}$.

4. (1) $\begin{bmatrix} 0 & 1 & 0 \\ 2 & 1 & 3 \\ 0 & \frac{1}{2} & 0 \\ 0 & 0 & \frac{1}{3} \end{bmatrix}$,　$\Phi(p(x)) = b + (2a+b+3c)x + \dfrac{b}{2}x^2 + \dfrac{c}{3}x^3$.

(2) $\begin{bmatrix} 1 & 2 & 4 \\ 0 & 1 & 2 \\ 0 & 0 & 0 \\ 6 & 3 & 2 \end{bmatrix}$,　$\Phi(p(x)) = (a+2b+4c) + (b+2c)x + (6a+3b+2c)x^3$.

5. (1) 固有多項式: $\phi(\lambda) = (\lambda-1)(\lambda+1)^2$. 固有値と固有空間: $1, -1$ (重解),

$\mathrm{Ker}(I-A) = \left\{ c \begin{bmatrix} -3 \\ 2 \\ -1 \end{bmatrix} \right\}$, $\mathrm{Ker}(-I-A) = \left\{ a \begin{bmatrix} -2 \\ 1 \\ 0 \end{bmatrix} + b \begin{bmatrix} 0 \\ 0 \\ 1 \end{bmatrix} \right\}$.

(2) 固有多項式: $\phi(\lambda) = (\lambda-1)(\lambda+1)^2$. 固有値と固有空間: $1, -1$ (重解),

$\mathrm{Ker}(I-A) = \left\{ c \begin{bmatrix} -3 \\ 1 \\ 0 \end{bmatrix} \right\}$, $\mathrm{Ker}(-I-A) = \left\{ b \begin{bmatrix} -7 \\ 1 \\ 1 \end{bmatrix} \right\}$.

1 次独立な固有ベクトルの最大数は 2 個なので, 対角化不可能.

(3) 固有多項式 : $\lambda^3(\lambda-4)$. 固有値と固有空間 : 0 (3 重解), 4 ,

$$\mathrm{Ker}\,A=\left\{c_1\begin{bmatrix}1\\1\\0\\0\end{bmatrix}+c_2\begin{bmatrix}-1\\0\\1\\0\end{bmatrix}+c_3\begin{bmatrix}1\\0\\0\\1\end{bmatrix}\right\},\ \mathrm{Ker}(4I-A)=\left\{a\begin{bmatrix}-1\\1\\-1\\1\end{bmatrix}\right\}.$$

6. (1) $A^n=\begin{bmatrix}3(-2)^n-2 & (-2)^{n+1}+2\\ 3(-2)^n-3 & (-2)^{n+1}+3\end{bmatrix}$　(2) $A^n=\begin{bmatrix}2^{n-1} & 0 & -2^{n-1}\\ 2^{n-1} & 1 & 1-2^{n-1}\\ -2^{n-1} & 0 & 2^{n-1}\end{bmatrix}$

(3) $A^n=\begin{bmatrix}4 & 6(-1)^n & 12(-1)^n-12\\ -2 & -3(-1)^n & -6(-1)^n+6\\ 1 & 2(-1)^n & 4(-1)^n-3\end{bmatrix}$

7. (1) 固有値 $1+i$, 固有ベクトル $\begin{bmatrix}1\\-i\end{bmatrix}$. 固有値 $1-i$, 固有ベクトル $\begin{bmatrix}1\\i\end{bmatrix}$.

(2) 固有値 $1+\sqrt{3}i$, 固有ベクトル $\begin{bmatrix}1\\-i\end{bmatrix}$. 固有値 $1-\sqrt{3}i$, 固有ベクトル $\begin{bmatrix}1\\i\end{bmatrix}$.

(3) 固有値 $1+i$, 固有ベクトル $\begin{bmatrix}1\\1\end{bmatrix}$. 固有値 $1-i$, 固有ベクトル $\begin{bmatrix}-1\\1\end{bmatrix}$.

(4) 固有値 i (重解), 固有ベクトル $\begin{bmatrix}-1\\1\end{bmatrix}$.

8. (2) $A=\begin{bmatrix}0 & 1\\ 1-\alpha & \alpha\end{bmatrix}$. (3) 固有値 1, 固有ベクトル $\begin{bmatrix}1\\1\end{bmatrix}$. 固有値 $-(1-\alpha)$, 固有ベクトル $\begin{bmatrix}1\\-(1-\alpha)\end{bmatrix}$. $T=\begin{bmatrix}1 & 1\\ 1 & -(1-\alpha)\end{bmatrix}$ により $T^{-1}AT=\mathrm{diag}\{1,-(1-\alpha)\}$.

(4) $A^n=\dfrac{1}{2-\alpha}\begin{bmatrix}1-\alpha+(-1)^n(1-\alpha)^n & 1-(-1)^n(1-\alpha)^n\\ 1-\alpha+(-1)^{n+1}(1-\alpha)^{n+1} & 1-(-1)^{n+1}(1-\alpha)^{n+1}\end{bmatrix}$.

(5) $x_n=\dfrac{1-(-1)^n(1-\alpha)^n}{2-\alpha}$, $\displaystyle\lim_{n\to\infty}A^n=\frac{1}{2-\alpha}\begin{bmatrix}1-\alpha & 1\\ 1-\alpha & 1\end{bmatrix}$, $\displaystyle\lim_{n\to\infty}x_n=\frac{1}{2-\alpha}$.

第 5 章

問 5.1　$\dfrac{1}{2}\begin{bmatrix}\pm1\\ \pm1\\ \pm\sqrt{2}\end{bmatrix}$ の計 8 個.

問 5.3 (2) (i) $\dfrac{1}{2}$　(ii) $\dfrac{2}{3}$　(iii) $\sqrt{\dfrac{7}{3}}$　(iv) $\dfrac{1}{\sqrt{3}}$

問 5.5　$p=-2$, $q=2$

問 5.7 (1) $\mathbf{0}\in V^{\perp}$ は明らか. $\boldsymbol{x}\in V^{\perp}$ とすると $\boldsymbol{x}$ は V のすべての元と直交する. 特に, $\boldsymbol{x}$ 自身とも直交するから, $\|\boldsymbol{x}\|^2=\langle\boldsymbol{x},\boldsymbol{x}\rangle=0$. よって, $\boldsymbol{x}=\mathbf{0}$.

(2) (1) と同様.

問 5.8 (2) (i) $\dfrac{1}{\sqrt{2}}\boldsymbol{a}+\dfrac{1}{\sqrt{3}}\boldsymbol{b}+\dfrac{1}{\sqrt{6}}\boldsymbol{c}$　(ii) $-\sqrt{3}\boldsymbol{b}+\sqrt{6}\boldsymbol{c}$

(iii) $-\sqrt{2}\boldsymbol{a}+\dfrac{2}{\sqrt{3}}\boldsymbol{b}+\dfrac{8}{\sqrt{6}}\boldsymbol{c}$

問 5.9　$\boldsymbol{a}$ の U への正射影を $\boldsymbol{b}$ とすると, $\boldsymbol{b} = \begin{bmatrix} 0 \\ 2 \\ 1 \end{bmatrix}$. $\boldsymbol{a}$ から U への距離は $\|\boldsymbol{a} - \boldsymbol{b}\| = \sqrt{6}$.

問 5.10 (1)　$\dfrac{1}{\sqrt{6}}\begin{bmatrix} 1 \\ 1 \\ 2 \end{bmatrix}, \dfrac{1}{\sqrt{2}}\begin{bmatrix} -1 \\ 1 \\ 0 \end{bmatrix}, \dfrac{1}{\sqrt{3}}\begin{bmatrix} 1 \\ 1 \\ -1 \end{bmatrix}$　(2)　$\dfrac{1}{2}\begin{bmatrix} 1 \\ 1 \\ 1 \\ 1 \end{bmatrix}, \dfrac{1}{2}\begin{bmatrix} -1 \\ -1 \\ 1 \\ 1 \end{bmatrix}, \dfrac{1}{2}\begin{bmatrix} 1 \\ -1 \\ -1 \\ 1 \end{bmatrix}$

(3)　$\dfrac{1}{\sqrt{2}}, \dfrac{\sqrt{6}}{2}x, \dfrac{\sqrt{10}}{4}(3x^2 - 1)$

問 5.11 (1)　$\begin{bmatrix} x \\ y \\ z \end{bmatrix} = \begin{bmatrix} 5 \\ 4 \\ 3 \end{bmatrix} + t\begin{bmatrix} 1 \\ 2 \\ 3 \end{bmatrix}$　　(2)　$\begin{bmatrix} 4 \\ 2 \\ 0 \end{bmatrix}$

問 5.12 (1)　$3\sqrt{6}$　　(2)　12

演習問題 5

3.　$\|\boldsymbol{a}+\boldsymbol{b}\|^2 = \|\boldsymbol{a}\|^2 + \|\boldsymbol{b}\|^2 \Leftrightarrow \langle \boldsymbol{a}, \boldsymbol{b} \rangle + \langle \boldsymbol{b}, \boldsymbol{a} \rangle = 0$ に留意する. (1) 明らか. (2) $\langle \boldsymbol{a}, \boldsymbol{b} \rangle \neq 0$ で, かつ $\langle \boldsymbol{a}, \boldsymbol{b} \rangle + \overline{\langle \boldsymbol{a}, \boldsymbol{b} \rangle} = 0$ を満足する $\boldsymbol{a}, \boldsymbol{b}$ を探せばよい. たとえば, $\boldsymbol{a} = \begin{bmatrix} 1 \\ 0 \end{bmatrix}, \boldsymbol{b} = \begin{bmatrix} i \\ 0 \end{bmatrix}$.

4.　定理 5.9 (5.20) より, $\boldsymbol{x}_U = \sum_{i=1}^{l} \langle \boldsymbol{x}, \boldsymbol{u}_i \rangle \boldsymbol{u}_i$, $\boldsymbol{y}_U = \sum_{k=1}^{l} \langle \boldsymbol{y}, \boldsymbol{u}_k \rangle \boldsymbol{u}_k$. (1) はこの内積を計算.　(2) は $\|\boldsymbol{x} - \boldsymbol{x}_U\|^2 = \|\boldsymbol{x} - \sum_{i=1}^{l} \langle \boldsymbol{x}, \boldsymbol{u}_i \rangle \boldsymbol{u}_i\|^2$ を展開する.

5.　(1) $\boldsymbol{a}$ と 45° : $\dfrac{1}{2}\begin{bmatrix} \sqrt{2} \\ 1 \\ 1 \end{bmatrix}, \dfrac{1}{2}\begin{bmatrix} \sqrt{2} \\ -1 \\ -1 \end{bmatrix}$.　$\boldsymbol{b}$ と 45° : $\dfrac{1}{2}\begin{bmatrix} \sqrt{2} \\ 1 \\ 1 \end{bmatrix}, \dfrac{1}{2}\begin{bmatrix} -\sqrt{2} \\ 1 \\ 1 \end{bmatrix}$

(2) $t = 1$. $\boldsymbol{x} = \begin{bmatrix} x \\ y \\ z \end{bmatrix}$ とすると $t = \dfrac{y+z}{2}$　(3) 正射影は $\begin{bmatrix} 3 \\ 1 \\ 1 \end{bmatrix}$. 距離は $2\sqrt{2}$.

6.　(1) $\boldsymbol{x} \perp T \Rightarrow \boldsymbol{x} \perp S$ より. (2) $S \subset (S^\perp)^\perp$ で $(S^\perp)^\perp$ は部分空間であるから, $\mathrm{span}[S] \subset (S^\perp)^\perp$. 逆に, $S \subset \mathrm{span}[S]$ より $S^\perp \supset (\mathrm{span}[S])^\perp$, この直交補をとると $(S^\perp)^\perp \subset (\mathrm{span}[S])^{\perp\perp} = \mathrm{span}[S]$ (系 5.10 より).

7.　(1) $\boldsymbol{x} \in U^\perp \cap W^\perp$ とすると, $\forall \boldsymbol{y} \in U, \forall \boldsymbol{z} \in W$ に対して $\langle \boldsymbol{x}, \boldsymbol{y} \rangle = \langle \boldsymbol{x}, \boldsymbol{z} \rangle = 0$ より $\langle \boldsymbol{x}, \boldsymbol{y} + \boldsymbol{z} \rangle = 0$. よって, $\boldsymbol{x} \perp U+W$. 逆に, $U \subset U+W$ より $U^\perp \supset (U+W)^\perp$. 同様に, $W^\perp \supset (U+W)^\perp$. よって, $U^\perp \cap W^\perp \supset (U+W)^\perp$.

8.　(3)　$\Rightarrow$ は (1) より, また, $\Leftarrow$ は (2) よりいえる.

9.　(1) $\langle \boldsymbol{a}, \boldsymbol{a} \times \boldsymbol{b} \rangle = |\boldsymbol{a}\ \boldsymbol{a}\ \boldsymbol{b}|$ を確かめよ. $\langle \boldsymbol{b}, \boldsymbol{a} \times \boldsymbol{b} \rangle$ についても同様.
(2) $\det[\boldsymbol{c}\ \boldsymbol{a}\ \boldsymbol{b}]$ の第 1 列に関する余因子展開せよ.
(3) 実際に計算すればよい.　[別法] $\|\boldsymbol{a} \times \boldsymbol{b}\|^4 = \det {}^t[\boldsymbol{a} \times \boldsymbol{b}\ \boldsymbol{a}\ \boldsymbol{b}] \det[\boldsymbol{a} \times \boldsymbol{b}\ \boldsymbol{a}\ \boldsymbol{b}]$ に設問 (1) を適用して $= \bigl(\det[G(\boldsymbol{a}, \boldsymbol{b})]\bigr)^2$ へ導く.

10. (1) $\boldsymbol{n} = \dfrac{1}{3}(2\boldsymbol{e}_1 + \boldsymbol{e}_2 + 2\boldsymbol{e}_3)$　(2) $2x + y + 2z = 2$　(3) $\dfrac{2}{3}$　(4) $\dfrac{3}{2}$

11. (1) $\dfrac{1}{2}(e - e^{-1}) + 3e^{-1}x$　(2) $\dfrac{1}{2}(e - e^{-1}) + 3e^{-1}x + \dfrac{5(e - 7e^{-1})}{4}(3x^2 - 1)$

(3) $\dfrac{1}{2} + \dfrac{5}{16}(3x^2 - 1)$

12. (3) (i) { 対角成分が 0 である行列全体 }　(ii) { 反対称行列全体 }

第 6 章

問 6.1 (1) ユニタリ　(2) どちらでもない　(3) 正規　(4) ユニタリ

問 6.2 (1) $|p| = |q|$　(2) ユニタリになるのは $A^*A = I$ より $|p|^2 = |q|^2 = \dfrac{3}{4}$, $q = -\bar{p}$. 直交行列となるのは p,q が実数の場合. $p = \pm\dfrac{\sqrt{3}}{2}$, $q = \mp\dfrac{\sqrt{3}}{2}$ (符号同順).

(3) 正射影になるのは $A^* = A$, $A^2 = A$ より, $q = \bar{p}$, $|p|^2 = |q|^2 = \dfrac{1}{4}$. このうち実数 p, q は, $p = q = \pm\dfrac{1}{2}$.

問 6.3 (1) 対角成分が実数のとき, エルミート行列になる.　(2) (3) 略.
(4) A は正規行列, B はユニタリ行列 U によって $B = U^*AU$ とする.
$B^*B = U^*A^*AU = U^*AA^*U = BB^*$ より, B も正規. エルミート, 正射影についても同様.

問 6.4 (1) 行列式の成分表示から.　(2) $|UU^*| = |I| = 1$ と (1) から.

問 6.5 $P = \dfrac{1}{2}\begin{bmatrix} 1 & 1 \\ 1 & 1 \end{bmatrix}$. 距離は, $\|\boldsymbol{x} - P\boldsymbol{x}\| = \|(I_2 - P)\boldsymbol{x}\| = \dfrac{1}{\sqrt{2}}|x_1 - x_2|$.

問 6.6 (1) (2) (3) ともに, $P = \dfrac{1}{9}\begin{bmatrix} 5 & 4 & -2 \\ 4 & 5 & 2 \\ -2 & 2 & 8 \end{bmatrix}$

問 6.7 与えられた行列を A とすると

(1) (i) 固有値と固有ベクトル : 5, $\begin{bmatrix} 1 \\ 1 \end{bmatrix}$; -1, $\begin{bmatrix} -1 \\ 1 \end{bmatrix}$. 直交行列 $U = \dfrac{1}{\sqrt{2}}\begin{bmatrix} 1 & -1 \\ 1 & 1 \end{bmatrix}$ によって, ${}^tUAU = \mathrm{diag}\{5, 1\}$ と対角化できる.　(ii) $A = 5P_1 - 1P_2$. ここで, $P_1 = \dfrac{1}{2}\begin{bmatrix} 1 & 1 \\ 1 & 1 \end{bmatrix}$, $P_2 = \dfrac{1}{2}\begin{bmatrix} 1 & -1 \\ -1 & 1 \end{bmatrix}$.

(2) (i) 固有値と固有ベクトル : $a + b$, $\begin{bmatrix} 1 \\ 1 \end{bmatrix}$; $a - b$, $\begin{bmatrix} -1 \\ 1 \end{bmatrix}$. $U = \dfrac{1}{\sqrt{2}}\begin{bmatrix} 1 & -1 \\ 1 & 1 \end{bmatrix}$ によって, ${}^tUAU = \mathrm{diag}\{a + b, a - b\}$.　(ii) $A = (a + b)P_1 + (a - b)P_2$. ここで, $P_1 = \dfrac{1}{2}\begin{bmatrix} 1 & 1 \\ 1 & 1 \end{bmatrix}$, $P_2 = \frac{1}{2}\begin{bmatrix} 1 & -1 \\ -1 & 1 \end{bmatrix}$.

(3) (i) 固有値と固有ベクトル : $\sqrt{2}$, $\begin{bmatrix} 1 \\ \sqrt{2} \\ 1 \end{bmatrix}$; $-\sqrt{2}$, $\begin{bmatrix} 1 \\ -\sqrt{2} \\ 1 \end{bmatrix}$; 0, $\begin{bmatrix} -1 \\ 0 \\ 1 \end{bmatrix}$.

$U = \dfrac{1}{2}\begin{bmatrix} 1 & 1 & -\sqrt{2} \\ \sqrt{2} & -\sqrt{2} & 0 \\ 1 & 1 & \sqrt{2} \end{bmatrix}$ によって，${}^tUAU = \mathrm{diag}\{\sqrt{2}, -\sqrt{2}, 0\}$．

(ii) $A = \sqrt{2}P_1 - \sqrt{2}P_2 + 0P_3$．ここで，

$$P_1 = \frac{1}{4}\begin{bmatrix} 1 & \sqrt{2} & 1 \\ \sqrt{2} & 2 & \sqrt{2} \\ 1 & \sqrt{2} & 1 \end{bmatrix},\ P_2 = \frac{1}{4}\begin{bmatrix} 1 & -\sqrt{2} & 1 \\ -\sqrt{2} & 2 & -\sqrt{2} \\ 1 & -\sqrt{2} & 1 \end{bmatrix},\ P_3 = \frac{1}{2}\begin{bmatrix} 1 & 0 & -1 \\ 0 & 0 & 0 \\ -1 & 0 & 1 \end{bmatrix}.$$

(4) (i) 固有値と固有ベクトル：1 (重解)，$\begin{bmatrix} 1 \\ 0 \\ 1 \end{bmatrix}$，$\begin{bmatrix} 0 \\ 1 \\ 0 \end{bmatrix}$；$-1$，$\begin{bmatrix} -1 \\ 0 \\ 1 \end{bmatrix}$．

$U = \dfrac{1}{\sqrt{2}}\begin{bmatrix} 1 & 0 & -1 \\ 0 & \sqrt{2} & 0 \\ 1 & 0 & 1 \end{bmatrix}$ によって，${}^tUAU = \mathrm{diag}\{1, 1, -1\}$．　(ii) $A = 1P_1 - 1P_2$．

ここで，$P_1 = \dfrac{1}{2}\begin{bmatrix} 1 & 0 & 1 \\ 0 & 2 & 0 \\ 1 & 0 & 1 \end{bmatrix}$，$P_2 = \dfrac{1}{2}\begin{bmatrix} 1 & 0 & -1 \\ 0 & 0 & 0 \\ -1 & 0 & 1 \end{bmatrix}$．

演習問題 6

1.　$A = \begin{bmatrix} a & b \\ c & d \end{bmatrix}$ とおくと，$A\,{}^tA = {}^tAA = I_2$ から $a^2+b^2 = c^2+d^2 = a^2+c^2 = b^2+d^2 = 1$，$ac+bd = ab+cd = 0$．$a^2 = d^2, b^2 = c^2$，$a^2+c^2 = 1$ より，$a = \cos\theta$，$c = \sin\theta$ $(0 \leqq \theta < 2\pi)$ とおける．以下略．

2.　複素正射影の形を求めれば十分．エルミート行列だから $A = \begin{bmatrix} a & \beta \\ \bar{\beta} & c \end{bmatrix}$ (a,c は実数) とかける．$A^2 = A$ から a, β, c は $a^2 + |\beta|^2 = a$，$(a+c)\beta = \beta$，$|\beta|^2 + c^2 = c$ をみたす．$|\beta|^2 = a(1-a) \geqq 0$ より $0 \leqq a \leqq 1$．$a = 0, 0 < a < 1$，$a = 1$ の各場合について調べれば，$\begin{bmatrix} a & \alpha\sqrt{a(1-a)} \\ \bar{\alpha}\sqrt{a(1-a)} & 1-a \end{bmatrix}$．ここで，$\alpha$ は $|\alpha| = 1$ の複素数．

3. (1) 対称．たとえば，$U = \begin{bmatrix} -\frac{1}{\sqrt{2}} & -\frac{1}{\sqrt{6}} & \frac{1}{\sqrt{3}} \\ 0 & \frac{2}{\sqrt{6}} & \frac{1}{\sqrt{3}} \\ \frac{1}{\sqrt{2}} & -\frac{1}{\sqrt{6}} & \frac{1}{\sqrt{3}} \end{bmatrix}$ により，${}^tUAU = \mathrm{diag}\{1, 1, 4\}$．

(2) ユニタリ．たとえば，$U = \begin{bmatrix} 1 & 0 & 0 \\ 0 & -\frac{i}{\sqrt{2}} & \frac{i}{\sqrt{2}} \\ 0 & \frac{1}{\sqrt{2}} & \frac{1}{\sqrt{2}} \end{bmatrix}$ により $U^*AU = \mathrm{diag}\{1, i, -i\}$．

(3) 正規でない．たとえば，$U = \begin{bmatrix} 0 & \frac{1}{\sqrt{5}} & -\frac{2}{\sqrt{5}} \\ 1 & 0 & 0 \\ 0 & \frac{2}{\sqrt{5}} & \frac{1}{\sqrt{5}} \end{bmatrix}$ により ${}^tUAU = \begin{bmatrix} 2 & 0 & 0 \\ 0 & 2 & -3 \\ 0 & 0 & -2 \end{bmatrix}$．

(4) 正規でない．たとえば，$U = \begin{bmatrix} -\frac{1}{\sqrt{2}} & \frac{1}{\sqrt{3}} & \frac{1}{\sqrt{6}} \\ \frac{1}{\sqrt{2}} & \frac{1}{\sqrt{3}} & \frac{1}{\sqrt{6}} \\ 0 & -\frac{1}{\sqrt{3}} & \frac{2}{\sqrt{6}} \end{bmatrix}$ により ${}^tUAU = \begin{bmatrix} 1 & 0 & 0 \\ 0 & 2 & \sqrt{2} \\ 0 & 0 & 3 \end{bmatrix}$．

4. $P_{\mathbb{U}} = \dfrac{1}{3}\begin{bmatrix} 2 & 1 & -1 \\ 1 & 2 & 1 \\ -1 & 1 & 2 \end{bmatrix}$. 距離は $\|\boldsymbol{x} - P_{\mathbb{U}}\boldsymbol{x}\| = \dfrac{1}{3}|x_1 - x_2 + x_3|$.

5. (1) 演習問題 5.1 の 2 (2) と同様の計算. (2) (1) を適用する. (3) $A - A^*$ に対して (2) を適用する. $\langle (A - A^*)\boldsymbol{x}, \boldsymbol{x} \rangle = \langle A\boldsymbol{x}, \boldsymbol{x} \rangle - \langle A^*\boldsymbol{x}, \boldsymbol{x} \rangle = \langle A\boldsymbol{x}, \boldsymbol{x} \rangle - \overline{\langle A\boldsymbol{x}, \boldsymbol{x} \rangle}$ $(\boldsymbol{x} \in \mathbb{C}^n)$.

6. (1) 前問題 5 (1) と同様. (2) (1) からわかる. (3) $A = A^*$ と (2) より $A = -A^*$.

7. $\langle (N^*N - NN^*)\boldsymbol{x}, \boldsymbol{x} \rangle = \|N\boldsymbol{x}\|^2 - \|N^*\boldsymbol{x}\|^2$ に対して前問題 5 (2) を適用.

8. ユニタリ行列を U, 固有値 λ の固有 (単位) ベクトルを $\boldsymbol{x}$ とすると, $|\lambda|^2 = \|\lambda\boldsymbol{x}\|^2 = \|U\boldsymbol{x}\|^2 = \langle U^*U\boldsymbol{x}, \boldsymbol{x} \rangle = \|\boldsymbol{x}\|^2 = 1$.

9. ユニタリ行列 U による対角化 : $U^*AU = \mathrm{diag}\{\lambda_1, \cdots, \lambda_n\}$ を適用.

付 章 A

演 習 問 題 A

1. (1) 特性行列の Smith 標準形は $\mathrm{diag}\{1, 1, (\lambda-1)(\lambda-2)^2\}$. したがって, Jordan 標準形は $\begin{bmatrix} 1 & 0 & 0 \\ 0 & 2 & 1 \\ 0 & 0 & 2 \end{bmatrix}$, コンパニオン標準形は $\begin{bmatrix} 0 & 1 & 0 \\ 0 & 0 & 1 \\ 4 & -8 & 5 \end{bmatrix}$,
特性多項式, 最小多項式は $(\lambda-1)(\lambda-2)^2$.
(2) 特性行列の Smith 標準形は $\mathrm{diag}\{1, 1, (\lambda-1)(\lambda-2)^2\}$ より, (1) と同じ.
(3) 特性行列の Smith 標準形は $\mathrm{diag}\{1, 1, (\lambda-1)^2, (\lambda-1)^2\}$. したがって,
Jordan 標準形は $\begin{bmatrix} 1 & 1 \\ 0 & 1 \end{bmatrix} \oplus \begin{bmatrix} 1 & 1 \\ 0 & 1 \end{bmatrix}$, コンパニオン標準形は $\begin{bmatrix} 0 & 1 \\ -1 & 2 \end{bmatrix} \oplus \begin{bmatrix} 0 & 1 \\ -1 & 2 \end{bmatrix}$,
特性多項式は $(\lambda-1)^4$, 最小多項式は $(\lambda-1)^2$.

2. 数学的帰納法を適用する.

3. 前問題 1. (2) より Jordan 標準形は $J = \begin{bmatrix} 1 & 0 & 0 \\ 0 & 2 & 1 \\ 0 & 0 & 2 \end{bmatrix}$. $J = T^{-1}AT$ をみたす変換行列を求めると $T = \begin{bmatrix} 1 & 0 & 1 \\ 1 & 1 & 0 \\ 0 & 1 & 0 \end{bmatrix}$. したがって,

$$A^n = TJ^nT^{-1} = \begin{bmatrix} 2^n & 1-2^n & 2^n-1 \\ n2^{n-1} & 1-n2^{n-1} & 2^n+n2^{n-1}-1 \\ n2^{n-1} & -n2^{n-1} & 2^n+n2^{n-1} \end{bmatrix}.$$

4. A と ${}^tA$ の特性行列の Smith 標準形が等しいことからいえる.

参考図書

線形代数の教科書は非常にたくさん出版されていて，本書の執筆に際しても多数の著書を参考にさせて頂いた．それらを挙げればきりがないので次の3著を挙げておく．

[1]　村上正康 外3名：教養の線形代数, 培風館, 1997

[2]　和田秀三：線形代数通論, 共立出版, 1977.

は，本書と同程度の内容を含む．また，

[3]　三宅敏恒：入門線形代数, 培風館, 1991.

は, 随所に著者の工夫の跡がみられ，著者も数年間教科書に採用した．そのほかにもここ最近，わかり易くかつ見易く工夫された教科書が数多く出版されている．

さらに進んだ学習の参考図書として，少し古いが次の書籍を挙げておく．

[4]　F.Ayres,Jr： Matrices, マグロウヒル大学演習シリーズ, マグロウヒル.

[5]　児玉慎三, 須田信英：システム制御のためのマトリクス理論, 計測自動制御学会, 1978.

[6]　R.A.Horn,C.H.Johnson： Matrix Analysis, Cambridge Univ.Press, 1985.

特に, [6] は行列論のバイブルといわれるほどの定評があり, 行列の辞書として備える価値がある．

記 号

O , $O_{m\times n}$	零行列	2
diag	対角行列	2
I , I_n	単位行列	2
${}^tA$	A の転置行列	2
sgn	置換の符号	23
$\in$	$\cdots$ に属する, $\cdots$ の要素 (元)	25
det	行列式	27
$\prod_{i=1}^{n} x_i$	$x_1, x_2, \cdots, x_n$ の積	40
$\mathbb{R}$, $\mathbb{C}$	実数体， 複素数体	50
$\mathbb{R}^n$, $\mathbb{C}^n$	実, 複素 n 列ベクトルのベクトル空間	51
$\mathbb{P}_n$, $\mathbb{P}$	多項式のベクトル空間	51
$\mathbb{T}_n$, $\mathbb{T}$	三角関数のベクトル空間	51
span$[S]$	S の元によって生成される部分空間	53
$\cong$	同型	54
$S \setminus t$	S から t を除いた集合	58
dim	次元	63
Ran	像空間	66
Ker	核空間	66
rank	行列の階数	69
$\langle\ ,\ \rangle$	内積	94
$\\|\ \\|$	ノルム	95
$\perp$	直交	97
$S^{\perp}$	S の直交補空間	97
$\forall$	任意の , すべての	97
δ_{ij}	クロネッカー (Kronecker) のデルタ	98
A^*	A の共役	112

索　引

● あ　行

1 次結合　linear combination, 53
1 次従属　linearly dependent, 56
1 次独立　linearly independent, 56
黄金比　golden ratio, 89

● か　行

階数　rank, 15
外積　exterior product, 109
階段形　stair-form, 14
　– の主成分 pivot element, 14
核空間　kernel, 66
基底　basis, 61
　標準 canonical —, 61
行基本変形　row-elementary operation, 11
共役　adjoint, 112
行列　matrix, 1
　エルミート　Hermite—, 114
　逆 inverse —, 16
　コンパニオン companion —, 134
　三角　triangular —, 2
　正規 normal —, 115
　正則 invertible —, 16
　正方 squre —, 2
　零 zero —, 2
　対角 diagonal —, 2
　対称 symmetric —, 9
　単位 identity —, 2
　直交　orthogonal —, 114
　転置　transpose —, 2
　—の成分 element, 1
　—の対角成分 diagonal element, 2
　反対称 anti-symmetric —, 9
　ブロック分割　partition, 6
　ユニタリ　unitary —, 114
行列式　determinant, 27
　— の交代性 alternative, 28
区分的に連続
　piecewise continuous, 110
グラム行列　Gram's matrix, 109
グラム行列式　Gramian, 109
クラメルの公式　Cramer's formula, 44
互換　transposition, 21
固有空間　eigen-space, 85
固有多項式　characteristic polynomial, 84
固有値　eigen-value, 83
固有ベクトル　eigen-vector, 83
固有方程式　characteristic equation, 84
コンパニオン標準形
　companion canonical-form, 135

● さ　行

最小多項式　minimam polynomial, 136
サラスの方法　Sarrus' rule, 31
次元　dimension, 63
写像　mapping, 20
巡回置換　cycle, 21
順列　permutation
　基本 fundamental —, 24
順列　permutation, 23
小行列式　minor, 73

Jordan 標準形 canonical form, 133
スペクトル分解 spectral decomposition, 123
正規直交基底 orthonormal basis, 98
正規直交系 orthonormal system, 98
生成 span, 53
生成系 spanning system, 53
線形変換 linear transformation, 74
像空間 range, 66
相似 similar, 82

● た 行

体 field, 50
　スカラー scalar —, 50
代数学の基本定理 fundamental Th. of algebra, 87
単因子 elementary divisor, 129
置換 permutation, 20
　奇 odd —, 23
　逆 inverse —, 21
　偶 even —, 23
　恒等 identity —, 21
　— の積 product, 21
　—の符号 signature, 23
直交 orthogonal, 97
直交系 orthogonal system, 97
直交補空間 orthogonal complement, 97
直交和 orthogonal sum, 102
転倒数 inversion, 24
同型 isomorphic, 54
特性行列 characteristic matrix, 129

● な 行

内積 inner product, 94
　標準 canonical —, 94

● は 行

パーセバルの等式 Parseval's inequality, 98
掃き出し法 sweeping method, 12
ピボット pivot, 12
表現行列 representation matrix, 77
フィボナッチ数列 sequence, 88
部分空間 subspace, 52
　—の代数和 algebraic sum, 72
　— の直和 direct sum, 72
不変因子 invariant factor, 128
ベクトル vector, 50
　位置 position —, 54
　基本 fundamental —, 8
　行 row —, 7
　単位 unit —, 98
　列 column —, 7
　法線 normal —, 105
ベクトル空間 vector space, 50
ベッセルの不等式 Bessel's inequality, 108

● や 行

ユニタリ同値 unitarily equivalent, 115
余因子 cofactor, 37
　— 展開 expansion, 37
余因子行列 adjugate, 42

● ら 行

λ 行列 λ matrix, 127
　— の基本変形 elementary operation, 127
　— の Smith 標準形 normal form, 128
　—の等価 equivalent, 128
連立 1 次方程式 linear equations, 10
　—の係数行列 coefficient matrix, 10
ロンスキー行列式 Wronskian, 73

執筆者紹介

西尾克義（にしおかつよし）　茨城大学工学部共通講座

理工系のための　線形代数

2003年10月27日　第1版　第1刷　発行
2020年3月31日　第1版　第7刷　発行

著　者　西尾克義
発行者　発田和子
発行所　株式会社　学術図書出版社

〒113−0033　東京都文京区本郷5丁目4の6
TEL 03−3811−0889　振替　00110−4−28454
印刷　中央印刷（株）

定価はカバーに表示してあります．

本書の一部または全部を無断で複写（コピー）・複製・転載することは，著作権法でみとめられた場合を除き，著作者および出版社の権利の侵害となります．あらかじめ，小社に許諾を求めて下さい．

©2003　K. NISHIO　Printed in Japan

ISBN978-4-7806-1064-2　C3041